U0172346

HIGH CURRENT METROLOGY TECHNOLOGY AND STANDARD DEVICES

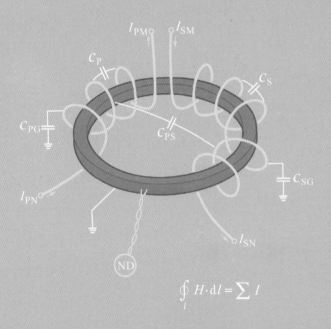

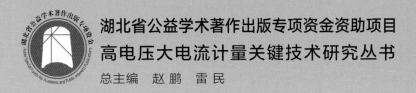

湖北省公益学术著作出版专项资金资助项目

高电压大电流计量关键技术研究丛书

总主编 赵鹏 雷民

大电流计量技术与标准装置

殷小东 李 鹤 郭贤珊 张 民

王海燕 李文婷 姚 腾 著

华中科技大学出版社
http://press.hust.edu.cn
中国·武汉

内 容 简 介

本书全面研究了目前工频、直流、冲击电流标准装置及量值传递/溯源相关技术和关键问题，并介绍了最新进展。

本书共分9章，第1章绪论介绍了电流标准计量技术体系、发展历史。第2章至第4章介绍了工频和宽频带电流比例标准设计技术、量值溯源方法，其中重点介绍了有源工频和宽频带电流比较仪的关键技术，目前国内这方面相关资料很少，还介绍了基于安匝差测量的快速量值扩展方法。第5章和第6章在直流电流比较仪的基本原理基础上，讨论了零位误差、噪声的产生来源和抑制方法，重点针对磁调制的关键技术给出了图解和解析两种分析方法，最后介绍了直流电流比例的量值溯源方法。第7章和第8章全面介绍了冲击电流计量标准涉及的理论、测量及计算分析方法，提出了在小电流下标定冲击电流测量装置的刻度因数、在大电流下测量其线性度，以及考虑趋肤效应的基于冲击分流器的刻度因数量值溯源方法。第9章介绍了国内外工频、直流和冲击电流计量技术的最高技术水平。

本书可为电流领域的计量测试技术人员和科研人员提供较为专业的技术参考。

图书在版编目(CIP)数据

大电流计量技术与标准装置/殷小东等著. —武汉：华中科技大学出版社，2023.12
（高电压大电流计量关键技术研究丛书）
ISBN 978-7-5680-9423-8

Ⅰ.①大… Ⅱ.①殷… Ⅲ.①大电流-电流测量-测量技术 ②大电流-电流测量-测量仪器 Ⅳ.①TM835.2

中国国家版本馆 CIP 数据核字(2023)第 139998 号

大电流计量技术与标准装置	殷小东 李 鹤 郭贤珊 张 民	
Dadianliu Jiliang Jishu yu Biaozhun Zhuangzhi	王海燕 李文婷 姚 腾	著

策划编辑：徐晓琦 范 莹
责任编辑：朱建丽
装帧设计：原色设计
责任校对：刘 竣
责任监印：周治超

出版发行：华中科技大学出版社（中国·武汉）   电话：(027)81321913
          武汉市东湖新技术开发区华工科技园   邮编：430223
录　　排：武汉市洪山区佳年华文印部
印　　刷：湖北新华印务有限公司
开　　本：710mm×1000mm　1/16
印　　张：15.25
字　　数：313千字
版　　次：2023年12月第1版第1次印刷
定　　价：89.00元

本书若有印装质量问题，请向出版社营销中心调换
全国免费服务热线：400-6679-118　竭诚为您服务
版权所有　侵权必究

高电压大电流计量关键技术研究丛书

顾问编委会

主任委员　陈维江

委　员（按姓氏笔画排序）

王　勤　王乐仁　石　英　朱　跃　刘开培　孙浩良

何俊佳　林福昌　章述汉　程时杰

编写编委会

主任委员　赵　鹏　雷　民

委　员

周　峰　殷小东　杜新纲　郭贤珊　葛得辉　王　庆　周　晖　张　民

彭楚宁　陈争光　岳长喜　姜春阳　胡浩亮　李　鹤　张　军　龙兆芝

李登云　刘　浩　项　琼　刘少波　王海燕　刁赢龙　熊　魁　金　淼

余估成　李文婷　姚　腾　王斯琪　聂　琪　熊前柱　陈习文　王　欢

黄俊昌　曾非同　胡　琛　雷　鸣　潘　峰　白静芬　李　冬　须　雷

程含渺　王　智　周　坤　刘　京　朱重冶　王军东

总　序

　　一个国家的计量水平在一定程度上反映了国家科学技术和经济发展水平，计量属于基础学科领域和国家公益事业范畴。在电力系统中，高电压大电流计量技术广泛用于电力继电保护、贸易结算、测量测控、节能降耗、试验检测等方面，是电网安全、稳定、经济运行的重要保障，其重要性不言而喻。

　　经历几代计量人的持续潜心研究，我国攻克了一批高电压大电流计量领域关键核心技术，电压/电流的测量范围和准确度均达到了国际领先水平，并建立了具有完全自主知识产权的新一代计量标准体系。这些技术和成果在青藏联网、张北柔直、巴西美丽山等国内外特高压输电工程中大量应用，为特高压电网建设和稳定运行提供了技术保障。近年来，德国、澳大利亚和土耳其等国家的最高计量技术机构引进了我国研发的高电压计量标准装置。

　　丛书作者总结多年研究经验与成果，并邀请中国科学院陈维江院士、中国科学院程时杰院士等专家作为顾问，历经三年完成丛书的编写。丛书分五册，对工频、直流、冲击电压和电流计量中经典的、先进的和最新的技术和方法进行了系统的介绍，所涉及的量值自校准溯源方法、标准装置设计技术、测量不确定度分析理论等内容均是我国高电压大电流计量标准装置不断升级换代中产生的创新性成果。丛书在介绍理论、方法的同时，给出了大量具有实际应用意义的设计方案与具体参数，能够对本领域的研究、设计和测试起到很好的指导作用，从而更好地促进行业的技术发展及人才培养，以形成具有我国特

色的技术创新路线。

随着国家实施绿色、低碳、环保的能源转型战略，高电压大电流计量技术将在电力、交通、军工、航天等行业得到更为广泛的应用。丛书的出版对促进我国高电压大电流计量技术的进一步研究和发展，充分发挥计量技术在经济社会发展中的基础支撑作用，具有重要的学术价值和实践价值，对促进我国实现碳达峰和碳中和目标、实施能源绿色低碳转型战略具有重要的社会意义和经济意义。

赵鹏

2022年12月

前 言

    大电流传感和测量技术广泛应用于电力系统、工业生产、试验检测及科学研究中。交流、直流输电系统需要对变电站或换流站内各母线上的几百安到几千安的交流或直流电流进行准确测量以实现控制或计量的目的,保护系统甚至需要互感器对几十千安的暂态电流进行快速、准确的响应。核物理、风洞试验等科学研究领域对大电流传感和测量技术也提出了很高的需求。金属冶炼应用电解法生产铝、铜、铅、锌等产品,其电解电流从几千安到几百千安,大型铝电解厂的整流系统直流电流已高达300 kA。为检验电气设备及电子元器件、材料耐受瞬态电流所产生的热效应或安培力作用的能力,冲击电流试验的开展越来越广泛,其测量准确性直接影响各类电气设备的经济设计及安全运行。电流标准装置与量值溯源技术为保障各类电流测量/传感设备的准确性提供了重要基础和保障。

    本书从基础理论出发,循序渐进阐述了工频及宽频带、直流、冲击电流标准装置和量值溯源的关键技术,总结了本领域的最新研究进展,包含笔者单位及业内同行在最近20年的重要研究成果,对有源电流比较仪、磁调制技术、新型电流量值溯源方法进行了重点介绍,其中部分章节为国家重点研发计划项目"海量电力用户多参量广域感知量测关键技术"(项目编号:2022YFB2403800)的研究成果。目前国内这方面的相关资料很少,本书是从事电磁测量,以及互感器、电流标准器及测试仪器领域相关检测、设计和研究人员进阶学习、提高专业素养的书籍。

著者

2022年11月

目　　录

第1章 绪 论

大电流传感和测量技术广泛应用于电力系统、工业生产、试验检测及科学研究中。交流、直流输电系统需要对变电站或换流站内各母线上的数百安到几千安的交流或直流电流进行准确测量以达到控制或计量的目的,保护系统甚至需要互感器对数十千安的暂态电流进行快速、准确响应。核物理、风洞试验等科学研究对大电流传感和测量技术也提出了很高的需求。例如,欧洲核子研究组织(CERN)开展的大型强子对撞机研究项目需要极其准确地测量和控制超导磁路中的直流电流,最大电流为 20 kA,误差需控制在 2×10^{-6} 以内。金属冶炼应用电解法生产铝、铜、铅、锌等产品,其电解电流从数千安到数百千安,大型铝电解厂的整流系统直流电流已高达300 kA。

为保证各类电流测量/传感设备的准确度,需通过一条具有规定不确定度的不间断的比较链,使测量结果或测量标准的值能够与规定的参考标准(通常是国家计量基准或国际计量基准)联系起来,这就是量值溯源。实现量值溯源的最主要技术手段是校准和检定。各国计量机构和科学家从很久之前就开展了工频、直流、冲击电流互感器/传感器的量值溯源方法研究,并开发了各类计量标准装置。

20 世纪初,人们已开始探索电流互感器(CT)的校准问题,并且提出了许多方法。例如,利用标准四端电阻来建立一次电流和二次电流之间的关系,如图 1-1 所示,通过调整四端电阻 R_2 及互感 M 使得检流计指零,然后通过理论推导得出被检CT 的比差和角差。受限于大功率四端电阻(R_1)的热效应影响,当一次电流超过1500 A 时,很难保证 R_1 的准确度,因此会使用一个标准 CT 代替 R_1 来扩大量程。这些方法可获得的不确定度通常约为 $\pm0.01\%$ 和 $\pm0.3'$。

在对 CT 开展校准试验的过程中,人们对 CT 计量特性(包括铁心磁特性、绕组内阻、负载等因素变化的影响,特别是载流母线及返回导体相对穿心式 CT 的不均匀分布所带来的不确定性)的认识越来越深刻。20 世纪 50 年代左右,随着优质磁性材料制造及 CT 误差补偿技术的成熟,人们相信可以构造具有非常小的误差并且误差的长期稳定性为 $(1\sim2)\times10^{-6}$ 的标准 CT,然而还没有一种令人满意的方法可用于校准它。

CT 误差测量技术已经有了不小的进步,将具有相同标称变比的标准 CT 和被检CT 一次绕组串联,施加相同的电流,对二次电流进行作差处理,并测量差值电流相对参考电流的大小,这种方法通常称为差值法。差值法具有很强的优势,可以使用相对不太准确的元件测量百万分之一的误差,从而摆脱对标准四端电阻的依赖,并一

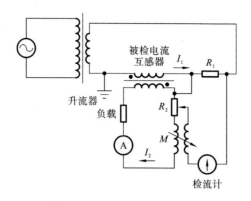

图 1-1 基于电阻法测量电流互感器误差的线路

直使用至今。然而,这种方法技术水平的提升依赖于标准 CT 的准确度,而且也无法解决高准确度标准 CT(理论误差小于 5×10^{-5})的量值溯源问题。

20 世纪 50—60 年代出现的电流比较仪(见图 1-2),是工频电流比例计量技术领域的一次飞跃。它实质是一种利用检测绕组感应的电压来指示一次电流和二次电流的安匝(电流与绕组匝数的乘积)平衡的设备。可以用天平来理解电流比较仪的工作原理,当一次电流安匝和二次电流安匝在"天平"两侧平衡(检测绕组感应的电压为零)时,其铁心接近零磁通①状态,铁心不需要励磁②电流,就可以获得非常高的准确度。以至于最初,人们认为电流比较仪几乎没有误差。

磁屏蔽的使用是电流比较仪的另一个重要发展。利用空心圆环磁屏蔽包住铁心和检测绕组,从而使得检测绕组免受位于磁屏蔽外部比例绕组的漏磁通及周围磁场的影响。通过磁屏蔽,可使比例绕组电流在检测铁心(一般称为主铁心)中产生的磁通的不均匀度大大降低,电流比较仪的磁性误差因而可保持在 10^{-7} 级或更小。

电流比较仪发展中的决定性一步是补偿绕组的引入。20 世纪 60 年代初期,加拿大国家研究委员会 N. L. Kusters 等人提出了补偿式电流比较仪,在主铁心上绕制粗的补偿绕组,然后合上屏蔽铁心,将该绕组与二次绕组并联,使屏蔽铁心在二次绕组中产生的感应电动势自动承担附加负荷,使附加负荷问题得到了比较圆满的解决。

N. L. Kusters 等人还提出了补偿式电流比较仪的自校准方法,包括 1/1 自校、加法、β、乘法等测试线路,解决了补偿式电流比较仪(标准 CT)的量值溯源问题,取得了巨大的成功。该方法被推广至全世界,各国计量院相继采用该方法建立了自己的工频电流比例基准。本领域随后的研究主要集中在提高测量手段的精度,扩大测量电流量值及开展国际比对等问题上。

---

① 磁通也称为磁通量。

② 励磁也称为激磁。

图 1-2 最早的电流比较仪(5 A/5 A,10 A/5 A)

1965 年,中国计量科学研究院和上海互感器厂成功研制了(0.1～5000) A/5 A 补偿式电流比较仪自校准系统,不确定度为 $3×10^{-5}$,用于检定 0.01 级及以下精密电流互感器。1978 年,北京电力试验研究所成功研制了 40000 A 电流比较仪和升流器,最高量限实测误差不超过 $±3×10^{-6}$。1985 年,国家高电压计量站负责研制的 60 kA 工频大电流比例标准装置,最高量限实测误差不超过 $±1×10^{-6}$,随后申请"工频大电流比例基准"成功,该基准属于 19 项电磁国家计量基准之一。

补偿式电流比较仪或无源电流比较仪等高准确度电流比例标准不是一种传变装置,无法像电流互感器一样产生二次电流。这造成了它们仅能使用于电流比例量值溯源等有限的场合。人们开始探索有源电流比较仪技术。1966 年,O. Petersons 引入了辅助电路补偿激磁流的技术并研制了一种自平衡式电流比较仪,在 400 Hz 下,100 A/1 A 的比差和角差为 $-1×10^{-6}$～$1×10^{-6}$。1972 年,美国国家计量局的 T. Michael Souders 在一篇文章中介绍了其研制的一台宽频带电流互感器,其一次电流为 5～100 A,二次电流为 5 A,频率从 50 Hz～10 kHz,在 1 kHz 以下,误差小于 $±1×10^{-6}$。人们对有源电流比较仪的兴趣一直延续至今,应用领域不断扩展。

直流电流方面,由于直流磁通无法感应电压,所以普通电流互感器不能直接用于变换直流电流。早期,人们一直用分流器(本质为一种四端电阻)来测量直流大电流,但受限于热效应的影响,特别是千安数量级以上的分流器,难以提升其准确度。1936 年,德国人 W. Krämer 利用被校直流电流改变带有铁心扼制线圈的感抗,间接改变辅助交流电路的电流,从而反映被校电流大小,首次研制成功电磁式直流电流互感器。交流电流比例的准确度可以轻易地做到优于 $±1×10^{-6}$,因此当时的问题是,通过应用相同的比较仪原理,在直流测量中是否也不能获得相同数量级的准确度。20

世纪 60 年代,N. L. Kusters 等人基于电流比较仪思想和二次谐波磁调制技术成功研制了准确度达到 10^{-6} 级的自平衡式直流电流比较仪,直流电流比例准确度得到大幅提升,直流电流互感器技术获得重大突破。

随着直流电流比较仪技术的发展成熟,其已不局限于实验室使用,开始应用于直流输电系统、工业生产及科学研究等领域中的直流电流精密测量。在这些领域中,直流电流比较仪又称为零磁通电流互感器。同样,借鉴交流电流比例的量值溯源方法,也可以实现直流电流比例的量值溯源。

我国直流大电流测量技术过去较为落后,20 世纪 60 年代生产的直流大电流测量装置只有 10 kA 以下、0.5 级的直流分流器,以及 100 kA 以下、0.5 级的直流互感器两种类型。20 世纪 80 年代,国家高电压计量站成功研制了 10 kA 直流电流比较仪,准确度达到 10^{-6} 级。20 世纪 90 年代,我们的直流大电流测量技术取得了较大进展,研制出基于霍尔变换器的开环或闭环直流大电流传感器,电流量程达到 100 kA 以上,准确度一般为 $0.5\% \sim 1\%$。

为检验电气设备及器件、材料耐受瞬态电流所产生的热效应或安培力作用的能力,冲击电流试验引起人们越来越多的重视,其测量准确度直接影响各类电气设备的经济设计及安全运行。

冲击电流的测量技术于 20 世纪初开始研究,最早用于冲击电流测量的装置为冲击分流器及罗氏线圈[①]。随着光电技术及磁传感器的不断发展,又出现了磁光效应传感器、磁敏传感器等。各类冲击电流测量装置基于不同的测量原理,具有不同的优缺点及不同的应用场合。随着冲击电流测量准确度的不断提高,国际和国内的冲击电流校准技术得到重视并不断发展,测量能力及水平也不断得到提高。为了保证测量准确度,目前国际上的标准冲击电流测量装置一般仍选用冲击分流器或冲击电流线圈。

目前国际上公布的各国计量院校准能力中,德国 PTB 在 21 世纪初建立了电流峰值为 20 kA、时间参数为 8/20 μs 的冲击电流标准测量系统,刻度因数测量不确定度为 $8 \times 10^{-3}(k=2)$,时间参数测量不确定度为 $2 \times 10^{-2}(k=2)$。该系统采用的为美国 Pearson 公司生产的额定电流为 20 kA 的磁心电流线圈并配以泰克示波器进行波形测量,所采用的溯源方法为在交流小电流下标定电流线圈的刻度因数,在大电流下测量其线性度。目前德国 PTB 正在研制具有高稳定度的冲击分流器,以提高其冲击电流测量用标准器的电流幅度及准确度等级,并搭建配套测量用高精度数字记录仪,编写冲击电流计算分析软件。法国国家计量测试研究院使用 Pearson 公司的磁心电流线圈和空心罗氏线圈测量冲击电流信号,测量范围为 $5 \sim 50$ kA,评估峰值测量不确定度为 $1.4 \times 10^{-3}(k=2)$,其溯源方法为在工频小电流下测量线圈的刻度因数,并

---

① 罗戈夫斯基(Rogowski)线圈简称罗氏线圈。

在 5 A 电流下测量线圈的频率响应。

国内对冲击电流测量及溯源技术的研究始于 20 世纪 80 年代。国家高电压计量站已经建立了 20 kA、8/20 μs 的冲击电流测量系统,使用 20 kA 分流器和一台 120 MHz、8 bit 的数字记录仪,峰值测量不确定度为 $5 \times 10^{-3}(k=2)$,时间参数测量不确定度为 $1 \times 10^{-2}(k=2)$。随着冲击电流幅值的不断提高,国家高电压计量站于 2014 年建立了 100 kA、4/10 μs 及 8/20 μs 冲击电流标准测量装置,标准测量装置采用 HILO-Test 公司的同轴管式分流器,刻度因数测量不确定度为 $8.0 \times 10^{-3}(k=2)$,时间参数测量不确定度为 $2 \times 10^{-2}(k=2)$。开展现场校准试验时采用罗氏线圈作为标准器,并研制了进行动态特性试验用的方波电流源及量值溯源用的冲击电流标准波源,满足了目前大部分冲击电流测量装置的校准需求。

目前冲击电流测量装置的量值溯源方法研究主要是将冲击电流测量系统分为大电流部分和低电压部分分开进行量值溯源。对于大电流测量装置冲击分流器,主要是对其电阻值、线性度、长期稳定性、短期稳定性、动态特性等开展试验研究分析,根据各项特性试验结果,分析评定分流器的测量不确定度。对于低压测量部分的冲击数字记录仪,主要是对其冲击刻度因数进行标定,分析其垂直分辨率、采样率、内部噪声水平、上升时间及配套测量分析软件对整套冲击测量系统的影响,最后综合评定整套冲击电流测量系统的测量不确定度。

第 2 章 工频电流计量技术

电流互感器是一种电流比例变换设备,其电流比与其匝数呈反比。若电流互感器没有误差,则一次安匝等于二次安匝。但是实际上互感器铁心需要消耗励磁安匝,而这个励磁安匝由一次安匝提供,即一次安匝中扣去励磁安匝后才传递成为二次安匝。很明显,电流互感器的误差就是由励磁安匝引起的。

考虑到专门作为检定电流互感器的标准电流互感器,有其特殊性,可以不带负荷,或者由其辅助电流互感器带负荷,那么电流互感器的实际负荷降低,铁心磁密①降低,进而励磁电流变小,互感器的准确度会有很大的提高。如果能让作为标准器的电流互感器的所有负荷均由辅助电流互感器承担,标准电流互感器没有负荷,没有感应电动势,铁心达到零磁通,则不产生励磁电流,从理论上说这时电流互感器就没有误差,有最高的准确度。这种专门作为标准用来检定电流互感器的磁通极小甚至达到零磁通的电流互感器,其准确度等级一般都在 0.01 级以上,达到零磁通的准确度可达 0.002 级以上。

电流比例标准的误差除了铁心励磁电流引起的误差之外,还有线性的磁性误差和容性误差。因此,电流比例标准的误差为电流互感器的误差(励磁电流引起的误差)、磁性误差和容性误差三者的复数和。磁性误差和容性误差的数量级一般为 $10^{-6} \sim 10^{-5}$,对于 0.02 级以下的电流互感器可以不予考虑。

最常用的电流比例标准主要有双级电流互感器、电流比较仪(无源电流比较仪、补偿式电流比较仪、有源电流比较仪)、开口式标准电流互感器,以下分别对其加以介绍。

2.1 理论基础

电流互感器是一种将大电流按照比例变换成小电流以便于测量的电气仪器,其基本结构与变压器很相似,由铁心和两个绕组组成,其原理图如图 2-1 所示,被校线路的电流 I_1 从同名端进入,称为一次电流。经过电流互感器比例变换后的电流,由二次绕组的同名端流出,称为二次电流。当一次电流流过电流互感器的一次绕组时,必须消耗一部分能量励磁,才能使得二次绕组产生感应电动势,这就造成了电流互感器的误差。

---

① 磁通密度简称磁密。

假设电流互感器没有误差,一次安匝($I_1 N_1$)就等于二次安匝($I_2 N_2$)。但是实际上,由于互感器的铁心需要励磁,会消耗一部分励磁安匝($I_0 N_1$),即一次安匝中扣去励磁安匝才传递成为二次安匝。

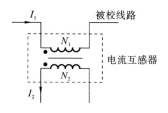

图 2-1 电流互感器原理图

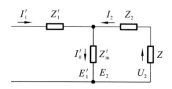

图 2-2 电流互感器等值电路

图 2-2 所示的为电流互感器的等值电路,将一次参数折算到二次,二次参数用"′"表示,其中,E_1 和 E_2 为一次绕组和二次绕组的感应电动势,相位相等,大小和绕组匝数呈正比。

$$\frac{E_1}{E_2} = \frac{N_1}{N_2} \tag{2-1}$$

一次绕组的参数折算到二次绕组的参数后,可得

$$E'_1 = \frac{E_1 N_2}{N_1} = E_2 \tag{2-2}$$

$$I'_1 = \frac{I_1 N_1}{N_2} \tag{2-3}$$

$$I'_0 = \frac{I_0 N_1}{N_2} \tag{2-4}$$

一次绕组和二次绕组的阻抗为 Z_1、Z_2,一次阻抗折算到二次阻抗后可得

$$Z'_1 = \frac{Z_1 N_2^2}{N_1^2} \tag{2-5}$$

二次电流 I_2 通过外接负荷 Z 产生的二次电压降 U_2 为

$$U_2 = I_2 Z \tag{2-6}$$

I_2 通过绕组阻抗 Z_2 产生电压降 $I_2 Z_2$,二次回路总阻抗为

$$Z_{02} = Z_2 + Z \tag{2-7}$$

因其全部电压降由二次感应电动势承担,即

$$E_2 = U_2 + I_2 Z_2 = I_2 (Z_2 + Z) = I_2 Z_{02} \tag{2-8}$$

要产生感应电动势,铁心必须有励磁,单位截面积铁心的磁通为磁通密度,即磁感应强度。由电磁感应定律可求得在工频时磁密与感应电动势的关系为

$$B = \sqrt{2} \frac{E_2 \times 10^4}{\omega N_2 S k} = \frac{45 E_2}{N_2 S k} \ (\text{T}) \tag{2-9}$$

式中:B——磁密峰值,单位为 T;

E_2——有效值,单位为 V,因此存在 $\sqrt{2}$ 的关系;

　　S——铁心的截面积,单位为 cm^2;

　　k——铁心的叠片系数。

　　励磁安匝为铁心励磁,使得铁心具有磁场强度 H 和磁密 B,有

$$I_0 N_1 = Hl \tag{2-10}$$

则互感器的误差可表示为

$$\varepsilon = \frac{I_0}{I_1} = \frac{\dfrac{Bl}{\sqrt{2}\mu}}{N_1 I_1} = \frac{45 E_2 l}{N_2 S k \sqrt{2}\mu N_1 I_1} \tag{2-11}$$

由于 H 为有效值,因此其乘以 $\sqrt{2}$ 也变成峰值。

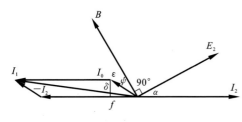

图 2-3　电流互感器相量图

　　为表明各相量间关系的直观性,通常将相关相量画在一起,电流互感器的相量图如图 2-3 所示,从相量图可以看出,一次电流和二次电流不相等,相差一个 I_0。

　　根据电流互感器误差的定义,从式(2-8)、式(2-11)可以看出,一次电流、二次负荷、铁心参数、二次绕组匝数等参数对互感器误差的影响。

　　因此,为了提升电流互感器的准确度,除了提升铁心性能,如选用磁导率大的铁磁材料,选择截面积大、磁路短的铁心,还可以采用各种补偿方法补偿电流互感器的误差。由于电流互感器误差的产生是二次绕组需要感应电动势提供二次电流,而感应电动势需要励磁电流,励磁磁动势与一次磁动势之比的负值就是误差。因此,所有的误差补偿方法都是针对电流互感器误差产生的根源而进行相应补偿的,补偿有电动势补偿和磁动势补偿。

　　电动势补偿从减小二次感应电动势入手,即从误差产生的源头入手,减小二次感应电动势,减小铁心的磁密,减小励磁磁动势,减小误差,这是最理想的补偿方法。在电动势补偿中,电流互感器至少两个铁心,一是原电流互感器的铁心,即主铁心;二是提供补偿电动势的辅助电流互感器的铁心,即辅助铁心。双级电流互感器是典型的利用电动势补偿的器件,补偿后的二次感应电动势为辅助电流互感器的误差电流通过二次补偿绕组的电压降,具体内容将在 2.2 节中展开。

　　磁动势补偿是从误差产生的第二个源头入手,即电流互感器需要励磁磁动势造成误差,磁动势补偿就提供补偿磁动势,抵扣励磁磁动势,或使得铁心不再励磁,以减小误差,这也是理想的补偿方法,电流比较仪就是典型的利用磁动势补偿的器件。

　　电流比较仪具有一次绕组和二次绕组,以及一个偏差绕组和一个检测绕组,由检

测绕组控制的电路向偏差绕组提供误差电流而使铁心磁通减小至零。电流比较仪出现的初期,人们应用电流互感器的概念来理解电流比较仪,既然电流比较仪运行在零磁通状态,不需要励磁电流,因此就认为电流比较仪没有误差,采用电流比较仪检定电流互感器就被认为是绝对校准。

实际上电流比较仪也是有误差的,电流比较仪的铁心卷制不均匀或者热处理不均匀,导致铁心各部分磁导率不等,以及电流比较仪绕组绕制不均匀,耦合不好,有漏磁通进入铁心,这样虽然指零仪指示铁心为零磁通,但是铁心各部分并不是零磁通,产生了电流比较仪的误差。这种由磁性能引起的误差称为磁性误差。磁性误差包括比差和角差,而且可能是正值也可能是负值,其数量级一般小于 10^{-5};同时,电流比较仪各绕组匝间、层间、绕组间及各绕组对地间都有分布电容,且工作的绕组通过相应电流后都产生电压降,电压降加在分布电容上产生电容电流通过各绕组,也给电流比较仪带来了误差。这种由电容电流引起的误差称为容性误差。容性误差主要是角差,一般为负值,也可能为正值,其数量级随匝数的增加而增大,一般也小于 10^{-5}。磁性误差 ε_L 和容性误差 ε_C 基本上都是线性的,与输入绕组的电流百分数无关。

由于电流比较仪等电流比例标准的误差很小,且与绕组的电位有关,因此对电流比较仪等电流比例标准的复数误差规定为:在一次极性端和二次极性端处于地电位时,由一次极性端输入电流 I_1 与经过电流比折算后由二次极性端输入电流 I_2 之相量和对输入电流 I_1 之比值的负值,即

$$\varepsilon = -\frac{I_1 + K_1 I_2}{I_1} = \varepsilon_L + \varepsilon_C \tag{2-12}$$

式中:K_1——电流比,$K_1 = I_{1n}/I_{2n} = N_2/N_1$;

I_{1n}、I_{2n}——额定一次电流和额定二次电流。

2.2　双级电流互感器

图 2-4 所示的为双级电流互感器的结构剖面图,由内到外分别是铁心Ⅱ、补偿绕组和铁心Ⅰ、二次绕组、一次绕组。一次绕组和二次绕组都绕在两个铁心上,补偿绕组只绕在铁心Ⅱ上,且和二次绕组的匝数相等。铁心Ⅰ和Ⅱ通常也称为屏蔽铁心和主铁心,屏蔽铁心也可用中空的结构,将主铁心和补偿绕组置入后绕制一次绕组、二次绕组。

双级电流互感器是由两级电流互感器组成的特殊电流互感器,其中,W_1、W_2 和铁心Ⅰ组成了第一级电流互感器,与一般电流互感器相同;W_1、W_2、W_B 和铁心Ⅱ组成第二级电流互感器,第二级互感器将第一级互感器的误差电流作为第二级互感器的一次电流,产生第二级互感器的二次电流,第一级和第二级电流互感器的二次电流之和为双级电流互感器的二次电流。即,双级电流互感器将第一级互感器的误差电

流输入第二级互感器,其产生的第二级二次电流,叠加到第一级互感器的二次电流,从而补偿第一级互感器由于励磁产生的误差,减小双级电流互感器的误差。双级电流互感器原理图如图 2-5 所示。

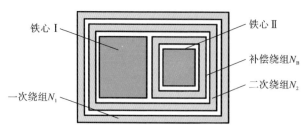

图 2-4 双级电流互感器的结构剖面图

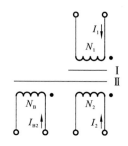

图 2-5 双级电流互感器原理图

双级电流互感器中,第一级互感器由一次绕组 W_1、二次绕组 W_2、第一级铁心 I 组成,由磁动势平衡原理得到

$$I_1 N_1 + I_2 N_2 = I_0 N_1 \qquad (2\text{-}13)$$

其误差为

$$\varepsilon_1 = -\frac{I_0}{I_1} = -\frac{Z_{02}}{Z'_{m}} \qquad (2\text{-}14)$$

式中:I_0——第一级铁心的励磁电流;

$\quad Z_{02}$——第一级互感器的二次负荷总阻抗,包括第一级的外接负荷、连接导线和接触电阻、二次绕组内阻抗;

$\quad Z'_{m}$——折算到二次铁心励磁阻抗。

第二级互感器的一次绕组由一次绕组 W_1、二次绕组 W_2 组成,二次绕组为 W_B,铁心 II,则由磁动势平衡原理得到

$$I_0 N_1 + I_{B2} N_B = I'_0 N_1 \qquad (2\text{-}15)$$

其误差为

$$\varepsilon_2 = -\frac{I'_0}{I_0} = -\frac{Z_{0B}}{Z'_{Bm}} \qquad (2\text{-}16)$$

式中:I'_0——第二级铁心的励磁电流;

$\quad Z_{0B}$——第二级互感器的二次负荷总阻抗,包括第二级的外接负荷、连接导线和接触电阻、二次绕组内阻抗;

$\quad Z'_{Bm}$——第二级互感器折算到其二次铁心励磁阻抗。

由式(2-13)和式(2-15)可得到双级电流互感器的磁动势平衡方程为

$$I_1 N_1 + I_2 N_2 + I_{B2} N_B = I'_0 N_1 \qquad (2\text{-}17)$$

双级电流互感器的误差为

$$\varepsilon\% = -\frac{I'_0 N_1}{I_1 N_1} = -\varepsilon_1\% \varepsilon_2\% = -\frac{Z_{02} Z_{0B}}{Z'_m Z'_{Bm}} \tag{2-18}$$

由此可见,双级电流互感器的误差是由第二级互感器铁心的励磁安匝决定的,且为第一级和第二级互感器误差乘积的负值,也等于两个互感器二次总阻抗的乘积和励磁阻抗乘积比值的负值。双级电流互感器的误差是对第一级和第二级互感器电流之和而言的,I_2 和 I_B 叠加后为双级电流互感器的二次电流。因此,双级电流互感器必须满足的两个条件是:① 第一级和第二级互感器必须是独立的回路;② I_2 和 I_B 可以叠加。所以,要求双级电流互感器只能应用在两电路可以叠加的互感器校验仪,如磁耦合式互感器校验仪。

国内使用的通常是测差式互感器校验仪,双级电流互感器在测差式互感器校验仪上应用时的连接线路如图 2-6 所示,Z_{BD} 为测差式校验仪测量回路的等值阻抗。

图 2-6 中,$N_B = N_2$,Z_{BD} 为测差式校验仪测量回路等值阻抗,是第一级和第二级互感器的共同负荷。由于补偿绕组回路与二次回路并联,实际上已经破坏了上述双级电流互感器运行的两个条件,所以不能再用双级电流互感器的原理对其进行分析。

将这种补偿绕组回路与二次回路并联,且第一级和第二级有共同负荷的双级电流互感器,称为双级补偿电流互感器,如图 2-7 所示。

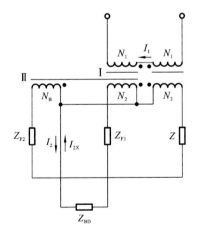

图 2-6　测差式互感器校验仪上的双级电流互感器

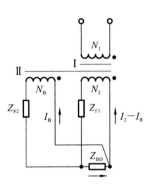

图 2-7　双级补偿电流互感器原理图

由图 2-7 可见,由于二次绕组和补偿绕组并联,W_2(这时相当于只绕在铁心 I 上)、W_B 和阻抗 Z_{F1}、Z_{F2} 形成闭合电路,因此 W_2 在铁心 I 上产生的感应电动势 E_b 为

$$\begin{aligned}
E_b &= I_2(Z_2 + Z_{F1}) - I_B(Z_B + Z_{F2} + Z_2 + Z_{F1}) \\
&= (I_2 - I_B)(Z_2 + Z_{F1}) - I_B(Z_B + Z_{F2}) \\
&\approx I_2(Z_2 + Z_{F1}) - I_B(Z_B + Z_{F2})
\end{aligned} \tag{2-19}$$

式中:I_B——铁心 I 的励磁电流。

如果把第一级和第二级互感器的负荷 Z_{F1} 和 Z_{F2} 分别计入 W_2 和 W_B 的内阻抗 Z_2 和 Z_B 中,则其可简化为

$$E_b \approx I_2 Z_2 - I_B Z_B \approx I_2 Z_2 \tag{2-20}$$

W_2 在铁心 I 上产生的感应电动势 E_u 为

$$E_u = I_B Z_B + I_2 Z \approx I_2 Z \tag{2-21}$$

W_2 在双铁心 I 和 II 上产生的感应电动势为

$$E_2 = E_b + E_u = I_2(Z_2 + Z) = I_2 Z_{02} \tag{2-22}$$

由此可见,双级补偿是将二次绕组内阻抗电压降 $I_2 Z_2$(包括 Z_{F1})由 W_2 在铁心 I 上产生的感应电动势承担,即用补偿绕组的内阻抗电压降 $I_B Z_B$(包括 Z_{F2})代替 $I_2 Z_2$,且由于 $I_B Z_B = I_2 Z_2$,互感器的二次总负荷减少,误差减小。这样,W_2 在铁心 II 上产生的感应电动势仅承担二次负荷电压降 $I_2 Z$。这时电流互感器的误差仅由铁心 II 的励磁安匝 $I'_{0B} N_B$ 所决定,而与铁心 I 的励磁安匝 $I_B N_B$ 无关(当 $I_B Z_B = I_2 Z$ 时),因此双级补偿实际上也是一种电动势补偿。

在双级补偿中,当 $Z_2 < Z$,且铁心 I 和 II 完全相同时,补偿后反而使电流互感器的误差增大。当 $Z_2 \geqslant Z$ 时,双级补偿可使电流互感器的准确度得到明显提高,即当补偿绕组内阻抗很小并远远小于二次绕组阻抗时,双级电流互感器有更高的准确度。

当双级补偿电流互感器用于测差式互感器校验仪时(见图 2-6),$Z = Z_{BD}$。对于比较仪式互感器校验仪,$Z_{BD} \approx 0$,则可以得到

$$E_u = I_B Z_B + I_2 Z_{BD} \approx I_B Z_B \tag{2-23}$$

式(2-23)中的 I_B 和 Z_B 是式(2-17)、式(2-16)中的 I_{B2} 和 Z_{0B},即 $I_B = I_{B2}$,$Z_B \approx Z_{0B}$;同时图 2-7 所示的双级补偿电流互感器绕组 W_B 在铁心 II 上的感应电动势为

$$E_u \approx I_{B2} Z_{0B} \tag{2-24}$$

式(2-23)与式(2-24)相同,第一级铁心 I 的励磁安匝 $I_{0B} N_1$ 也相同,两者的误差也相同。但是两者的分析方法不同,双级电流互感器以 $I_2 + I_{B2}$ 为二次电流,双级补偿电流互感器仍以 I_2 为二次电流。

对于电位差式互感器校验仪,$Z_{BD} \neq 0$,其值与校验仪比差和角差读数盘的读数有关,读数最大,即 Z_{BD} 最大,读数为零,即 $Z_{BD} = 0$。Z_{BD} 的不超过 $0.01 + j_{0.02}^{0.01} \ \Omega$(对于 HE$_5$ 型)或 $0.005 + j_{0.01}^{0.005} \ \Omega$(对于 HE$_{11}$ 型和 HE$_8$ 型)。这时 $I_2 Z_{BD}$ 大于 $I_B Z_B$,不能略去不计;但 Z_{BD} 仍比一般标准电流互感器的二次负荷 $0.2 \ \Omega$ 小很多,因此用于电位差式校验仪上的双级电流互感器实际上是一种双级补偿电流互感器,其仍有较高的准确度,仍可简称为双级电流互感器。

由此可见,双级电流互感器是 $Z_{BD} \approx 0$ 时的双级补偿电流互感器,前者仅是后者的一个特例。

2.3　电流比较仪

电流比较仪的基本思想如图 2-8 所示，A 为高磁导率材料铁心，W_1 为一次绕组，W_2 为二次绕组，I_1 为一次电流，I_2 为二次电流。

因为 $\Phi_1 = I_1 N_1 / R_m$，$\Phi_2 = I_2 N_2 / R_m$，其中 R_m 为铁心 A 的磁阻，所以当 $\Phi_1 = \Phi_2$，即铁心内合成磁通为零时，有

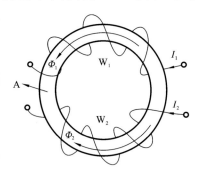

图 2-8　电流比较仪原理图

$$\frac{I_1}{I_2} = \frac{N_2}{N_1} \qquad (2\text{-}25)$$

式(2-25)为电流比较仪的原理表达式，其一次电流与二次电流的比值"严格"等于二次绕组匝数与一次绕组匝数的比值。

电流比较仪刚出现的初期，人们应用电流互感器的概念来理解电流比较仪，既然电流比较仪运行在零磁通状态，不需要励磁电流，因此就认为电流比较仪没有误差，然而这是错误的。后来进一步研究表明，电流比较仪仍然有误差，即磁性误差 ε_L 和容性误差 ε_C，只是没有励磁电流产生电流互感器的误差而已。

电流比较仪的误差可表示为

$$\varepsilon_0 = \varepsilon_L + \varepsilon_C \qquad (2\text{-}26)$$

由电流比较仪的误差表达式可见，容性误差和磁性误差只是简单叠加，可以分别对其进行研究。

本节首先介绍无源电流比较仪、补偿式电流比较仪的结构，然后介绍对电流比较仪非常重要的磁性误差和容性误差。

2.3.1　无源电流比较仪

电流比较仪的一次绕组由电源供电，二次绕组由被检电流互感器供电，即电流比较仪二次绕组阻抗是被检电流互感器的附加二次负荷，这种自己不能供电承担负荷的电流比较仪，称为无源电流比较仪，如图 2-9 所示。

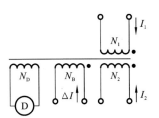

图 2-9　无源电流比较仪原理图

无源电流比较仪结构简单，由铁心、检测绕组 W_D、补偿绕组 W_B 和比例绕组（一次绕组 W_1、二次绕组 W_2）组成，其原理图如图 2-9 所示。工作时，比例绕组的电流 I_1、I_2 输入 W_1、W_2，误差电流输入补偿绕组 W_B，检测绕组接入指零仪，当指零仪指零

时,即

$$I_1 N_1 + I_2 N_2 + \Delta I N_B = 0 \qquad (2\text{-}27)$$

可以得到 $I_2 N_2$ 相对于 $-I_1 N_1$ 的复数误差,即

$$\varepsilon = -\frac{\Delta I N_B}{I_2 N_2} = \frac{N_B}{N_2}(f + j\delta) \qquad (2\text{-}28)$$

若式(2-28)中 $N_B = N_2$,即电流比较仪的补偿绕组和二次绕组匝数相等,则测差设备可以直接读出 $I_2 N_2$ 相对于 $-I_1 N_1$ 的误差。

这里要特别说明,无源电流比较仪与电流互感器是不同的,其比例绕组没有一次绕组和二次绕组之分,通常把工作中与被检设备一次相连接的比例绕组称为一次绕组,把与被检设备二次相连接的比例绕组称为二次绕组。由此可见,无源电流比较仪本身是不带任何负荷的,其一次绕组由电源供电,二次绕组由被检设备承担。

由于无源电流比较仪的二次绕组由被检设备供电,这就使得其二次绕组成为被检设备的附加负荷。附加负荷的存在,会给被检设备带来误差,这就是无源电流比较仪的缺陷。

2.3.2 补偿式电流比较仪

附加负荷的存在改变了被检电流互感器的误差,即带来了测量误差,因此,必须将附加负荷从被检互感器二次负荷中扣除。为了消除附加负荷,在无源电流比较仪中增添一些结构和线路,以承担附加负荷,即构成补偿式电流比较仪,如图 2-10 所示。

补偿式电流比较仪利用只绕在主铁心上而不绕在屏蔽铁心上的补偿绕组,与二次绕组并联,使屏蔽铁心在二次绕组中产生的感应电动势自动承担附加负荷,使增加负荷问题得到了比较圆满的解决,其结构和线路简单,与无源电流比较仪相当,而且仍然只需要一次平衡,因此补偿式电流比较仪在国内外都得到了广泛的应用。

补偿式电流比较仪的结构示意图如图 2-11 所示,从 T_1 到 $L_1 L_n$ 为补偿式电流比较仪从内到外的结构,分别是:主铁心 T_1、检测绕组、屏蔽、双补偿绕组、铜屏蔽、屏蔽铁心 T_2、比例绕组。

补偿式电流比较仪利用二次绕组在屏蔽铁心上产生的感应电动势向附加阻抗供电,但是它不需要另外的励磁绕组和外加电源,而是直接利用只绕在主铁心上的补偿绕组 W_B 与二次绕组 W_2 并联,不过 W_B 和 W_2 的匝数必须相等,即 $N_B = N_2$,原理图如图 2-10 所示。

Ⅰ为主铁心,Ⅱ为屏蔽铁心,W_2 在屏蔽铁心上产生的感应电动势为

$$E_b = I_2 Z_2 - I_B(Z_2 + Z_B) \approx I_2 Z_2 \qquad (2\text{-}29)$$

式中:I_B——屏蔽铁心的励磁电流。

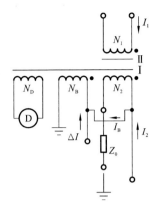

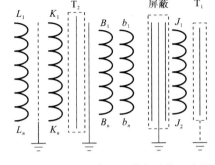

图 2-10　补偿式电流比较仪原理图　　　图 2-11　补偿式电流比较仪结构示意图

如果把绕组 W_1、W_2 和屏蔽铁心合在一起,看成是一个辅助互感器,那么 I_B/I_2 就是辅助互感器的复数误差,$I_B \ll I_2$。

2.3.3　磁性误差

研究磁性误差之前,可以先研究电流比较仪的检测绕组工作原理,其主要基于安培环路定理。设电流比较仪检测绕组的匝密度为 n,磁路长度为 l,其两端的感应电压可以表示为

$$v = \int n \frac{\mathrm{d}\Phi}{\mathrm{d}t} \mathrm{d}l \tag{2-30}$$

由于检测铁心截面的长或宽远小于其平均半径,因此径向上磁场变化不显著,可以用横截面中心点的磁感应强度计算磁通,即

$$\Phi = BS = \mu_0 \mu_r HS$$

式中:S——检测铁心的截面积;

H——铁心轴心线上的磁场强度。

感应电压表达式可改为

$$v = \mathrm{j}\omega \int n \mu_0 \mu_r HS \mathrm{d}l \tag{2-31}$$

式中:μ_r——常数,材料为线性、均匀的,检测铁心截面积 S 处处相同。

当检测绕组均匀密绕,匝密度为常数时,感应电压表达式可以进一步简化为

$$v = \mathrm{j}\omega \frac{\mu_0 \mu_r SN}{2\pi R_0} \int H \mathrm{d}l \tag{2-32}$$

式中:N——绕组匝数;

R_0——绕组的半径。

由安培环路定理

$$\int H \mathrm{d}l = I_\Sigma \tag{2-33}$$

式中：I_Σ——穿过铁心窗口的电流和。

可见，当一次电流和二次电流的安匝平衡时，即 $I_\Sigma = 0$，检测绕组的感应电压应为零。然而这个前提就是铁心磁导率沿圆周方向处处相等。否则，检测绕组的感应电压为零就很有可能意味着一次电流和二次电流的安匝和不为零。

电流比较仪的铁心卷制不均匀或者热处理不均匀，导致铁心各部分磁密不等或者磁导率不等，电流比较仪绕组绕制不均匀，耦合不好，由漏磁通进入铁心而产生电流比较仪的误差，这种由磁性能引起的误差称为磁性误差。

实际上，一个铁心的磁导率沿圆周方向变化 10% 非常正常。因此，没有特殊设计的电流比较仪，误差一般很难小于 2×10^{-5}，且性能不够稳定，易受一次导体位置和外磁场的影响。

因此，减小电流比较仪的磁性误差并提高其稳定性的最有效办法是采用有效磁屏蔽结构。在铁心外部包裹磁屏蔽，可以大大改善铁心圆周方向上磁场的均匀性，从而有效抑制材料非线性产生的影响，减小磁性误差。

在电流比较仪中磁力线被检测绕组完全包围的那部分磁通称为工作磁通，磁力线被检测绕组不完全包围的那部分磁通称为漏磁通。检测绕组中的总电压等于工作磁通和漏磁通在其绕组中感应电压之和。当通过铁心窗口的总电流为零时，工作磁通为零，但是漏磁通仍然存在，其根源可能存在于一次绕组和二次绕组中，也可能存在于外磁场中。

磁屏蔽并不能改变比较仪的灵敏度，但是，它相当于可减少漏磁通穿过铁心的分路，将铁心及磁屏蔽看作两个同心圆环，如果漏磁通在某点进入这个磁性结构，并在相对该位置 180° 的位置离开，作为初步近似，认为圆环的内、外直径之比不是很小，则可以用一对同心圆柱体代替这个圆环，此时，磁通分布问题可用图 2-12 所示二维模型来分析。

磁动势是距离的函数，因此，磁动势 M 为

$$M = \Phi_\mathrm{L} R_\mathrm{m} \frac{x}{l} \tag{2-34}$$

式中：R_m——半个屏蔽环的磁阻，即

$$R_\mathrm{m} = \frac{l}{\mu_\mathrm{s} ac} \tag{2-35}$$

取漏磁通 Φ_L 的一半进行分析。

进入铁心的漏磁通为

$$\mathrm{d}\Phi'_\mathrm{L} = \frac{M}{b} \mu_0 \mathrm{d}x = \Phi_\mathrm{L} \frac{\mu_0 x \mathrm{d}x}{\mu_\mathrm{s} ab} \tag{2-36}$$

穿过铁心的漏磁通为

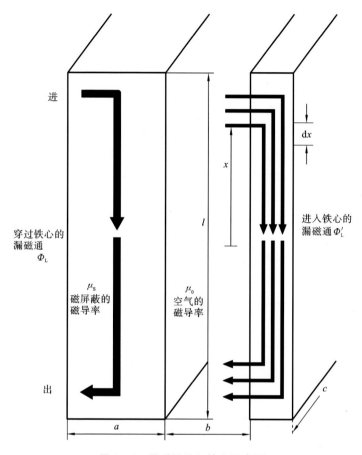

图 2-12　漏磁通进入铁心示意图

$$\Phi_{\mathrm{L}} = \int_0^{l/2} \mathrm{d}\Phi_{\mathrm{L}}' = \frac{1}{8}\Phi_{\mathrm{L}}\frac{\mu_0}{\mu_{\mathrm{S}}}\frac{l^2}{ab} \tag{2-37}$$

定义屏蔽系数为无磁屏蔽时进入铁心的漏磁通与有铁心时进入铁心的漏磁通之比，以 A 表示，即

$$A = \frac{\mu_0}{\mu_{\mathrm{S}}}\frac{8}{l^2}ab \tag{2-38}$$

式中：a——磁屏蔽厚度；

　　b——空气气隙厚度；

　　μ_0——空气的磁导率；

　　μ_{S}——磁屏蔽的磁导率。

从式(2-38)可以看出：

(1) 屏蔽系数跟磁屏蔽的相对磁导率呈正比；漏磁通的磁路长度 l 越小，磁屏蔽系数越大；

（2）磁屏蔽系数与磁屏蔽厚度和空气气隙厚度的乘积有关，在有效空间给定的情况下，即 $a+b$ 为定值，当 $a=b$ 时屏蔽效果达到最大值。

磁屏蔽的材料有硅钢片、铁镍合金和铜，由于补偿式电流比较仪的外磁屏蔽兼作辅助互感器的铁心，由四块硅钢片或铁镍合金环状铁心组成，分别安装在绕有补偿绕组的电流比较仪主铁心线包的内、外、上、下四侧。采用双层磁屏蔽的电流比较仪，另外有四块硅钢片或铁镍合金环状铁心组成的磁屏蔽，分别安装在绕有检测绕组的电流比较仪主铁心线包内、外、上、下四侧。有两层磁屏蔽时，前者为第二层，后者为第一层。有的在第一层磁屏蔽外面还加一层 3～10 mm 厚的铜屏蔽，其结构相当于将上述三块（内、外、下）铜板焊在一起（U 形槽样式），一块叠在上面，且有一边（内周或外周）开口并垫有绝缘，铜屏蔽对互感器铁心不形成短路匝。

双层磁屏蔽、一层铜屏蔽的电流比较仪结构图如图 2-13 所示，图 2-13 所示的 1 为主铁心（保护盒未画出），2 为检测绕组，3 为第一层磁屏蔽，4 为绝缘衬垫，5 为铜屏蔽，6 为补偿绕组，7 为第二层磁屏蔽，8 为比例绕组。一般第一层磁屏蔽选用铁镍合金，第二层磁屏蔽选用冷轧硅钢片，这不仅经济，而且屏蔽效果好。

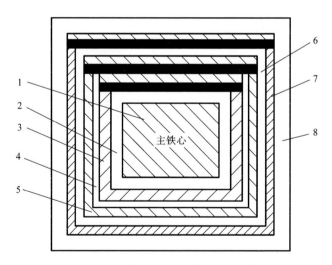

图 2-13 双层磁屏蔽、一层铜屏蔽的电流比较仪结构图

国外研究认为，磁性误差由三种漏磁场产生，两个在铁心上对称放置的绕组产生偶极子场，由倾斜的比例绕组产生径向场和轴向场，环绕整个铁心的绕组产生轴向场。

为了屏蔽偶极子场和径向场，一个简单且有效的方法是由两个环状 U 形槽构成，如图 2-14 所示。图 2-14 所示的 1 为主铁心，2 为铜屏蔽，3 为 U 形槽屏蔽，4 为绝缘衬垫。U 形槽由不小于 1 mm 厚的铁镍合金加工而成,槽间的空隙所产生的漏磁场可由大面积的重叠来消除。铜屏蔽必须在磁屏蔽的内部,对于工频,铜屏蔽必须足够厚,厚度约 10 mm(不少于 5 mm)才有作用,否则屏蔽没有作用。

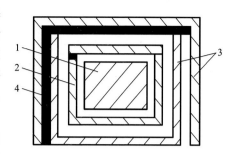

图 2-14　U 形槽和铜屏蔽结构图

　　表 2-1 所示的为各种屏蔽的效果,其以屏蔽系数来表示。屏蔽系数定义为无屏蔽时误差与有屏蔽时误差之比。表 2-1 中屏蔽方式 1 和 3 为 U 形槽屏蔽(1～2 mm 厚),屏蔽方式 2 为 3 mm 厚铜屏蔽,屏蔽方式 4 为环状铁心屏蔽。由表 2-1 可见,U 形槽屏蔽效果比环状铁心屏蔽效果约高 10 倍;屏蔽方式 1、2、3 三层足以消除磁性误差。国外研制的采用上述 1、2、3 三层屏蔽的互感器,也取得了磁性误差减小约 3 个数量级的良好效果。

表 2-1　各种屏蔽的屏蔽系数

屏蔽方式	径向场	轴向场	偶极子场
1	87	7.9	42
1、2	150	18	71
1、2、3	66000	7300	8000
2	1.7	2.4	1.6
3	290	22	73
1、3	560	48	2700
2、3	1100	160	220
4	8.8	2	4.5

　　一般来说,每增加一层屏蔽大约可减小一个数量级误差,但是屏蔽越多电流比较仪绕组长度越长,分布电容越大,容性误差将随之增大。因此,在减小磁性误差时必须同时考虑容性误差,使两者数值相近,且都降到最小值。

2.3.4　容性误差

1. 基本原理

　　电流比较仪各绕组匝间、层间、绕组间及各绕组对地间都有分布电容,且工作的绕组通过相应电流后会产生阻抗电压降,该电压降加在分布电容上产生的电容电流通过各绕组时造成了误差,这种由电容电流引起的误差称为容性误差。

通常,如果电流比较仪及其指零仪有合适的屏蔽,使其不受周围外电磁场的影响,那么电流比较仪与外电路之间的连接可以简化为图 2-15 所示的 PN、PM、SN、SM 和 G 五个点。

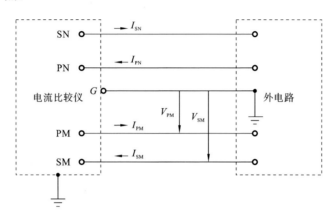

图 2-15　电流比较仪与外电路连接

电流比较仪的误差最初被近似地近似定义为安匝的误差,有

$$\frac{I_S}{I_P}=\frac{N_P}{N_S}(1+\varepsilon) \tag{2-39}$$

这个定义缺乏精确度,因为它用的是一次电流和二次电流的概念。众所周知,由于绕组之间、绕组与地之间的容性电流,流入端子 N 的电流并不一定等于流出端子 M 的电流,因此对于高准确度的测量,就有如下四种电流比例误差的定义:

$$\frac{I_{SN}}{I_{PN}}=\frac{N_P}{N_S}(1+\varepsilon_{NN}) \tag{2-40}$$

$$\frac{I_{SM}}{I_{PN}}=\frac{N_P}{N_S}(1+\varepsilon_{NM}) \tag{2-41}$$

$$\frac{I_{SN}}{I_{PM}}=\frac{N_P}{N_S}(1+\varepsilon_{MN}) \tag{2-42}$$

$$\frac{I_{SM}}{I_{PM}}=\frac{N_P}{N_S}(1+\varepsilon_{MM}) \tag{2-43}$$

式中:I_{PN}、I_{PM}、I_{SN}、I_{SM}——端子 PN、PM、SN 和 SM 的电流;

　　　N_P、N_S——一次绕组和二次绕组匝数;

　　　ε_{NN}、ε_{NM}、ε_{MN}、ε_{MM}——由式(2-40)～式(2-43)所定义的电流比较仪的误差。

上述中的每一个误差不仅依赖于电流比较仪的特性,而且也依赖于 PM 和 SM 端子的对地电位。因此,在高准确度电流比例测量中,就必须限定这两个端子的对地电位。通常,电流比较仪的误差由式(2-43)给出,其附加条件是,I_{PM} 和 I_{SM} 分别被定义为一次绕组和二次绕组标志端 M 处的电流,此时 M 端处于地电位。

2. 容性误差的计算

假设一次绕组和二次绕组均匀绕制,可认为每匝的分布电容是常数,同时假定四个端钮被引到一个点,且为了分析,同名端不在地电位,则可用图 2-16 来表示电流比较仪比例绕组的等效电路。

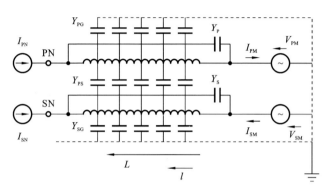

图 2-16　分布电容示意图

容性误差计算涉及的符号如表 2-2 所示。

表 2-2　容性误差计算涉及的符号

符号	说明	符号	说明
R_P	一次绕组的交流电阻	C_P	一次绕组分路中的电容
R_S	二次绕组的交流电阻	C_{PG}	一次绕组的对地电容
L_P	一次绕组的漏感	C_{PS}	一次绕组和二次绕组间的电容
L_S	二次绕组的漏感	C_S	二次绕组分路中的电容
l	到标志端的距离	C_{SG}	二次绕组的对地电容
$n = N_S / N_P$	匝数比	L	绕组总长度
$Z_P = R_P + j\omega L_P$	一次绕组的内阻及漏阻抗	$Z_S = R_S + j\omega L_S$	二次绕组的内阻及漏阻抗
$Y_{PS} \approx j\omega C_{PS}$	一次绕组和二次绕组间的导纳	$Y_P \approx j\omega C_P$	一次绕组分路的导纳
$Y_S \approx j\omega C_S$	二次绕组分路的导纳	$Y_{PG} \approx j\omega C_{PG}$	一次绕组对地的导纳
$Y_{SG} \approx j\omega C_{SG}$	二次绕组对地的导纳		

当电流比较仪平衡,即指零仪指零时,二次绕组标志端到一次绕组标志端的实际电流比可以通过求所有安匝的总和而得出。如果电流比较仪的磁性误差可以忽略,则和数应为零 $\left(\sum I = 0 \right)$。各部分安匝如下。

假如没有容性电流,则加在磁心上的一次安匝为

$$+ N_P I_P \tag{2-44}$$

一次绕组电压降和加在一次绕组上的分路电容电流所引起的安匝损失为

$$- N_P Z_P I_P Y_P \tag{2-45}$$

一次绕组电压降和漏电容电流由一次绕组到地流过$(1-l/L)N_P$匝所引起的正安匝为

$$+ \int_0^L \frac{N_P}{L} (L - l) Z_P I_P \cdot \frac{l}{L} \cdot \frac{Y_{PG}}{L} \mathrm{d}l \tag{2-46}$$

一次绕组和二次绕组电压降及容性电流由一次绕组到二次绕组流过$(1-l/L)N_P$匝所引起的正安匝为

$$+ \int_0^L \frac{N_P}{L} (L - l)(Z_P I_P + Z_S I_S) \cdot \frac{l}{L} \cdot \frac{Y_{PS}}{L} \mathrm{d}l \tag{2-47}$$

假如没有容性电流,则加在磁心上的二次安匝为

$$- N_S I_S \tag{2-48}$$

二次绕组电压降和加在二次绕组上的分路电容电流所引起的安匝增量为

$$+ N_S Z_S I_S Z_S \tag{2-49}$$

二次绕组电压降和漏电容电流由地到二次绕组流过$(1-l/L)N_S$匝所引起的负安匝为

$$- \int_0^L \frac{N_S}{L} (L - l) Z_S I_S \frac{I}{L} \frac{Y_{SG}}{L} \mathrm{d}l \tag{2-50}$$

一次绕组和二次绕组电压降及容性电流由一次绕组和二次绕组流过$(1-l/L)N_S$匝所引起的负安匝为

$$- \int_0^L \frac{N_S}{L} (L - l)(Z_P I_P + Z_S I_S) \cdot \frac{l}{L} \frac{Y_{PS}}{L} \mathrm{d}l \tag{2-51}$$

一次绕组和二次绕组电压降及容性电流由一次绕组和二次绕组流过$(1-l/L)N_P$匝所引起的负安匝为

$$- \int_0^L \frac{N_P}{L} (L - l) V_{PM} \frac{Y_{PG}}{L} \mathrm{d}l \tag{2-52}$$

一次绕组电压和容性电流由一次绕组流向二次绕组所引起的安匝(对于一次绕组,$(1-l/L)N_P$匝为正安匝;对于二次绕组,$(1-l/L)N_S$匝为负安匝)为

$$+ \int_0^L \left(\frac{N_P}{L} - \frac{N_S}{L} \right)(L - l) V_{PM} \frac{Y_{PS}}{L} \mathrm{d}l \tag{2-53}$$

二次绕组电压和容性电流向地流过$(1-l/L)N_S$匝所引起的正安匝为

$$+ \int_0^L \frac{N_S}{L} (L - l) V_{SM} \frac{Y_{SG}}{L} \mathrm{d}l \tag{2-54}$$

二次绕组电压和容性电流由二次绕组流向一次绕组所引起的安匝(对于二次绕

组,$(1-l/L)N_S$ 匝为正安匝,对于一次绕组,$(1-l/L)N_P$ 匝为负安匝)为

$$+\int_0^L \left(\frac{N_S}{L}-\frac{N_P}{L}\right)(L-l)V_{PM}\frac{Y_{PS}}{L}\mathrm{d}l \tag{2-55}$$

(2-44)~(2-55)相加并令其为零,可得

$$N_S I_S \left\{1+Z_S\left[-Y_S+\frac{Y_{SG}}{6}+\left(1-\frac{1}{n}\right)\frac{Y_{PS}}{6}\right]+\frac{V_{SM}}{2}\left[\frac{Y_{SG}}{2}+\left(1-\frac{1}{n}\right)\frac{Y_{PS}}{6}\right]\right\}$$

$$=N_P I_P \left\{1+Z_P\left[-Y_S+\frac{Y_{SG}}{6}+(1-n)\frac{Y_{PS}}{6}\right]-\frac{V_{PM}}{I_P}\left[\frac{Y_{SG}}{2}+(1-n)\frac{Y_{PS}}{2}\right]\right\} \tag{2-56}$$

假如高次项被忽略,则容性电流引起的电流比较仪的误差为

$$\varepsilon_{C,MM}=Z_S\left[Y_S-\frac{Y_{SG}}{6}-\left(1-\frac{1}{n}\right)\frac{Y_{PS}}{6}\right]-Z_P\left[Y_P-\frac{Y_{PG}}{6}+(n-1)\frac{Y_{PS}}{6}\right]$$

$$+\frac{V_{SM}}{I_S}\left[\frac{Y_{SG}}{2}+\left(1-\frac{1}{n}\right)\frac{Y_{PS}}{2}\right]+\frac{V_{PM}}{I_P}\left[\frac{Y_{PG}}{2}-(n-1)\frac{Y_{PS}}{2}\right] \tag{2-57}$$

式(2-57)规定电流为一次绕组、二次绕组 M 端的电流。流入和流出电流比较仪的电流误差分别为

$$I_{PN}=I_{PM}(1+\beta_P) \tag{2-58}$$

$$I_{SN}=I_{SM}(1+\beta_S) \tag{2-59}$$

β_P 和 β_S 分别为

$$\beta_P=Z_P\left(\frac{Y_{PG}}{2}+\frac{Y_{SG}}{2}\right)+\frac{1}{n}Z_S\frac{Y_{PS}}{2}+\frac{V_{PM}}{I_P}(Y_{PG}+Y_{PS})-\frac{1}{n}\frac{V_{SM}}{I_S}Y_{PS} \tag{2-60}$$

$$\beta_S=Z_S\left(\frac{Y_{SG}}{2}+\frac{Y_{PG}}{2}\right)+nZ_P\frac{Y_{PS}}{2}-\frac{V_{SM}}{I_S}(Y_{SG}+Y_{PS})+n\frac{V_{PM}}{I_P}Y_{PS} \tag{2-61}$$

容性电流引起的另外三个误差分别为

$$\varepsilon_{C,NN}=\varepsilon_{C,MM}-\beta_P+\beta_S \tag{2-62}$$

$$\varepsilon_{C,MN}=\varepsilon_{C,MM}+\beta_S \tag{2-63}$$

$$\varepsilon_{C,NM}=\varepsilon_{C,MM}-\beta_P \tag{2-64}$$

电流比较仪的容性误差可以分为两个部分,一是绕组两端的电压降,一是外加电压,由于标志端的电压可能受到导线电压降的影响,因此,我们规定引线的末端为同名端,且同名端被引到地电位,V_{PM}/I_P 和 $-V_{SM}/I_S$ 分别为一次引线和二次引线的阻抗,这是因为 $V_{PM}=Z_{PL}I_P$,$V_{SM}=-Z_{SL}I_S$。

对均匀绕制的单层或多层环状一次绕组和二次绕组,可以根据以下步骤估算其容性误差:① 计算或测量绕组电压;② 计算或测量分布电容;③ 确定电容电流的路径;④ 令安匝为零以求解误差。

图 2-17 所示的为容性误差计算典型案例图,其一次绕组多分段并绕在一层,二次绕组也分布在同一层。

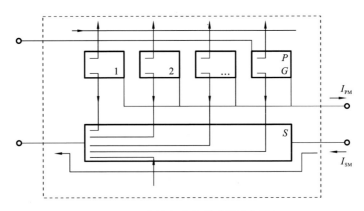

图 2-17 容性误差计算典型案例图

于是有

$$\varepsilon_{C,MM} = Z_S\left[Y_S - \frac{Y_{SG}}{6} - \left(1 - \frac{3-1/q}{2n}\right)\frac{Y_{PS}}{6}\right] - Z_P\left[Y_P - \frac{Y_{PG}}{6} + \left(\frac{3-1/q}{2}n-1\right)\frac{Y_{PS}}{6}\right]$$

$$+ \frac{V_{SM}}{I_S}\left[\frac{Y_{SG}}{2} + \left(1 - \frac{1}{n}\right)\frac{Y_{PS}}{2}\right] + \frac{V_{PM}}{I_P}\left[\frac{Y_{PG}}{2} - (1-n)\frac{Y_{PS}}{2}\right] \qquad (2\text{-}65)$$

式中:q——一次绕组的分段数;

Z_P——一次绕组的总漏阻抗。

由于绕组与绕组、绕组与地之间存在不可避免的分布电容,进而产生的容性泄漏电流,必然会对电流比较仪的误差产生影响,且对相位误差影响最大。因此为了提高电流比较仪的误差的稳定性和复现性,规定一次绕组和二次绕组的同名端处于地电位,将泄漏电流及容性误差控制为固定值。

在研制电流比较仪的过程中,为了减小电流比较仪的容性误差,绕组设计中可以考虑如下方式。

1)绕组匝数不宜过多

电流比较仪安匝应当选低一些,但是安匝过低,可能增大磁性误差,特别是会降低抗外磁场干扰能力和调零稳定性。因此,安匝的选择,必须将容性误差和磁性误差一起考虑,综合达到最小值。

2)绕组布置合适

一般采用每一绕组一层或数层顺着铁心圆周均匀绕制的方法,为了减小绕组间的电位差,绕组按照顺序绕制,如果任意绕制,串联后绕组间的电位差增大,容性误差增大,对无中间抽头的单绕组,可分段绕制,原则是电流比较仪工作时铁心利用率达到最大化。

3)空绕组并联或分断

在电流比较仪中,为了消除空绕组以减小容性误差,一般都采用串并联结构,使得每一电流比较仪所有绕组都参与工作,如果电流比是整倍数的,而且绕组布置整齐合理,则在并联使用时,减小容性误差效果是很明显的。如果电流比很大,且是多安匝,有可能绕组并联比不并联的容性误差更大,使用接线也很不方便。因此在大电流比的电流比较仪中,采用分断绕组,即将空绕组与一次绕组或二次绕组分断(分断绕组匝数一般不超过 100 匝或 200 匝),这样绕组的布置就能使得电流比较仪的容性误差减小明显。

4)减少绕组层数

当电流比 $n>1$,绕组匝数不是很多,且能在一层内均匀布满时,可以采用既不并联又不串联的单独使用绕组的方式,为避免电流比较仪体积增大,单独使用绕组不宜太多。由于单独使用绕组在一层内均匀布满,所以容性误差和磁性误差均很小。

5)采用电屏蔽

采用接地的电屏蔽,对绕组进行分层,避免各绕组互相影响,固定容性误差,易于分别进行单独控制。

2.4　有源电流比较仪

补偿式电流比较仪电流比例的准确度非常高,误差可达到 10^{-7} 级。补偿式电流比较仪一般只能用于实验室开展电流比例的量值溯源或量值传递,而不能直接用于电流的精密测量。这是因为需要人工反复进行一次安匝、二次安匝平衡的调节,包括幅值和相位,不适应于自动测量的需求。因此,采用自动反馈技术提供二次电流的有源电流比较仪,如同普通电流互感器一样使用简单,准确度可与补偿式电流比较仪相当,这无疑具有很大的吸引力。

二十世纪六七十年代,加拿大国家研究委员会研制出一台自平衡电流比较仪,一次电流为 10 A、100 A、1000 A,二次电流为 1 A,其误差低至 $(1\sim2)\times10^{-6}$。

尽管有源电流比较仪从最初实现至今已过了很多年,也已经有成熟的 0.001 级有源电流比较仪商用产品,但是部分实验人员或高等级实验室仍然难以接受这种新技术,这类有源电流比较仪的缺点如下:

(1)容易发生故障,而实验人员甚至可能不知道已发生故障,从而给量值传递带来风险;

(2)由于采用了高增益的电子电路,可能存在潜在的环路稳定性问题,而该问题只有有经验的实验人员才能发现;

(3)需要给电子电路供电,供电电源与测量电路之间可能存在干扰;

(4)价格较为昂贵。

尽管存在上述问题,但由于测量过程的自动化是不可避免的,因此电子电路被应用得越来越多。更何况没有电子电路的帮助,一些高准确度测量也不可能实现。

2.4.1 基本原理

为了理解有源电流比较仪的原理,先考虑电流互感器(current transformer,CT)的等效工作原理图,如图 2-18 所示。

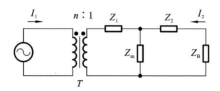

图 2-18 电流互感器的等效工作原理图

图 2-18 中,T 为电流比例为 $n/1$ 的理想电流互感器,Z_1 为一次绕组的漏阻抗、内阻(折算至二次绕组的阻抗),Z_2 为二次绕组的漏阻抗、内阻,Z_m 为励磁阻抗。由等效工作原理图(见图 2-18)可得如下结论。

(1) 励磁阻抗 Z_m 越大,流过励磁阻抗支路的电流越小,CT 的误差越小。CT 的铁心、绕组参数确定后,铁心磁导率越高,CT 的误差越小。

(2) 随着一次电流幅值的变化,铁心磁密发生相应变化,而铁心磁导率一般与磁密大小有关,因此 CT 的误差也会发生变化。

为了提高 CT 的准确度,除了选用高磁导率的铁心材料,使用外部电源 E 对 CT 进行二次供电是一种非常好的想法,如图 2-19 所示。

调节电源 E 输出电流的幅值和相位,使得

$$\frac{I_1}{n} + I_2 = 0 \tag{2-66}$$

此时,励磁阻抗上的电压降为零,铁心为零磁通状态,电流互感器就成为电流比较仪。可以通过在铁心上增加一个绕组来检测铁心的磁通大小。电源 E 可以是一台受检测绕组输出电压驱动的放大器,从而构成有源电流比较仪。由于放大器提供全部的二次电流,我们可以称之为全补偿式有源电流比较仪(这便于与后文介绍的有源电流比较仪进行区分)。基于该原理,图 2-20 所示的为一种可能的实现方案。

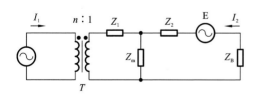

图 2-19 在二次供电以降低 CT 的误差

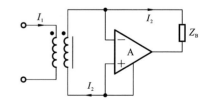

图 2-20 全补偿式有源电流比较仪方案

由于电流互感器的误差是由励磁电流引起的,励磁电流又与形成二次电流所需

要的感应电动势呈正比,而感应电动势等于二次电流与回路阻抗(主要包括二次绕组内阻和负载)的乘积。图 2-20 所示的全补偿式有源电流比较仪,由于放大器输入端虚短的作用,感应电动势会大大减小,可以用负载上的电压除以放大器的增益来近似估算,从而使得误差大大减小。

这种电流比较仪的缺点是,放大器需要给 CT 二次绕组及负载提供二次电流,功率较大,而且有可能遇到难以解决的系统稳定性问题。另外,铁心仍然需要感应一个微小的电动势用于抵消二次电流在二次绕组上的电压降,即它没有消除二次绕组内阻的影响,因此,这种电流比较仪仍然存在一定的误差。

更好的有源电流比较仪方案是放大器仅提供励磁电流,从而大大降低放大器功耗。在图 2-20 所示的电流比较仪的基础上,为铁心增加一个励磁绕组,如图 2-21 所示。与普通 CT 相似,铁心内的励磁磁通产生二次电流 $I_S - I_\mu$ 并流过负载。放大器输出励磁电流 I_μ,流过励磁绕组、负载后回到放大器。因此该比较仪的实际二次电流为 I_S。

假设放大器输入阻抗无穷大,增益无穷大,一次绕组匝数为 N_1,二次绕组匝数为 N_2,励磁绕组匝数为 N_3,由磁势平衡方程有

$$I_P N_1 - (I_S - I_\mu) N_2 - I_\mu N_3 = 0 \tag{2-67}$$

如果 $N_2 = N_3$,式(2-67)可化为

$$I_P N_1 - I_S N_2 = 0 \tag{2-68}$$

由此可见,一次电流、二次电流的比例等于相应绕组匝数的反比,励磁分量对误差的影响已被消除。与图 2-20 所示的方案相比,改进的有源电流比较仪具有如下优势:

(1) 负载电流的大部分由铁心感应产生,放大器仅提供励磁电流,功耗大大减小;

(2) 励磁绕组上的残余磁势仅需克服励磁电流在励磁绕组上的电压降,因而误差大大减小。

进一步,我们可以仿照双级电流互感器的结构,引入磁屏蔽来大幅削弱有源电流比较仪磁性误差。在主铁心上绕制励磁绕组,然后将线包置于中空磁屏蔽内,最后在磁屏蔽外依次绕制二次绕组和一次绕组,图 2-22 所示的放大器即构成了一种真正意

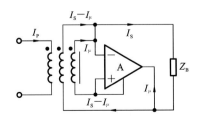

图 2-21　改进的有源电流比较仪方案

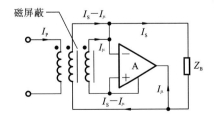

图 2-22　一种带磁屏蔽的有源电流比较仪原理图

义上的有源电流比较仪。磁屏蔽的引入可大大减小电流比较仪的磁性误差，从而充分发挥有源电流比较仪在准确度方面的优势。

有源电流比较仪的具体实现有很多种方式，虽然在铁心拓扑结构、绕组设计方式上有不同，但其核心思想是相似的，采用放大器补偿比例绕组中产生的误差电流，达到磁势自平衡的目的。目前，世界上许多国家的相关实验室均使用了 Haefely 公司生产的 4764 型有源电流比较仪（见图 2-23），可提供（5～5000）A/（1,5）A 的常用变比，比差小于 ±0.001%，角差小于 ±0.05′。

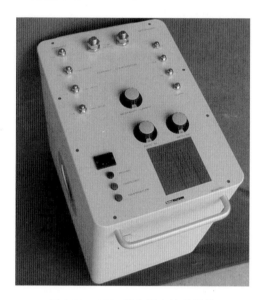

图 2-23   4764 型有源电流比较仪

相比于传统的电流比较仪，有源电流比较仪具有以下几个突出优点。

（1）克服了传统电流比较仪自身不能产生二次电流的缺点，使用基本同普通电流互感器，非常方便。如本书第 3 章第 5 节所述，接线简单的特点也为新的应用和新型量值溯源方法提供了可能。

（2）可以接近或达到传统电流比较仪的准确度等级。

（3）具备相对较强的带负载能力。

利用一套复合铁心制作一台 5 A/5 A 的有源电流比较仪，其原理与 2.4.2 节介绍的（5～5000）A/5 A 有源电流比较仪相同。由于其额定安匝为 100A·T，以下称它为 100A·T 比较仪。我们可以通过这台样机的几个试验来验证有源电流比较仪的优势。铁心的整体尺寸约为 44 mm×126 mm×65 mm（内直径×外直径×高度），额定安匝为 100A·T，设计准确度约为 $1×10^{-6}$。

首先让其作为一台电流互感器工作（不接电子电路），分别在二次负载为 16 mΩ

和 46 mΩ 两种情况下进行 5 A/5 A 自校准试验,误差数据如表 2-3 所示。

表 2-3　无源电流互感器自校准试验

测量点/(%)	$Z_B=16$ mΩ		$Z_B=46$ mΩ	
	比差/(%)	角差/(′)	比差/(%)	角差/(′)
200	0.024	1.0	0.038	1.3
120	0.027	1.3	0.043	1.6
100	0.028	1.4	0.045	1.8
50	0.029	2.1	0.051	2.7
20	0.021	3.1	0.050	4.4
10	0.014	3.6	0.037	5.7
5	0.011	3.8	0.027	6.5
2	0.011	3.9	0.024	6.8
1	0.010	3.9	0.023	6.9

由数据可见,作为普通电流互感器使用时,依据《测量用电流互感器》(JJG 313—2010)的规定,比差满足 0.05S 级要求,角差满足 0.1S 级要求。

比差和角差随一次电流百分比的变化如图 2-24 和图 2-25 所示。

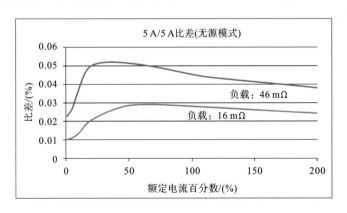

图 2-24　5 A/5 A 无源电流互感器的比差

接入辅助电子电路使互感器工作于有源电流比较仪模式,仍然使二次负载在分别为 16 mΩ 和 46 mΩ 两种情况下进行自校准试验,试验数据如表 2-4 所示。

可绘制出 100 A·T 比较仪的误差随一次电流变化的曲线,如图 2-26 所示。

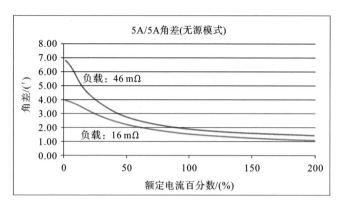

图 2-25 5 A/5 A 无源电流互感器的角差

表 2-4 5 A/5 A 变比的自校准数据

测量点 /(%)	$Z_B=16\ \text{m}\Omega$		$Z_B=46\ \text{m}\Omega$	
	比差[1] /(1×10^{-6})	角差 /μrad	比差 /(1×10^{-6})	角差 /μrad
200	0.68	0.45	/	/
120	0.67	0.46	1.22	0.84
100	0.67	0.46	1.22	0.85
50	0.67	0.49	1.21	0.88
20	0.65	0.59	1.2	0.98
10	0.63	0.74	1.15	1.14
5	0.58	1.06	1.09	1.44
2	0.4	1.97	0.88	2.43
1	0.09	3.49	0.56	4.02

当一次电流较小时,电流比较仪的误差会受到环境电磁场的影响,这体现在图 2-26 中误差-电流曲线在小电流百分数下的上翘或下跌。为了消除外界工频磁场的影响,可调换一次电流的极性,重新测量误差,并与表 2-4 中的结果取平均值,得到的误差曲线如图 2-27 所示。

比较表 2-3、表 2-4 和图 2-27 可见:

(1) 以有源方式运行时,比差最大改善了 400 倍,角差最大改善了 2000 倍;

---

① 低准确度的互感器的比差和角差单位一般为％和′,高准确度的互感器的比差和角差单位一般为 1×10^{-6} 和 μrad。

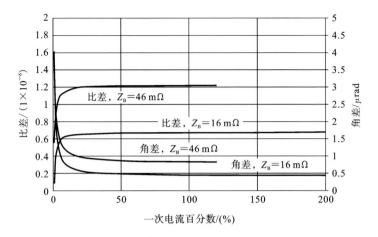

图 2-26　100 A·T 比较仪的误差-电流曲线

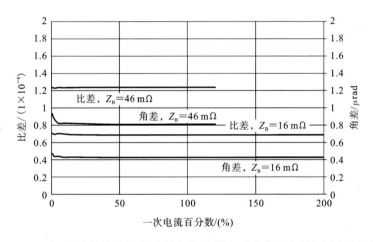

图 2-27　100 A·T 比较仪的误差-电流曲线（切换一次电流方向测得误差的平均值）

（2）切换一次电流的极性并对误差取平均值，对低端误差的改善很大，额定一次电流为 1%～200%，误差曲线非常平坦，这显示了电流比较仪的特点；

（3）即使不对数据取平均值，5%～200% 的测量误差也均小于 $2×10^{-6}$。

以上试验表现了有源电流比较仪相比电流互感器在准确度方面的巨大优势。

传统电流比例标准要达到这样的准确度等级，额定安匝至少应达到 500 A·T，这也体现了有源电流比较仪的优势，它有利于在保持准确度不下降太多的前提下显著减小标准器的体积和重量。

2.4.2　（5～5000）A/5 A 有源电流比较仪

中国电力科学研究院有限公司在 2016 年研制成功一套共 3 台有源电流比较仪

（以下简称 AACC 型电流比较仪），变比分别为(5～50) A/5 A、(50～500) A/5 A、
(500～5000) A/5 A，包含(5～5000) A/5 A 范围内的常规变比，比差小于 1×10^{-6}，
角差小于 1 μrad，实物如图 2-28 和图 2-29 所示。

图 2-28　(5～50) A/5 A 有源电流比较仪

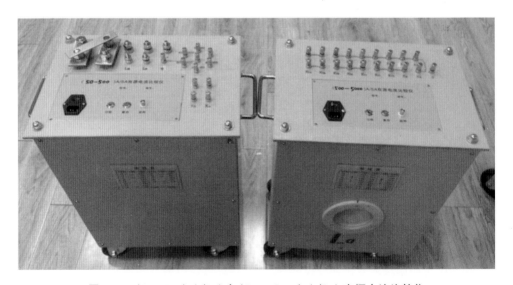

图 2-29　(50～500) A/5 A 与(500～5000) A/5 A 有源电流比较仪

图 2-30 所示的为这三台有源电流比较仪在 20% 额定电流下的误差曲线，横轴为
从(5～5000) A/5 A 的变比序列，纵轴为比差（单位为 1×10^{-8}）或角差（单位为 1×10^{-8} rad），比差最大为 0.26×10^{-6}，角差最人为 -0.65 μrad。

长期稳定性是电流比例标准的重要指标，影响电流比例量值的复现性。间隔 6

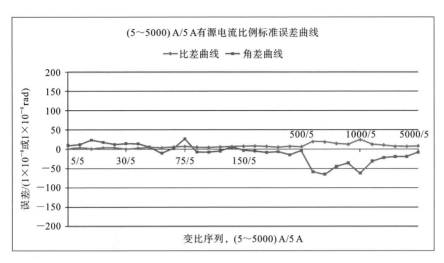

图 2-30　有源电流比例标准误差曲线

个月的时间,对该有源电流比较仪进行了 2 次校准,测量结果显示该电流比较仪的稳定性非常好。比差最大差异为 0.08×10^{-6},角差最大差异为 0.12×10^{-6} rad,比差和角差的最大变化仅为百万分之一级误差限值的十分之一。

虽然这三台电流比较仪在铁心和绕组结构上有一定差异,但基本原理相同,如图 2-31 所示。

在主铁心 C_2 上均匀绕制检测绕组 W_D,然后置于内磁屏蔽 C_S 内。在屏蔽铁心 C_1 上均匀绕制励磁绕组 W_B。将主铁心及内磁屏蔽放置于屏蔽铁心内,依次均匀绕制二次绕组和一次绕组。内磁屏蔽 C_S 和屏蔽铁心构成的双层磁屏蔽可大幅降低比例绕组的漏磁场或外界杂散磁场对检测绕组的影响。电子放大电路 A 的输入端和输出端分别连接检测绕组和励磁绕组。

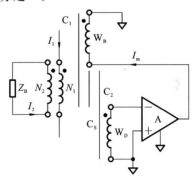

图 2-31　(5～5000) A/5 A 有源
电流比较仪原理图

这种线包结构使得:

(1) 一次电流 I_1、二次电流 I_2 的磁势作用于屏蔽铁心 C_1、内磁屏蔽 C_S 和主铁心 C_2;

(2) 励磁电流 I_m 的磁势仅作用于屏蔽铁心 C_1;

(3) 检测绕组上的电流的磁势仅作用于主铁心 C_2。

假设放大电路的增益为无穷大,可以得出,当该电流比较仪正常工作时,检测绕组上的电压应为零,即作用于主铁心的磁势之和为零。再假设放大电路的输入阻抗为无穷大,则检测绕组上没有电流。

由以上分析,对于主铁心,可得到

$$I_1 N_1 - I_2 N_2 = 0 \qquad (2\text{-}69)$$

由式(2-69)可看出,一次电流与二次电流的比值严格与匝数呈反比,这也是它被称为电流比较仪的原因了。

可以用以下方式理解该电流比较仪的工作原理:电子放大电路输出电流的 I_m 对屏蔽铁心进行励磁,二次绕组感应电压用于克服二次电流在内阻、负载上产生的电压降,因而比例绕组不再消耗励磁电流,误差大大减小。

电流比较仪的误差受很多因素的影响,如外磁场、比例绕组的漏磁场、容性泄漏电流、负载、环境温度等,但是从误差作用机理来说,可分为三类:增益误差、磁性误差和容性误差。各种因素对误差的影响基本都可归结到这三类误差,例如,负载、温度的影响均可归类至增益误差,下面对此进行详细描述。

2.4.3　增益误差

1. 增益误差的理论推导

对于补偿式电流比较仪,传统理论并没有考虑增益误差。但实质上它隐含在灵敏度的指标里。灵敏度较低,表示电流比较仪对安匝差的响应能力较低。此时,即使指零仪显示为零,也并不表示在电流比较仪内进行比较的两个安匝相等。

对于有源电流比较仪,增益误差非常重要。为了阐述增益误差的产生机理,仿照控制理论,绘制如图 2-32 所示的稳态工作原理框图。

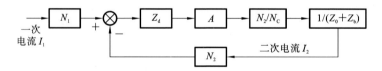

图 2-32　补偿式有源电流比较仪的稳态工作原理框图

图 2-32 中:

N_1、N_2——一次绕组和二次绕组的匝数;

N_C——励磁绕组的匝数;

I_1、I_2——一次电流和二次电流;

Z_d——检测绕组的灵敏度,其定义为检测绕组的电压与对应励磁安匝的比值,其单位为 Ω;

A——电子放大电路在 50 Hz 下的电压增益,单位为 V/V;

Z_0——二次绕组的内阻及漏阻抗;

Z_b——负载。

忽略磁性误差和容性误差,详细原理叙述如下。

一次电流 I_1 和二次电流 I_2 的合成安匝 $(I_1 N_1 - I_2 N_2)$，对于主铁心励磁，检测绕组的感应电压为

$$U_d = (I_1 N_1 - I_2 N_2) Z_d \qquad (2\text{-}70)$$

检测绕组的灵敏度 Z_d 为检测绕组对比例绕组的安匝差的响应能力，单位为 Ω。它可以进一步用主铁心的结构尺寸、磁导率、检测绕组匝数、励磁电流频率等参数来表示，与初始磁导率、铁心截面积、检测绕组匝数、电流频率呈正比，与平均磁路长度呈反比。但为了简化推导过程，这里不考虑更复杂的表达式。用 1J85 坡莫合金制成主铁心，Z_d 在 50 Hz 下的取值一般为 $1 \sim 10 \Omega$。

检测绕组的感应电压经过放大电路，输出为

$$U_o = (I_1 N_1 - I_2 N_2) Z_d A \qquad (2\text{-}71)$$

式中：A——放大电路的电压增益，经过励磁绕组的传递，在二次绕组上的感应电压为

$$U_2 = \frac{N_2}{N_C} (I_1 N_1 - I_2 N_2) Z_d A \qquad (2\text{-}72)$$

该电压要克服二次电流在二次绕组内阻、漏阻抗和负载上的电压降，即 $Z_0 + Z_b$ 产生二次电流为

$$I_2 = \frac{N_2}{N_C (Z_0 + Z_b)} (I_1 N_1 - I_2 N_2) Z_d A \qquad (2\text{-}73)$$

求解式（2-73）得到：

$$I_2 = \frac{N_1 N_2 Z_d A}{N_C Z_0 + N_C Z_b + N_2^2 Z_d A} I_1 \qquad (2\text{-}74)$$

由图 2-32 可知，系统为了正常工作，一次安匝和二次安匝不可能完全相等，必须存在安匝差，这是增益误差产生的源头。

由电流比较仪的误差定义可得，增益误差表达式为

$$\varepsilon_G = \frac{I_2 N_2 - I_1 N_1}{I_1 N_1} \qquad (2\text{-}75)$$

将式（2-74）代入式（2-75），化简得到

$$\varepsilon_G = -\frac{Z_0 + Z_b}{Z_0 + Z_b + \dfrac{N_2^2}{N_C} Z_d A} \qquad (2\text{-}76)$$

由于 $(Z_0 + Z_b)$ 项远小于 $N_2^2 Z_d A / N_C$ 项，可进一步化简得到

$$\varepsilon_G = -\frac{N_C}{N_2^2} \frac{(Z_0 + Z_b)}{Z_d A} \qquad (2\text{-}77)$$

观察式（2-77），该表达式为图 2-32 中环路增益的倒数，即环路增益越大，误差越小。检测绕组的灵敏度 Z_d、辅助放大电路的电压增益 A 越大，二次绕组内阻、漏阻抗、负载越小，增益误差越小。而检测绕组的灵敏度则与主铁心尺寸、初始磁导率、检

测绕组匝数相关。一般来说,初始磁导率越高、检测绕组匝数越多,铁心截面积越大,检测绕组的灵敏度越高。

如果有源电流比较仪没有磁性误差和容性误差,则式(2-78)成立。

$$|\varepsilon_G| = \sqrt{f^2 + \delta^2} \qquad (2\text{-}78)$$

式中:f——电流比较仪的比差;

δ——电流比较仪的角差。

依据式(2-78)预测 2.4.1 节中的 5 A/5 A 有源电流比较仪在负载为 16 mΩ 和 46 mΩ 两种情况下的增益误差的模值分别为 0.6×10^{-6} 和 1.1×10^{-6}。而根据实测误差及式(2-78)计算的实际值为 0.8×10^{-6} 和 1.5×10^{-6}。因此,理论值与实测值差别不大,式(2-77)可以用于指导有源电流比较仪的设计。

应注意,根据实测误差计算出的误差模值还包括磁性误差和容性误差的影响。因此,如果两者差异较大,应进一步考虑磁性误差和容性误差的影响。

2. 由负载造成的增益误差

由式(2-77)可见,有源电流比较仪的负载变化会造成增益误差的变化。可直观理解如下:更大的负载需要二次绕组提供更高的电压,进而放大电路需提供更高的输出电压,需提高检测绕组的输出电压,即比例绕组会产生更大的安匝差。而补偿式电流比较仪在校准试验中,由于辅助互感器带负载,因此其误差与负载没有关系,这是补偿式电流比较仪的优势,但同时也限制了其使用范围。

下面通过试验研究负载对有源电流比较仪的影响。通过自校线路测试变比为 5 A/5 A 的有源电流比较仪在不同负载下的误差。负载分别为 18 mΩ(短路)、150 mΩ、247 mΩ、436 mΩ 和 1047 mΩ,试验电流为 1 A,数据如表 2-5 所示。

表 2-5 负载对误差影响试验数据

二次负载/mΩ	比差/(1×10^{-8})	角差/(1×10^{-8} rad)
18	−6.8	1.4
150	−11.3	8.9
247	−14.8	14.4
436	−21.9	24.2
1047	−43.5	58.3

比差、角差与负载的关系可以用图 2-33 和图 2-34 来表示。

由图 2-33 和图 2-34,可以得到以下几点结论:

(1)比差、角差与二次负载呈线性关系;

(2)比差随负载变化可用 $-4 \times 10^{-8}/0.1\ \Omega$ 来表示,角差随负载变化可用 $6 \times 10^{-8}\ \text{rad}/0.1\ \Omega$ 来表示;

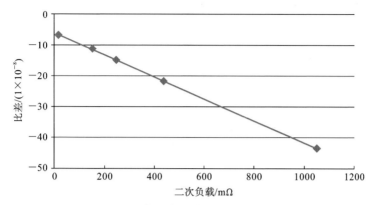

图 2-33　比差与二次负载关系曲线(5 A/5 A)

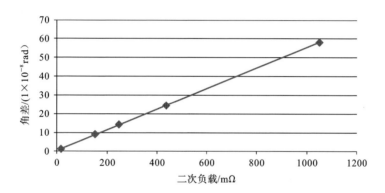

图 2-34　角差与二次负载关系曲线(5 A/5 A)

（3）负载对误差的综合影响为 $7.2×10^{-8}/0.1$ Ω；

（4）对于高达 1 Ω 的负载,此时误差仍然小于 $1×10^{-6}$。

所以,在检定有源电流比较仪时,应检定其在额定负荷和下限负荷下的误差。

实际上,二次负载电阻是与二次绕组内阻一起对有源电流比较仪的增益误差产生影响,当负载相对二次绕组的内阻较小时,二次负载变化对整体误差影响也较小。变比越大,二次绕组匝数越多,其内阻越大,二次负载的影响相应会变小。

能带负载使得有源电流比较仪像具有极高准确度的电流互感器,从而使高准确度的大电流测量成为可能。

应注意的是,负载的变化除了影响增益误差,还影响容性误差。如前文所述,容性误差与绕组电位有关,更大的负载使得二次绕组端电压更高,容性误差会发生变化。

3. 环境温度对增益误差的影响

正常实验室的环境温度对铁心和绕组的影响较小,但会造成电路板中电子元器件(如电阻、电容)的参数发生变化,电路增益因而发生变化,进而可能影响有源电流比较仪的增益误差。

通过简单的试验可测试环境温度对有源电流比较仪的误差的影响。本试验通过强行增加电路板的环境温度,测试环境温度对电流比例标准误差的影响。

首先在环境温度(25 ℃)下测试电流比例标准的比差和角差,然后单独将电路板的环境温度加热升温 30～55 ℃,同时测量比差和角差。在 25 ℃下,比差为 -0.15×10^{-6},角差为 -0.10×10^{-6} rad;在 55 ℃下,比差为 -0.20×10^{-6},角差为 -0.09×10^{-6} rad。比差的变化量为 $0.05\times10^{-6}/30$ ℃,角差的变化量为 0.01×10^{-6} rad/30 ℃。考虑到一般使用情况下,实验室环境温度会保持在 20～30 ℃,温度变化较小,因而温度带来的误差可以忽略不计。

电子电路中的电压放大环节,使用了温度系数为 $100\times10^{-6}/℃$ 的电阻,因此电压增益的温度系数不超过 $200\times10^{-6}/℃$。当环境温度变化 30 ℃时,电压增益变化将小于 0.6%,由式(2-77)可知,增益误差变化小于 0.6%,可以忽略不计。

有源电流比较仪是一种自动控制系统,如图 2-32 所示,电压增益 A 位于闭环系统内部,虽然环境温度的变化会使得电子电路的增益发生变化,但由于自动反馈的影响,该系统的闭环增益变化会大幅度减小。

4. 频率偏差对增益误差的影响

在部分要求测量准确度特别高的场合下,为了降低测量过程中受到的环境工频电磁场干扰,可能会设置试验电流频率偏离 50 Hz,如 52.5 Hz。频率在小范围内的变化影响误差的原因是放大电路在不同频率下的增益和相位不同,使得有源电流比较仪的增益误差发生变化。特别是这里介绍的有源电流比较仪,电子电路设计在 50 Hz 附近增益极高,即使频率变化比较小,也可能使增益发生 10% 的变化。由于频率变化不大,容性泄漏电流变化也不大,频率波动对容性误差的影响较小。

这里研究了频率的偏差对有源电流比较仪准确度的影响。利用信号发生器调整信号的频率,配合功率放大器产生不同频率的试验电流,有效值为 2.5 A,用自校线路测量误差随频率的变化,数据如表 2-6 所示。

表 2-6　负载对误差影响试验数据

频率/Hz	比差/(1×10^{-8})	角差/$(1\times10^{-8}$ rad)
47.5	13.0	7.2
48.5	7.5	8.1
49	4.9	8.5
49.5	2.5	9.0
50.5	−2.5	9.5
51	−4.6	9.9
51.5	−6.9	10.1
52.5	−11.3	10.7

比差、角差与电流频率的关系曲线如图 2-35 所示。

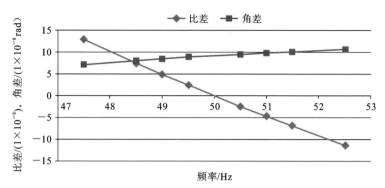

图 2-35　比差、角差与电流频率的关系曲线(5 A/5 A)

由表 2-6 和图 2-35 可以发现，比差、角差与频率在小范围内呈线性关系。频率对角差影响相对较小，约为 0.7×10^{-8} rad/Hz；频率对比差影响相对较大，约为 4.9×10^{-8}/Hz。总体来说，频率的影响较小。

2.4.4　磁性误差

与传统电流比较仪相同，为减小有源电流比较仪的磁性误差，良好的磁屏蔽非常重要。对于一次电流比较大的电流比较仪，影响误差复现性的最重要因素为磁性误差。在不同时间、不同的实验人员开展的试验中，由于一次导体位置不同造成一次电流磁场的分布发生变化，从而产生磁性误差。设计不好的电流比较仪，磁性误差会产生非常大的影响，甚至达到 10^{-5} 级，严重影响数据复现性。

(5～5000) A/5 A 系列有源电流比较仪磁屏蔽的设计思路与补偿式电流比较仪相似，采用了复合磁屏蔽结构，包括多层磁屏蔽及电屏蔽，可大大削弱磁性误差的影响。在设计阶段，应采用磁偶极子试验测试磁屏蔽的效果，这是非常重要的。

除了磁偶极子试验，也可以使用等安匝法来简单测试电流比较仪的磁性误差。通过调整一次载流导体的位置来模拟一次电流磁场的不均匀性，通过电流比较仪的误差变化衡量磁性误差的影响。下面介绍这种方法的试验情况。

误差检定线路为比较仪检定单级电流互感器线路，标准器是 1250 A/5 A 的补偿式电流比较仪，被检 5000 A/5 A 有源电流比较仪的一次绕 4 匝，因此其等效变比也为 1250 A/5 A。

在第一项试验中，被检有源电流比较仪的一次导体均匀分布，如图 2-36 所示，一次电流产生的磁场相对均匀。在第二项试验中，一次导体集中于有源电流比较仪的一侧，如图 2-37 所示，一次电流产生的磁场极端不均匀。在实际校准试验中，一次导体磁场的不均匀性不可能比图 2-37 中的情况更恶劣。

图 2-36 均匀磁场下的误差校准(5000 A/5 A)

图 2-37 非均匀磁场下的误差校准(5000 A/5 A)

由两项试验结果的对比发现,非均匀磁场对比差的影响为 0.03×10^{-6},对角差几乎没有影响,这表明采用复合磁屏蔽后,该有源电流比较仪的磁性误差几乎可以忽略。

2.4.5　容性误差

与传统电流比较仪相同,有源电流比较仪的容性误差来源于线包内部绕组、接地屏蔽之间相互存在的各种容性泄漏电流,这使得:

(1) 流入一个绕组的电流与流出该绕组的电流并不相等;

(2) 比例绕组中的电流产生的磁势作用不能简单地用流入该绕组同名端或流出该绕组非同名端的电流与绕组匝数的乘积来表示。

1. 限制条件

为了将容性误差固定在一个确定的值,对有源电流比较仪的工作条件做出以下两点限定。

(1) 有源电流比较仪的误差定义为从二次绕组同名端流出的电流相对于从一次绕组同名端流入的电流的误差。

(2) 一次绕组同名端和二次绕组同名端均处于地电位(并非将两个端子直接接地)。

在这两个限定条件下,容性电流的"作用量"只与一次电流(或二次电流)的大小有关,即容性电流的"作用量"与一次电流的比值固定,容性误差将保持为常数。

2. 措施

在研制 AACC 型电流比较仪的过程中,为了减小容性误差,采用了以下措施。

(1) 减小绕组之间及绕组对地的分布电容。传统电流比较仪会适当提高额定安匝,以便其与指零仪的分辨率相匹配。这会增加绕组匝数,也会增加绕组层数,各种分布电容变大,容性泄漏电流变大,容性误差变大,线包的体积和重量也会增加。一般 0.0001 级电流比较仪的额定安匝高于 700 A·T。AACC 型电流比较仪不需要指零仪,为了降低容性误差,额定电流 600 A 及以下变比的额定安匝取为 400～600 A·T,更高变比的额定安匝则取决于一次电流。

(2) 降低绕组电位。显然,在确定的分布电容下,绕组电位越小,容性电流越小。而绕组电位又主要包括绕组的感应电动势和电流在绕组上的电压降。适当增大绕组的线径可降低绕组内阻,从而降低绕组上的电压降。

(3) 采用电屏蔽。采用接地的电屏蔽,可以对各绕组进行分层,避免互相影响,固定容性误差,更易于对其分别进行单独控制。

(4) 二次绕组的分段处理。500 A 以上变比的一次绕组为单匝穿心,一次绕组的容性泄漏电流可忽略。二次绕组匝数则取决于一次电流,一次电流越大,二次绕组匝数越多,最多至 1000 匝(对应额定一次电流为 5000 A)。为了减少二次绕组端子数量,采用了带抽头的绕组结构。然而,在小电流下,二次绕组中有很多空绕组,会产生感应电动势。空绕组连接在二次回路中,造成容性泄漏电流增加。在本设计中,1000 匝二次绕组分成了多段,这样可有效降低容性误差。

2.5　开口式电流互感器

根据现行国家检定规程,电网中用于关口计量的互感器必须定期进行误差特性检测。根据常规检测方法,需要将运行的互感器离线才能进行误差特性检测。然而在实际检定中发现,有的线路互感器根本无法停电检测,否则会影响区域的生产和生活;有的线路尽管可以停电,但是互感器离线测量误差的工作量大、检测周期长,甚至有的线路很难进行互感器离线处理;离线检定也不能获得被检电流互感器在三相带电状态下的真实误差。开展电流互感器的带电校准可以克服上述离线校准的缺点。

应用于电流互感器带电校准的标准电流互感器应满足以下几个要求。

(1) 准确度:关口计量用电流互感器的准确度等级一般为 0.2 级,相应的标准电流互感器至少应比被检电流互感器高两个准确度等级,即 0.05 级。

(2) 结构形式:标准电流互感器能够带电在线接入,即其传感器应为能够打开的环状结构以便于卡入一次电流母线。为保证实验人员的安全,标准电流互感器的接入最好不依靠人力完成。

(3) 外磁场影响:标准电流互感器的准确度应不受被校电流邻相电流磁场及变电站的电磁辐射干扰影响,或影响很小。

(4) 功耗:如果电流标准装置的高压侧含有电子电路,其功耗不能太大。

国内外学者都曾研究过利用开口式 Rogowski 线圈作为电流标准器来进行 CT 的带电校准,这种技术存在以下几个缺点。

(1) 受限于 Rogowski 线圈自身的准确度,最高只能达到 0.05%,而且使用其作为标准器前需要先对其进行校准。

(2) Rogowski 线圈是一种弱电压输出的电流传感器,因此容易受环境电磁场干扰,特别是邻相电流磁场的影响,低压下的校准不能代表其实际工作状态。

也有学者研究过利用柔性全光纤电流互感器作为电流标准器,其带电安装难度相对低一点,但是关键的准确度指标可能比 Rogowski 线圈型标准器的还要低。

2012 年,中国电力科学研究院有限公司研制了一台 0.01 级开口式电流互感器,并成功开展了 110 kV 电流互感器的带电校准。本节首先分析了普通开口式电流互感器的缺点,在此基础上介绍开口式有源电流比较仪的研制过程。

2.5.1　开口式电流互感器的缺陷

开口式电流互感器又称为开启式电流互感器,或者钳形电流互感器,通常其准确度低于 1%。

　　众所周知,电流互感器的误差主要来源于励磁电流,可称为励磁误差。由分析电流互感器的 T 形等效电路可知,励磁误差与励磁阻抗呈反比关系,励磁阻抗越小,励磁电流越大,励磁误差越大。

　　下面一个试验展示了一个电流互感器开口前后的励磁阻抗变化情况。在一个内直径 172 mm、外直径 198 mm、高度 15 mm 的坡莫合金铁心上绕制两个绕组,两个绕组均为 200 匝。在一个绕组上输入工频励磁电流,测量另一个绕组上的感应电压。定义感应电压与励磁电流的比值为励磁阻抗(注意,该励磁阻抗与 T 形等效电路中的励磁阻抗不是相同的参数,但两者呈比例关系)。CT 开口前后的数据分别如表 2-7 和表 2-8 所示。对开口的端面进行了很好的处理,两半铁心闭合后,端面间距小于 0.1 mm。

表 2-7　未开口铁心样机励磁阻抗数据

励磁电流/mA	感应电压/V	励磁阻抗/Ω
2.612	1.28	490
3.064	1.584	517
3.972	2.224	560
4.83	2.704	560
7.858	3.727	474

表 2-8　开口铁心样机励磁阻抗数据

励磁电流/mA	感应电压/mV	励磁阻抗/Ω
2.51	25.2	10
3	29.9	10
4.02	39.8	10
5.03	49.7	10
8.03	80.5	10

　　CT 开口后,由于铁心端面间气隙的磁导率很低,励磁阻抗降低至未开口时的约 1/50,可以预计开口 CT 的误差会增大约 50 倍。将两个绕组串联构成一个 400 A/1 A 的单级电流互感器,进行误差校准试验,试验数据如表 2-9 所示。

　　该样机的误差非常大,且在一次电流达到 400 A 后,电磁力使得 CT 产生了强烈的震动,噪声很大。

表 2-9　开口式电流互感器样机误差数据

测量点/(%)	比差/(%)	角差/(′)
1	−9.8	145
5	−20.4	154
20	−15.1	111
100	−5.6	100

注:样品二次绕组连接 0.2 Ω 负载。

　　该样机误差产生的另一个原因可能是:CT 切割加工过程中,端面处的卷绕坡莫合金带被打磨成一个整体,磁通在该端面处产生了涡流,而涡流会抵消励磁电流的作用,造成 CT 励磁误差增大。

　　进一步考虑开口式双级电流互感器的技术方案,制作了一台特殊的双级电流互感器,其原理结构如 2.2 节所述,额定变比为 1000 A/5 A。将线包从中间剖开,并对端面进行适当处理,使得间隙不超过 0.1 mm。误差试验显示,在 20%~100% 额定电流范围内,比差为 −0.02%~0.02%,但角差超过 2′,不能满足 0.05 级要求。

　　以上两个样机的试验表明,从普通电流互感器到双级电流互感器,互感器的准确度对铁心磁导率的依赖逐渐降低。而有源电流比较仪的准确度则主要依赖于主铁心的初始磁导率(见式(2-77)中的 Z_d 项),虽然铁心开口会造成 Z_d 项大大减小,但仍有可能达到较高的准确度。

2.5.2　开口式有源电流比较仪

　　图 2-38 所示的为一台开口式有源电流比较仪(以下简称开口式电流比较仪)的原理图。由于整个铁心被一剖为二,每半个铁心上均有绕组,所以图中每一个绕组实际上由两个绕组串联而成。

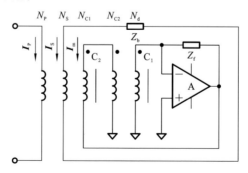

图 2-38　开口式有源电流比较仪的原理图

　　该比较仪线包的结构如下:在主铁心 C_1 上均匀绕制检测绕组,匝数为 N_d;绕制内励磁绕组,匝数为 N_{C2};将线包置于屏蔽铁心 C_2 内,屏蔽铁心 C_2 用于励磁,同时具有非常重要的屏蔽功能,它实际上由 4 块铁心构成,与主铁心 C_1 形成嵌套结构;屏蔽铁心 C_2 上绕制外励磁绕组,匝数为 N_{C1},且 $N_{C1}=N_{C2}$;在外励磁绕组外绕制二次绕组,匝数为 N_S。至此已完成线包的加工,一次绕组为单匝穿心,即 $N_P=1$。

图 2-39 所示的为图 2-38 的等效原理图。

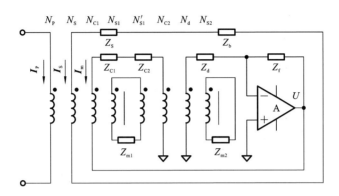

图 2-39　开口式有源电流比较仪的等效原理图

图 2-39 中的符号含义如表 2-10 所示。

表 2-10　开口式电流比较仪等效原理图的符号含义

符号	含义
I_P,I_S	一次电流、二次电流向量
I_m	由电子电路输出的励磁电流向量
Z_S,Z_{C1},Z_{C2},Z_d	二次绕组、外励磁绕组、内励磁绕组、检测绕组的内阻和漏阻抗
Z_b	二次负载阻抗
Z_{m1},Z_{m2}	补偿绕组、检测绕组对应的励磁阻抗
A	辅助放大器
U	辅助放大器的输出电压

所有电流均假设流入同名端为正,且 $N_S=N_{C1}=N_{S1}=N'_{S1}=N_{C2}=N_d=N_{S2}$。对于内铁心,由磁势平衡方程,有

$$N_P I_P + N_S I_S + N_d \frac{U}{Z_f} + N_{S2} \frac{-U}{Z_f} \frac{Z_d}{Z_{m2}} = 0 \tag{2-79}$$

对于外铁心,由磁势平衡方程,有

$$N_P I_P + N_S I_S + N_S I_m + N_S \frac{-U - I_m(Z_{C1}+Z_{C2}) - \dfrac{U}{Z_f}Z_d}{Z_{m1}} = 0 \tag{2-80}$$

式(2-80)左边有 4 项为 Z_{m2} 上流过的电流。

又

$$U + I_m(Z_{C1} + Z_{C2}) + \frac{U}{Z_f}Z_d = I_S(Z_S + Z_b) \tag{2-81}$$

由式(2-81)可得

$$U = \frac{[I_S(Z_S + Z_b) - I_m(Z_{C1} + Z_{C2})]Z_f}{Z_f + Z_d} \tag{2-82}$$

将式(2-82)代入式(2-79)和式(2-80),并将一次电流 I_P 折算至二次电流,可得

$$I'_P + I_S + \frac{[I_S(Z_S + Z_b) - I_m(Z_{C1} + Z_{C2})]}{Z_f + Z_d}\left(1 - \frac{Z_d}{Z_{m2}}\right) = 0 \tag{2-83}$$

$$I'_P + I_S + I_m + \frac{-I_S(Z_S + Z_b)}{Z_{m1}} = 0 \tag{2-84}$$

由于 $I_S \gg I_m, Z_f \gg Z_d$,故式(2-83)可简化为

$$I'_P + I_S + \frac{I_S(Z_S + Z_b)}{Z_f}\left(1 - \frac{Z_d}{Z_{m2}}\right) = 0 \tag{2-85}$$

联立式(2-84)和式(2-85)求得

$$\begin{aligned} I_m &= \frac{I_S(Z_S + Z_b)}{Z_{m1}} + \frac{I_S(Z_S + Z_b)}{Z_f}\left(1 - \frac{Z_d}{Z_{m2}}\right) \\ &= I_S(Z_S + Z_b)\left(\frac{Z_{m2} - Z_d}{Z_f Z_{m2}} + \frac{1}{Z_{m1}}\right) \end{aligned} \tag{2-86}$$

将式(2-86)代入式(2-84),可得

$$I'_P + I_S = -I_S(Z_S + Z_b)\frac{Z_{m2} - Z_d}{Z_f Z_{m2}} \tag{2-87}$$

误差为

$$\varepsilon = -\frac{I'_P + I_S}{I'_P} \tag{2-88}$$

将式(2-87)代入式(2-88),且由于 $I_S \approx I'_P$,式(2-88)可变为

$$\varepsilon = (Z_S + Z_b)\frac{1 - \dfrac{Z_d}{Z_{m2}}}{Z_f} \tag{2-89}$$

式(2-89)即为基于该方案的开口式电流比较仪的理论误差公式。

由式(2-89)可见,尽量降低二次绕组内阻、负载电阻及取一个较大的 Z_f 值(放大电路反馈阻抗),即可使得误差较小。

忽略绕组的漏阻抗,理论误差公式中的参数估计值如表 2-11 所示。

表 2-11　开口式电流比较仪理论误差公式中的参数估计值

Z_S/Ω	Z_b/Ω	Z_d/Ω	Z_{m2}/Ω	Z_f/Ω
0.3	0.2	0.3	200	20000

根据参数估计值可估计基于图 2-38 所示方案的开口式有源电流比较仪的理论误差为 25×10^{-6},完全可以满足校准 0.2 级电流互感器的要求。

2.5.3　关键性能试验

基于 2.5.2 节的方案,研制了一台 1000 A/5 A 开口式电流比较仪,图 2-40 所示的为该比较仪接入载流导线的图片。

图 2-40　开口式电流比较仪接入载流导线

开口式电流比较仪的最重要的性能是电流比例的准确度,以及其不易受环境干扰的能力,为此进行了以下试验。

1. 基本准确度试验

依据《测量用电流互感器》(JJG 313—2010)对开口式电流比较仪进行检定,试验数据如表 2-12 所示。

表 2-12　开口式电流比较仪的基本误差

项目		额定电流百分数				
		1%	5%	20%	100%	120%
比值差[①]/(%)	上升	+0.0064	+0.0038	+0.0018	+0.0009	+0.0008
	下降	+0.0056	+0.0037	+0.0018	+0.0009	
相位差[②]/(′)	上升	−0.127	−0.137	−0.131	−0.096	−0.091
	下降	−0.119	−0.128	−0.123	−0.096	

该比较仪在 1%~120% 额定电流范围内,比差不超过 ±0.01%,角差不超过

---

① 比值差又称为比差。
② 相位差又称为角差。

±0.3′。

2. 开口开合误差重复性试验

开口式电流比较仪的开合会造成端面接触的变化,从而影响电流比例误差,为测试样机开口开合的测量误差重复性,我们进行了以下验证试验。

试验条件:一次测量电流保持为 200 A,接入样机和标准电流互感器,反复开合电流互感器开口 26 次,每次铁心合上后记录误差,试验数据如表 2-13 所示。

表 2-13　开合对开口式电流比较仪的误差影响

序号	0	1	2	3	4	5
比差/(%)	0.0011	0.0010	0.0015	0.0013	0.0012	0.0015
角差/(′)	−0.116	−0.117	−0.114	−0.119	−0.117	−0.112
序号	6	7	8	9	10	11
比差/(%)	0.0011	0.0010	0.0010	0.0013	0.0011	0.0010
角差/(′)	−0.118	−0.118	−0.119	−0.119	−0.119	−0.118
序号	12	13	14	15	16	17
比差/(%)	0.0013	0.0012	0.0012	0.0013	0.0012	0.0012
角差/(′)	−0.134	−0.137	−0.137	−0.137	−0.138	−0.134
序号	18	19	20	21	22	23
比差/(%)	0.0011	0.0011	0.0013	0.0013	0.0012	0.0012
角差/(′)	−0.121	−0.119	−0.116	−0.138	−0.129	−0.13
序号	24	25	26			
比差/(%)	0.0013	0.0013	0.0014			
角差/(′)	−0.137	−0.12	−0.117			

试验结果表明,开口式电流比较仪的电流比例误差始终满足 0.01 级要求,比差的最大变化不超过 ±0.001%,角差的最大变化不超过 ±0.03′。

3. 外磁场干扰试验

从前文对电流比较仪的理论基础的阐述可知,铁心结构的开口会造成铁心沿圆周方向磁导率的不均匀,破坏了安培环路定理成立的基础,会引入非常大的磁性误差。这是目前所有开口式电流传感器的误差难以超过 0.1% 的重要原因。

在变电站现场,电流互感器在线校准试验中,标准电流互感器有可能受到邻相电流的磁场影响,因此有必要试验外磁场对开口电流互感器测量准确度的影响。

试验条件:干扰电流有效值为 200 A、500 A(与测量电流的相位差为 120°),测量电流为 200 A 保持不变,实时监测测量误差。干扰电流导线布置为直线形,约为 2 m 长。试验分别将干扰电流导线与测量电流导线平行布置和垂直布置,距离为 0.3 m、

0.5 m。记录各种情况下的测量误差,如表 2-14 所示。

表 2-14　外磁场对开口式电流比较仪的误差影响

测量电流 的有效值 /A	干扰电流 的有效值 /A	干扰电流与 测量电流的 距离/cm	干扰电流 与测量电 流的方向	比差 /(%)	角差 /(')
200	0	—	—	+0.0011	−0.117
	200	30	垂直	+0.0006	−0.112
			平行	+0.0008	−0.113
		50	垂直	+0.0009	−0.118
			平行	+0.0008	−0.114
	500	30	垂直	−0.0001	−0.104
			平行	−0.0011	−0.082
		50	垂直	+0.0010	−0.106
			平行	+0.0001	−0.098

试验结果表明,比差的最大变化为 0.0022%,角差的最大变化为 0.036′。

实际 110 kV 电流互感器在线校准试验中,邻相电流导线距离约 1.8 m,可以认为邻相电流产生的磁场对开口式电流比较仪的误差影响可忽略不计。

第3章 工频电流计量标准溯源方法

目前世界各国计量机构普遍使用加拿大人库斯特在20世纪60年代提出的电流比较仪自溯源线路,该线路包括:测量电流比为1 A/1 A的电流比较仪一次与二次电流误差的自校线路;测量两台额定电流比相同的电流比较仪误差的比较线路;测量电流比较仪二次非极性端误差的β测量线路;用两台电流比较仪实现的$M+N$电流加法线路;用三台电流比较仪级联实现的$M \times N$级联乘法线路和除法线路等。本章首先介绍了电流互感器、双级电流互感器的检定方法,在此基础上介绍了电流比较仪的自溯源线路,然后介绍中国电力科学研究院有限公司在2016年提出的一种基于安匝差测量的量值溯源方法,相对上述传统方法,该方法的溯源线路简单得多,尤其适用于有源电流比较仪。

3.1 工频电流比例量值的传递技术

电流互感器是一种比较简单的电流比例变换设备,二次带负荷,铁心需要励磁,因此会产生误差。尽管一直以来,电流互感器的误差可以补偿,其准确度等级也提高到0.01级,但是,作为要比被检互感器高两个准确度等级以上的标准,通常要达到0.002级以上。

专门用来检定电流互感器的标准电流互感器,可以有其特殊性,即二次不带负荷,或者有辅助互感器带负荷,这样其二次负荷小,铁心磁密小,励磁电流小,误差小,准确度得到一个大大的提升。假如让电流互感器的全部二次负荷均由辅助互感器承担,则没有励磁电流,铁心达到零磁通。理论上说,该电流互感器没有误差,有很高的准确度。但是,我们知道,除了励磁电流产生的误差之外,仍然有大小为$10^{-6} \sim 10^{-5}$的磁性误差和容性误差存在,当然,这对0.02级以下的电流互感器来说是可以忽略的。

本章主要从电流互感器、双级电流互感器、补偿式电流互感器来阐述电流比例标准的量值传递技术,即检定方法。

在所有的检定线路中,首先是自校的检测误差最小,检测结果的重复性也最好;其次是互校线路,其检测误差也很小,重复性也很好;再次是$(n+1)$加法线路,随着n的增大,其检测误差也接近互校线路;检测误差最大的是乘法线路,其重复性也相对较差。

传统的电流比较仪检定系统在设计中是通过数台补偿式电流比较仪组合,可以从 5 A/5 A 电流比自校开始,依次通过互校、加法、乘法和除法等电流比较仪检定线路,从而实现电流比例标准的校准和溯源。该系统一般采用电流比和相应的准确度等级分段的有效方法,减小校准过程中累积的检测误差,同时要减少检定系统中电流比较仪的台数,减小校准过程中的工作量,并使检定系统完整和紧凑,自校系统的自校、加法、互校和乘法线路,分别由 1~3 台电流比较仪组成。例如,传统的电流比例标准检定系统电流比较仪检定系统由 3 段电流比和 3 个准确度等级组成。目前省级计量中心的电流比例标准的配比一般是:第一段最高标准(5~50) A/5 A,0.00002 级;第二段传递标准(1~500) A/5 A,0.0001 级;第三段工作标准(0.1~5000) A/5 A,0.0005 级。每段的准确度等级相差两级,以减小校准过程的累积误差。

通过电动势补偿零磁通电流互感器检定系统的校准,为研制补偿式电流比较仪检定系统提供了宝贵的经验:既采用电流比和相应的准确度等级分段的有效方法,减小校准过程中累积的检测误差,同时还要减少检定系统中电流比较仪的台数,减小校准的工作量,并达到检定系统完整、紧凑和实用。

由于传统的电流比较仪有两个附加绕组,补偿绕组和指零绕组,当电流比较仪平衡时,即补偿绕组能够补偿足够的磁势使主铁心中的平均磁通密度为零,指零绕组的输出信号为零。这时,测量精度取决于平均磁通密度为零时的电流比与匝数比之间的实际关系,而电流比较仪的误差主要来自寄生电容和漏磁通产生的误差,因此,这也决定了电流比较仪每个变比的误差是恒定的,即误差不随电流的升降而变化。所以,在测试过程中,只需要测试每个变比任意一点电流值的误差即可。电流比较仪的校验线路有许多种类,但是所要达到的目的是一致的,以下是经常采用的几种实际线路。

3.2　电流互感器检定

3.2.1　自校线路

当电流互感器的电流比为 1 A/1 A 时,额定一次电流和额定二次电流相等,可采用自校线路,即以一次电流为标准检定二次电流,自校准没有标准电流互感器的误差,是绝对校准。

电流互感器自校线路如图 3-1 所示。L_1、L_2 为电流互感器一次比例绕组的对应端子,K_1、K_2 为电流互感器二次比例绕组的对应端子。

试验时,升流器的输出电流(一次电流)进入 T_0,为校验仪供电,并经 T_X(与 D 端钮内部连接)进入 KD 回路,经一次绕组回到升流器另一端;二次电流从二次绕组极性端输出,经校验仪的 K、D 端钮到 T_X,经二次负荷 Z_B 回到二次绕组的非极性端。由此可见,对 KD 回路来说,同时有一次电流和二次电流进出,称之为差流回路,即校

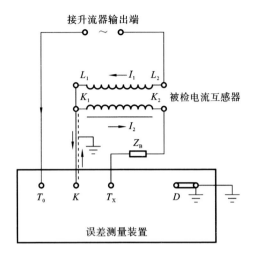

图 3-1　电流互感器自校线路

验仪的 KD 回路流过的是互感器二次电流相对于一次电流的差流,差流相对于工作电流 I_1 的比值,可通过校验仪直读为互感器的误差。

　　需要注意的是,校验仪的 T_X 和 D 均接地,而互感器的一次极性端和二次极性端通过 KD 回路接地,属于间接接地,达到互感器检定线路的要求。这是因为,在电流互感器的绕制中,绕组绝缘材料的介电系数不变的情况下,绕组的分布电容在互感器制成后也固定不变,而一次绕组和二次绕组之间的电位差则与其接地情况有关,改变互感器的接地点,就会改变泄漏电流,从而改变电流互感器的误差,因此,对于精密电流互感器,特别是电流比小于 1 的精密电流互感器,必须规定一次绕组和二次绕组的接地点,才能确定电流互感器的误差,通常,会在一次极性端和二次极性端直接或间接接地。这一点,也适用于本章其他检定线路。

3.2.2　电流互感器检定电流互感器

　　更高准确度等级的标准电流互感器作为标准器检定低准确度等级的电流互感器时,通常按照比较法线路进行检定,如图 3-2 所示。比较法是将标准器和被检电流互感器进行比较,二次电流差输入校验仪,可直接读出被检互感器相对于标准器的误差。图 3-2 中,$L_1 L_2$ 为电流互感器一次比例绕组;$K_1 K_2$ 为电流互感器二次比例绕组。

　　标准器和被检电流互感器的极性端相接,由升流器供电,假设一次电流从被检互感器的一次绕组极性端进入,二次电流从二次绕组极性端输出,经 K、D 端钮,由于校验仪内部 D 端钮与 T_X 相连并接地,二次电流经 K、D 后,从 T_X 经过 Z_B 回到二次绕组非极性端;标准器的二次电流从极性端进入,经 T_0 为校验仪供电,并经 T_X(与 D

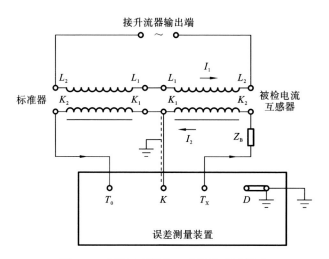

图 3-2　电流互感器检定电流互感器线路

端钮内部连接)进入 KD 回路。因此,流经校验仪 KD 回路的为一次电流和二次电流的差流,校验仪测出的差流相对于工作电流 I_2 的比值为被检电流互感器的误差。

　　值得注意的是,如果标准器的准确度比被检电流互感器高两个等级,且实际误差小于被检电流互感器的 1/5 时,标准器的误差可以忽略,校验仪可直读被检电流互感器的误差。另外,校验仪 KD 回路的内阻一般为 0.05~5 Ω,但是因为差流很小,电压降很小,可以近似认为电流互感器的二次极性端通过 K、D 间接接地。

3.3　双级电流互感器检定

3.3.1　自校线路

　　当双级电流互感器的电流比为 1 A/1 A 时,可以采用图 3-3 所示的自校准线路。图 3-3 中,负荷 Z 及连接导线为第二级互感器的负荷,K 端钮连接线通过的双级电流互感器的误差电流,产生的电压降可忽略不计。

3.3.2　双级电流互感器检定电流互感器

　　双级电流互感器作为标准检定电流互感器时,可按图 3-4 的线路进行检定。图 3-4 中,$L_1 L_2$ 为电流互感器一次比例绕组;$K_1 K_2$ 为电流互感器二次比例绕组;$B_1 B_2$ 为二次补偿绕组;$b_1 b_2$ 为一次补偿绕组。

　　值得注意的是,如果校验仪的 K 端钮与补偿绕组的极性端同时接被检电流互感器的二次极性端,则接线端钮的接触电阻可能成为负荷而给双级电流互感器带来误

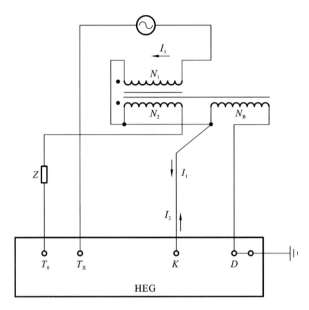

图 3-3 双级电流互感器自校线路

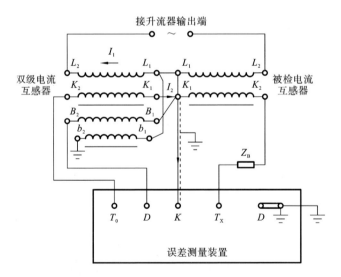

图 3-4 双级电流互感器检定电流互感器线路

差,影响测量的准确度。但是,如果 K 端钮误接在双级电流互感器二次绕组的极性端,则标准器和被检电流互感器二次绕组的连接导线电阻就成为双级电流互感器的二次负荷,这将带来很大的测量误差。

另外,对于精密电流互感器,必须将一次绕组的极性端控制在地电位,才能确定电流互感器的误差,通常有对称支路法和一次补偿绕组间接接地法。《测量用电流互感器》(JJG 313—2010)规定,检定一次电流小于 5 A、准确度高于 0.05 级的电流互感器时,一次回路应通过对称支路间接接地,采用对称支路不仅增添了仪器设备,而且每测一个工作点还要调节平衡,这加大了电流互感器检定的工作量。因此,有的双级电流互感器和电流比较仪备有一次补偿绕组,则一次回路可通过一次补偿绕组 b_1b_2 间接接地,如图 3-4 所示。

3.4　电流比较仪检定

电流比例标准的电流比为 1 A/1 A 时可以进行自校,即将二次电流与一次电流直接进行比较测得误差,这是绝对校验。但是,由 1 A/1 A 电流比如何传递到其他的电流比,这是极大的难题。国外学者研究了各种传递方法,其中有文献提出的由自校、加法、互校和乘法线路组成的完整的检定线路,可将电流比由 5 A/5 A 传递到 (0.1～50000) A/5 A,经过国内有关单位多次试验验证,普遍认为据此组成的零磁通电流互感器检定系统或电流比较仪检定系统,完全可以相当准确地实现电流比例标准的校准和溯源。

传统的电流比较仪检定系统在设计中通过数台补偿式电流比较仪组合,可以从 5 A/5 A 电流比自校开始,依次通过互校、加法、乘法和除法等电流比较仪检定线路,实现电流比例标准的校准和溯源。一般都是采用电流比和相应的准确度等级分段的有效方法,减小校准过程中累积的检测误差,同时还要减少检定系统中电流比较仪的台数,减小校准过程中的工作量,并使检定系统完整和紧凑。自校系统的自校、加法、互校和乘法线路,分别由 1～3 台电流比较仪组成。例如,传统的电流比例标准检定系统、电流比较仪检定系统由 3 段电流比和 3 个准确度等级组成。

通过电动势补偿零磁通电流互感器检定系统的校准,为研制补偿式电流比较仪检定系统提供了宝贵的经验:既要采用电流比和相应的准确度等级分段的有效方法,减小校准过程中累积的检测误差,同时还要减少检定系统中电流比较仪的台数,减小校准的工作量,并达到检定系统完整、紧凑和实用。

由于传统的电流比较仪有两个附加绕组:一个是补偿绕组,一个是指零绕组。当电流比较仪平衡时,即补偿绕组能够补偿足够的磁势使主铁心中的平均磁通密度为零,则指零绕组的输出信号为零。这时,测量精度取决于平均磁通密度为零时的电流比与匝数比之间的实际关系,而电流比较仪的误差主要来自寄生电容和漏磁通产生的误差,因此这也决定了电流比较仪每个变比的误差是恒定的,即误差不随电流的升降而变化。所以,在测试过程中,只需要测试每个变比任意一点电流值的误差即可,电流比较仪的校验线路有许多种,但是所要达到的目的是一致的,以下是经常采用的几种实际线路。

3.4.1　自校线路

当电流比为 1 A/1 A 时,补偿式比较仪自校线路如图 3-5 所示。

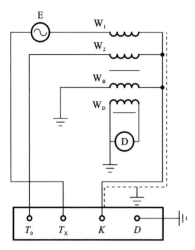

图 3-5　电流比较仪自校线路

电流比较仪自校线路是各国通用且公认的一个线路,线路的接法是一次绕组 W_1 和二次绕组 W_2 的反串联连接,特点是一次绕组、二次绕组及补偿绕组的同名端接在一起,二次绕组给校验仪供电,并通过电工校验仪中的电阻提供一个可调的电流,使得补偿绕组中的差流引起的电压降得到补偿,比较仪达到安匝平衡,因此,指零绕组两端电压为零,表现为指零仪的指针回到零位。

绕组的极性端通过补偿绕组间接接地,尽管补偿绕组上的电压降很小,但是仍然使比较仪的极性端偏离地电位而带来测量误差,为使极性端实际上处于地电位需要做辅助平衡,为此,在校验仪的 K、D 端钮上接高阻抗的指零仪 D,要求指零仪指零。

这种具有辅助平衡的补偿式比较仪自校线路,在测量时,先将校验仪开关置于"调零"位置,调节阻抗箱让指零仪指零,然后将校验仪改置于"比较仪"位置,调节校验仪的读数盘,当指零仪再次指零时,就可测出比较仪的误差,同时 K、D 两端均为地电位。这是因为校验仪在"调零"位置,也就是 K、D 在两端钮短路状态下,调节阻抗箱使比较仪平衡;当校验仪改置于"比较仪"时,K、D 接上校验仪输出回路,比较仪的平衡暂时遭到破坏;但是当调节校验仪读数盘,使比较仪再次平衡时,K、D 必定仍相当于短路,即均处于地电位。

3.4.2　比较线路

1. 电流比较仪检定互感器

补偿式电流比较仪检定电流互感器线路如图 3-6 所示。与一般电流互感器检定线路不同的是,电流比较仪的补偿绕组极性端接被检电流互感器二次极性端,这样电流互感器与电流比较仪二次极性端相连接的导线由电流比较仪内附的辅助电流互感器供电。电流比较仪的补偿绕组接校验仪的 K、D 端钮,极性端接 K,非极性端接 D,一次电流回路通过电流比较仪的一次补偿绕组间接接地,二次通过校验仪的 T_X 和 D 端钮直接接地。

电流比较仪无须先由调零箱调零,而直接通过 HEG2 型比较仪式互感器校验仪

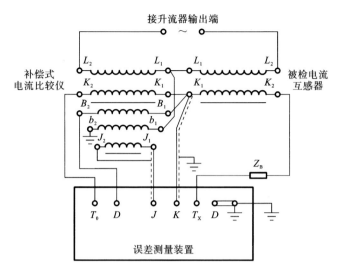

图 3-6　补偿式电流比较仪检定电流互感器线路

输出误差电流,即校验仪功能开关处于"比较仪"和量限开关处于"$\triangle I \times 1$"位置,调节读数盘使指零仪指零时,校验仪的读数就是被检电流互感器的误差。

比较仪没有经过预先调零,但是由于补偿绕组的端电压给被检电流互感器增添的附加等值负荷阻抗远远小于被检电流互感器二次负荷阻抗,可略去不计。因此,补偿式电流比较仪检定线路,只需一次平衡。

如果需要,电流比较仪也可以先调零,再测被检电流互感器的误差。如果电流比较仪检定线路如图 3-5 和图 3-6 所示,加上调零部分,就相应与补偿式零磁通电流互感器检定线路完全相同。补偿式电流比较仪就是补偿式零磁通电流互感器,是可以两用的电流比例标准器,而两者不同的是,零磁通电流互感器检定线路先在校验仪"调零"位置下调零,然后再在校验仪"测量"位置下测量误差,即需要两次平衡。而电流比较仪只要在校验仪"比较仪"位置下,同时调零和测量误差,只需一次平衡,且电流比较仪的稳定性比零磁通电流互感器好得多,因此在一般情况下,尽可能用电流比较仪检定线路而不用零磁通电流互感器检定线路。但是电流比较仪检定线路必须选用比较仪式互感器校验仪,即能够输出误差电流的校验仪。目前只有 HEG2 型和HEG1 型等比较仪式互感器校验仪有此功能,而其他如电子式互感器校验仪只能输入误差电流进行测试。

2. 电流比较仪检定电流比较仪

当两台补偿式电流比较仪的比率①误差相同,均为 $n/1$,且一台的误差已确定时,

---

① 比率又称为比例。

可通过比较法线路,以已知误差为 ε_0 的比较仪作为标准,检定另一台比较仪,以确定其 $n/1$ 比率误差。比较线路如图 3-7 所示,T_0 和 T_X 分别表示标准比较仪和被检比较仪的端钮,T_m 为辅助电流互感器,用来为标准电流比较仪二次供电。

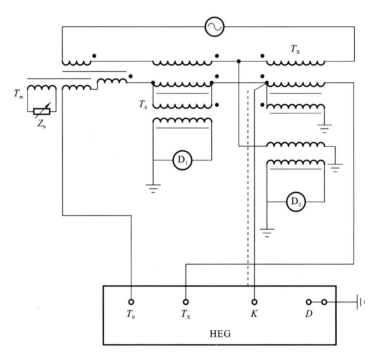

图 3-7　电流比较仪比较法线路

先调节一个比较仪(如 T_0 平衡),再通过校验仪的同相盘和正交盘调节另一个比较仪(如 T_X 平衡),当两个比较仪同时平衡时,读出校验仪的读数 ε,被检比较仪的误差为

$$\varepsilon_X = \varepsilon + \varepsilon_0 \tag{3-1}$$

3.4.3　$(n+1)$ 加法线路

由自校线路和比较法线路可以确定 $1/1$ 的比率误差,有了 $1/1$ 的比率误差,就可以通过 $(n+1)$ 加法线路确定 $(1+1)/1=2/1$ 的比率误差,即有了 $n/1$ 的比率误差,就可以确定 $(n+1)/1$ 的比率误差。

图 3-8 中的 T_0 为标准器的端钮,其电流比率为 $n/1$,T_X 为被检比较仪的端钮,其电流比率为 $(n+1)/1$。

设 T_0 比较仪 $n/1$ 的误差为 ε_0,T_X 比较仪 $(n+1)/1$ 的误差为 ε_X,但这时校验仪测出的不是 T_X 相对 T_0 的误差,这是因为在 T_X 的一次电流中有 $1/(n+1)$ 部分是 T_0

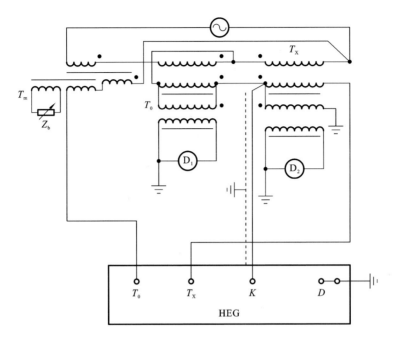

图 3-8　加法线路

的二次电流,即 $1/(n+1)T_0$ 的误差为 $\varepsilon_0(n+1)$。

同时根据电流比较仪的误差定义,ε_0 是 T_0 二次极性端输出二次电流的误差,而电流源给 T_X 提供的电流,是由 T_0 二次非极性端输出的,比较仪的二次电流由极性端至非极性端通过二次绕组、泄漏电流带来的测量误差为 β;这样 T_0 的二次电流输入 T_X 的一次带来的误差为

$$\frac{\varepsilon_0+\beta}{n+1}$$

因此,这时校验仪的读数分别为

$$\varepsilon=\varepsilon_X+\frac{\varepsilon_0+\beta}{n+1}-\varepsilon_0 \tag{3-2}$$

$$\varepsilon_X=\varepsilon+\frac{n\varepsilon_0-\beta}{n+1} \tag{3-3}$$

测试时,调节两个电流源,使其中一个比较仪平衡,再通过调节校验仪的同相盘和正交盘,使另一个比较仪平衡,当两个比较仪同时平衡时,读校验仪的读数 ε;待测出 β 值后,即可算得 T_X 的 $(n+1)/1$ 的误差为 ε_X。

如果采用加法线路则一定涉及 β 线路,β 线路通过电流比较仪自校测出 β 值,测量线路如图 3-9 所示,即将图 3-8 中 $(n+1)/1$ 比较仪改接成 $1/1$,同时将电流源改为

只通过 $n/1$ 比较仪的一次,而不通过 $1/1$ 比较仪的一次,且将 $n/1$ 比较仪一次极性端接地,使 $n/1$ 比较仪在加法线路和 β 线路中的电位完全相同,以保证 β 线路测出的就是加法线路的 β 值。

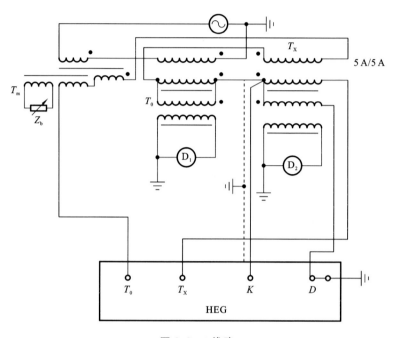

图 3-9　β 线路

测量前可预先用自校线路测出 $1/1$ 比较仪的误差 ε_1,然后再按照 β 线路,即 $1/1$ 比较仪的二次电流通过 $n/1$ 比较仪的二次绕组,由极性端至非极性端,与 $1/1$ 比较仪的一次电流进行比较,测出这时的误差即校验仪的读数 ε_2,原来 $1/1$ 比较仪的误差 ε_1,二次电流通过 $n/1$ 二次绕组后,$1/1$ 比较仪的误差变为 ε_2,因此二次电流通过 $n/1$ 二次绕组后带来的误差为

$$\beta = \varepsilon_2 - \varepsilon_1 \tag{3-4}$$

测试时,先调节电源使 $n/1$ 比较仪平衡,然后调节校验仪同相盘和正交盘,使$1/1$比较仪平衡,读校验仪的读数。

3.4.4　乘法线路

采用乘法(级联)线路,可以更快更方便地增大被检比较仪的电流比率,其原理线路如图 3-10 所示。图中 T_1、T_2 和 T_3 比较仪的电流比率分别为 $m_1/1$、$m_2/1$ 和 $m_1 m_2/1$,T_1 和 T_2 比较仪级联连接,即 T_1 比较仪的二次接比较仪的一次,级联后 T_1

和 T_2 比较仪的电流比率为 $m_1 m_2 / 1$，与 T_3 比较仪电流比率相同，再以比较法进行检定。因此，所谓乘法（级联）线路，就是以级联连接的两个比较仪作为标准器或者被检比较仪与另一个相同电流比率的比较仪进行互校。

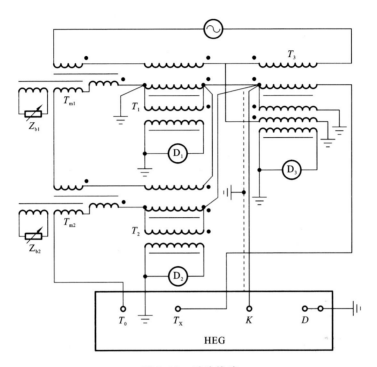

图 3-10　乘法线路

为使 T_1 比较仪的二次极性端处于地电位，应在 T_1 比较仪的补偿绕组非极性端接地。调节使 T_1 和 T_2 比较仪平衡，再调节校验仪同相盘和正交盘使 T_3 比较仪平衡，当三个比较仪同时平衡时，读校验仪的读数 ε。

由于 T_1 比较仪的二次电流输入 T_2 比较仪的一次电流，给 T_2 比较仪增添了 T_1 比较仪的误差 ε_A，因此 T_1 和 T_2 比较仪级联作为标准器的误差为 $\varepsilon_1 + \varepsilon_2$，被检比较仪 T_3 的误差为

$$\varepsilon_3 = \varepsilon + \varepsilon_2 + \varepsilon_1 \tag{3-5}$$

乘法线路的缺点是，三台电流比较仪一般不能同时在额定电流值或同一百分数额定电流值下工作，因而检定时的灵敏度有所下降。

传统电流比较仪量值溯源方法一般由两台（5～50）A/5 A 电流比较仪（1♯ 和 2♯）、（50～500）A/5 A 电流比较仪（3♯）、（500～5000）A/5 A 电流比较仪（4♯）构成。5 A/5 A 通过自校准确立量值源头，两台（5～50）A/5 A 比较仪自校、比较、加

法线路将量值扩展至 50 A/5 A,再通过比较、乘法线路将量值扩展至 5000 A/5 A,具体方法如表 3-1～表 3-3 所示。

表 3-1　(5～50) A/5 A 量值溯源方案

变比	测试线路	变比	测试线路
5 A/5 A	比较、自校	30 A/5 A	比较、加法
10 A/5 A	比较、加法	35 A/5 A	比较、加法
15 A/5 A	比较、加法	40 A/5 A	比较、加法
20 A/5 A	比较、加法	45 A/5 A	比较、加法
25 A/5 A	比较、加法	50 A/5 A	比较、加法

表 3-2　(50～500) A/5 A 量值溯源方案

变比	测试线路	标准(1#×2#)	变比	测试线路	标准(1#×2#)
50 A/5 A	乘法	25 A/5 A×10 A/5 A	150 A/5 A	乘法	40 A/5 A×15 A/5 A
60 A/5 A	乘法	30 A/5 A×10 A/5 A	160 A/5 A	乘法	40 A/5 A×20 A/5 A
75 A/5 A	乘法	25 A/5 A×15 A/5 A	200 A/5 A	乘法	50 A/5 A×20 A/5 A
80 A/5 A	乘法	40 A/5 A×10 A/5 A	250 A/5 A	乘法	50 A/5 A×25 A/5 A
100 A/5 A	乘法	25 A/5 A×20 A/5 A	300 A/5 A	乘法	50 A/5 A×30 A/5 A
120 A/5 A	乘法	40 A/5 A×15 A/5 A	400 A/5 A	乘法	50 A/5 A×40 A/5 A
125 A/5 A	乘法	25 A/5 A×25 A/5 A	500 A/5 A	乘法	50 A/5 A×50 A/5 A

表 3-3　(500～5000) A/5 A 量值溯源方案

变比	测试线路	标准(3#×2#)	变比	测试线路	标准(3#×2#)
600 A/5 A	乘法	120 A/5 A×25 A/5 A	1600 A/5 A	乘法	160 A/5 A×50 A/5 A
750 A/5 A	乘法	150 A/5 A×25 A/5 A	2000 A/5 A	乘法	200 A/5 A×50 A/5 A
800 A/5 A	乘法	160 A/5 A×25 A/5 A	2500 A/5 A	乘法	250 A/5 A×50 A/5 A
1000 A/5 A	乘法	200 A/5 A×25 A/5 A	3000 A/5 A	乘法	500 A/5 A×30 A/5 A
1200 A/5 A	乘法	200 A/5 A×30 A/5 A	4000 A/5 A	乘法	500 A/5 A×40 A/5 A
1250 A/5 A	乘法	250 A/5 A×25 A/5 A	5000 A/5 A	乘法	500 A/5 A×50 A/5 A
1500 A/5 A	乘法	150 A/5 A×50/5 A			

两台(5～50) A/5 A 比较仪是自校系统的源头,所以对准确度要求高一些,误差小于 $1×10^{-6}$,这台(50～500) A/5 A 比较仪误差为 $5×10^{-6}$,(500～5000) A/5 A 比较仪误差为 $10×10^{-6}$。

如上所述,如果有三台多电流比率的电流比较仪,通过自校、互校、加法和乘法线路进行检定,就能实现三台电流比较仪的绝对校准。

所有校准线路的共同特点是,除了作为辅助的电位平衡外,还要有两个或三个主要检测绕组的平衡。每一个主要检测绕组的平衡,不仅受调节测量电路(调节校验仪的同相盘和正交盘)的影响,而且受电流源的影响。测量电路最后调节只和比较仪的误差有关,这本来是很稳定的,但是这个稳定性受到电流源任何不稳定性的影响。因此,对于很大比率的标准,绝对校准是很费时间也很麻烦的事情,对实验人员的要求非常高。

3.5　基于安匝差测量的量值扩展方法

传统的电流比较仪,由于自身不能产生二次电流,因而辅助设备多,造成量值溯源线路复杂。相比于传统的电流比较仪,有源电流比较仪自身能产生二次电流,使用上基本如同普通 CT,克服了传统电流比较仪自身不能产生二次电流的缺点。一次电流和二次电流的磁势在主铁心中进行比较,正常工作时,其合成安匝几乎为零,符合电流比较仪的定义,其吸收了传统比较仪准确度高的优点,为量值溯源和量值传递试验线路的简化提供了可能。

构建 $(5\sim5000)$ A/5 A 有源电流比较仪的自校系统具体包括如下设备。

(1)1♯电流比例标准:$(5\sim50)$ A/5 A。

(2)2♯电流比例标准:$(50\sim500)$ A/5 A。

(3)3♯电流比例标准:$(500\sim5000)$ A/5 A。

(4)安匝比较器[①]。

(5)互感器校验仪。

(6)指零仪(锁相放大器)。

电流比例标准 1♯、2♯、3♯ 构成新型工频电流比例标准,安匝比较器实质上是一台超高准确度无源电流比较仪,作为参考标准(误差低于 1×10^{-7})用于电流比例扩展,互感器校验仪和指零仪(锁相放大器)作为测量设备用于量值溯源试验中的误差测量。

1♯有源电流比较仪标准:$(5\sim50)$ A/5 A。电流比为 5 A/5 A、10 A/5 A、15 A/5 A、20 A/5 A、25 A/5 A、30 A/5 A、40 A/5 A、50 A/5 A,一共有 8 个变比,准确度等级为 0.0002 级,型号为 AACC5~AACC50。

2♯有源电流比较仪标准:$(50\sim500)$ A/5 A。电流比为 50 A/5 A、60 A/5 A、75 A/5 A、80 A/5 A、100 A/5 A、120 A/5 A、125 A/5 A、150 A/5 A、200 A/5 A、250

---

① 安匝比较器又称为无源电流比较仪。

A/5 A、300 A/5 A、400 A/5 A、500 A/5 A，一共有 13 个变比，准确度等级为 0.0002
级，型号为 AACC50～AACC500。

3♯有源电流比较仪标准：(500～5000) A/5 A。电流比为 500 A/5 A、600 A/5 A、
630 A/5 A、700 A/5 A、750 A/5 A、800 A/5 A、1000 A/5 A、1200 A/5 A、1250 A/5 A、
1500 A/5 A、2000 A/5 A、2500 A/5 A、3000 A/5 A、3150 A/5 A、4000 A/5 A、
5000 A/5 A，一共有 16 个变比，其中 630 A/5 A、3150 A/5 A 属于不常用的变比，
不在自校系统的量值溯源系统里面，3♯标准的准确度等级为 0.0002 级，型号为
AACC500～AACC5000。

3.5.1　量值溯源线路

基于安匝差测量的量值溯源线路的基本原理是：标准电流比较仪、被检电流比较
仪的二次电流在安匝比较器中进行比较，并向安匝比较器注入误差电流，使安匝比较
器为零磁通，注入的误差电流即为被检电流比较仪的误差。其原理图如图 3-11 中的
双比较仪安匝差测量线路。在图 3-11 中，T_0、T_X、K、D 端子分别接至互感器校验仪
对应端子，流过 T_0、T_X 的电流作为参考电流，流过 K、D 端子的电流是校验仪输出的
误差电流。

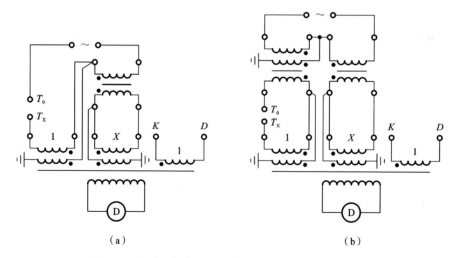

（a）　　　　　　　　　　　　　　　（b）

图 3-11　新型工频电流比例标准的自校准量值溯源线路

（a）单比较仪安匝差测量线路；（b）双比较仪安匝差测量线路

双比较仪安匝差测量线路解决了有源电流比较仪的量值从低变比向高变比进行
量程扩展的问题，用作标准的有源电流比较仪变比最高可扩展至被检有源电流比较仪
的 10 倍变比。因此 1♯有源电流比较仪(5～50 A)可扩展至 2♯有源电流比较仪(50～
500 A)，2♯有源电流比较仪(50～500 A)可扩展至 3♯有源电流比较仪(500～5000 A)。

图 3-11(a)中的单比较仪安匝差测量线路用于 1♯有源电流比较仪的自校准，直

接比较 1♯ 有源电流比较仪的一次电流和二次电流,确定(5～50) A/5 A 的量值(比差和角差)。

单比较仪安匝差测量线路和双比较仪安匝差测量线路均采用间接接地绕组,确保二次绕组同名端处于地电位,且泄漏电流不影响测量误差,满足电流比较仪的误差限制条件。

3.5.2　安匝比较器

安匝比较器是新型工频电流比例溯源的核心,其实质是 1 台无源电流比较仪。图 3-12 所示的为安匝比较器线包配置原理图。

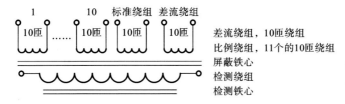

图 3-12　安匝比较器线包配置原理图

安匝比较器线包结构配置、功能进一步叙述如下。

(1) 检测绕组:在一个高初始磁导率的坡莫合金铁心上均匀绕有检测绕组,放入磁屏蔽内,构成一个"完美"的零安匝指示器。

(2) 比例绕组:磁屏蔽外 11 个 10 匝、空间位置重合度较高的绕组。其中 1 个 10 匝作为标准绕组,使用时流过标准电流 I_R,绕组匝数用 N_R 表示。另外 10 个绕组可串联构成 10 匝、20 匝……100 匝以作为被校绕组,使用时流过被校电流 I_X,绕组匝数用 N_X 表示。

(3) 差流绕组:互感器校验仪通过它注入与标准电流 I_R 呈比例的误差电流 ΔI,包含同相分量(比差)和正交分量(角差),使得检测绕组上电压为零。绕组匝数为 1、10 和 100 可选,一般设置与标准绕组匝数相同,即 N_R。

(4) 间接接地绕组:包括标准绕组和被校绕组的间接接地绕组,匝数与相应绕组相同。用于电流比较仪同名端的间接接地,既控制同名端在地电位,又保证泄漏电流不影响误差。

在利用安匝比较器开展量值溯源试验时,标准电流比较仪的二次绕组接安匝比较器的标准绕组,被校电流比较仪的二次绕组接安匝比较器的被校绕组。当指零仪指示为零时,有磁势平衡方程为

$$I_R N_R + I_X N_X + \Delta I N_R = 0 \qquad (3-6)$$

误差电流与标准电流 I_R 呈比例,即

$$\Delta I = (f + \mathrm{j}\delta) I_R \qquad (3-7)$$

f 和 δ 可从互感器校验仪上读出,分别为比差和角差。

如上所述,标准绕组为 10 匝,被校绕组为 10 匝、20 匝……100 匝,可表示为

$$N_X = k N_R, \quad k = 1, 2, \cdots, 10 \tag{3-8}$$

为阐明基本原理,暂不考虑正、负符号,由误差定义,联立式(3-6)~式(3-8)得到被校电流比较仪相对标准电流比较仪的误差为

$$\varepsilon = \frac{I_R + k I_X}{I_R} = -(f + j\delta), \quad k = 1, 2, \cdots, 10 \tag{3-9}$$

因此利用安匝比较器,可以实现不同变比的电流比例标准之间的比较。例如,可以用一台 500 A/5 A 的电流比较仪校准 5000 A/5 A 电流比较仪。但这需要基于 3 个前提:① 参考标准-安匝比较器的误差可忽略,准确度远高于标准电流比较仪;② 安匝差及配套指零仪具有足够高的灵敏度;③ 被校电流比较仪在整个电流范围内误差基本保持不变。

前提③比较容易实现,这是由电流比较仪本身的误差特性决定的,允许在比较小的一次电流(不低于 10%)下进行校准。

为了证明前两个前提成立,需要进行一系列的试验。

1. 灵敏度

定义无源宽频带电流比较仪的灵敏度(Ω)为检测绕组的输出电压(V)与激励电流(A)的比值,采用图 3-13 所示电路测量灵敏度。

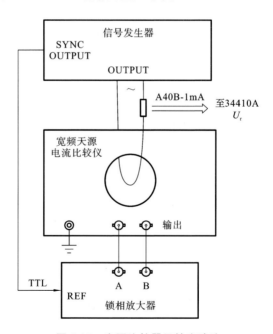

图 3-13 安匝比较器灵敏度试验

通过信号发生器给微安匝比较器施加激励电流,激励绕组匝数为外部穿心 1 匝。利用锁相放大器测量微安匝比较器的输出电压。激励电流的大小通过分流器 A40B-1 mA(标称值为 800 Ω 的采样电阻)来测量。试验数据如表 3-4 所示。

表 3-4　安匝比较器灵敏度试验

频率/Hz	激励电流/μA	检测电压/μV	灵敏度/Ω	灵敏度平均值/Ω
52.5	0.1	0.61	6.1	6.09
	1	6.07	6.07	
	10	60.86	6.09	

由试验数据可得出如下结论。

(1) 安匝比较器的分辨率为 0.01 μA·T,因为用于连接标准器二次绕组的比例绕组为 10 匝,即无源宽频带电流比较仪的额定安匝为 50 A·T,考虑 20% 额定电流下其能够分辨的最小误差为 1×10^{-9},完全能够满足量值溯源试验的需求。

(2) 设由铁心磁导率随时间变化引起的误差为 3%,由线性度引起的误差为 2%,由检测电压测量带来的误差为 3%,则无源宽频带电流比较仪的合成误差小于 5%。

(3) 随着频率的增加,灵敏度也增加,但是灵敏度-频率关系是非线性的,因为随着频率的增加,铁心的磁导率会逐渐减小。

2. 磁性误差

对磁性误差的控制主要是采用良好磁屏蔽及比例绕组在空间上的高度重合的两方面措施。

基于已有磁屏蔽的研究成果,为安匝比较器的检测绕组设计了良好的磁屏蔽并开展了磁场干扰试验。通过在外部施加偶极子或外电流干扰磁场,强度均为 10 A·T,安匝比较器输出电压均小于 5 μV,这意味着干扰磁场产生的误差小于 1 μA·T,对应于额定电流下的误差为 0.02×10^{-6}。因此有理由相信,磁性误差带来的影响小于 0.02×10^{-6}。

3. 容性误差

为了控制容性误差,最好的办法是减少额定安匝。传统的电流比较仪的额定安匝一般大于 500 A·T,在本设计中额定安匝仅为 50 A·T,并大幅增大绕组的间距,这大大减小了杂散电容,进而降低了容性误差。

实际测量各段绕组之间的杂散电容,均小于 100 pF。这意味着绕组之间由于杂散电容的泄漏电流小于 3×10^{-9} A,容性误差的影响小于 1×10^{-8}。

为进一步降低容性误差,安匝比较器的各个绕组采用独立的方式,而非自耦方式,避免了非工作绕组的电位带来的容性泄漏问题。

研制的安匝比较器含有 11 段独立比例绕组,采用图 3-14 所示的无源电流比较仪自校线路测试各分段绕组的误差。两个相同匝数的比例绕组极性端相接,非极性端一端接电源,另一端接校验仪的 T_X 端钮,T_0 端钮接电源,差流绕组的极性端接 K,非极性端接 D,D 接地,检测绕组 W_D 接指零仪,即接校验仪的 J 插座。无源电流比较仪自校实际上是将工作电流通过极性端接 W_1 和 W_2 比例绕组,如果无源电流比较仪没有误差,则这时指零仪应指零,但实际上由于磁性误差和容性误差的存在,必须由校验仪 K、D 端钮向补偿绕组输入差流 ΔI,使指零仪指零,无源电流比较仪的误差为校验仪直读比较仪的误差。

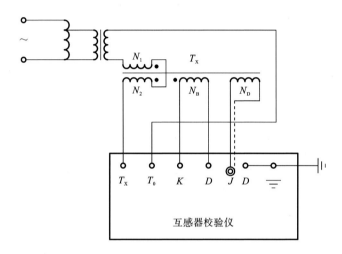

图 3-14　无源电流比较仪自校线路

测得的各分段比例绕组的误差如表 3-5 所示。

表 3-5　安匝比较器各分段误差数据

标准绕组	被校绕组	比差/(1×10^{-8})	角差/(1×10^{-8} rad)
0	1	4.9	−0.9
0	2	3.4	−2.6
0	3	3.1	−1.7
0	4	1.8	−0.8
0	5	0.5	−1.9
0	6	2.5	−0.9
0	7	2.1	−1.5
0	8	1.1	−2.4
0	9	2.3	−0.3
0	10	0.8	−1.1

　　由此可见任意两端比例绕组的误差均小于 1×10^{-7}。

　　进一步与国家工频电流比例基准比较表明,其误差小于 1×10^{-7} 或 1×10^{-7} rad,满足前提①,误差结果如表 3-6 所示。

表 3-6　安匝比较器误差数据

变比	比值差/(1×10^{-8})	相位差/(1×10^{-8} rad)
1 A/1 A	4.0	3.4
2 A/1 A	0	7.0
3 A/1 A	0.5	4.0
4 A/1 A	0.4	3.3
5 A/1 A	0.5	2.4
6 A/1 A	0.8	3.5
8 A/1 A	0.7	2.9
10 A/1 A	0.3	5.4

3.5.3　量 值 溯 源 试 验

1. (5~50) A/5 A 的量值溯源试验

　　通过 1# 标准样机和微安匝差测量技术来进行量值溯源试验。利用单比较仪安匝差测量线路,如图 3-11 所示的安匝差自校准线路的 $X=1,2,3,\cdots,N$ 可确定 1# 标准样机(5~50) A/5 A 的量值;没有采用加法,各个变比量值均通过直接比较得到。试验原理图如图 3-15 所示。

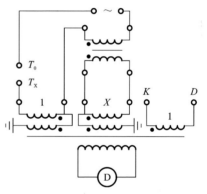

图 3-15　1# 标准样机的安匝差自校原理图

　　试验数据如表 3-7 所示,分别测试带负载(0.2 Ω)和不带负载(0 Ω)两种情况。

表 3-7　1# 标准样机自校数据

变比	误差	负载(0 Ω)		负载(0.2 Ω)	
		20%	100%	20%	100%
5 A/5 A	比差/(1×10^{-8})	−5.2	−5.3	−9.3	−11.8
	角差/(1×10^{-8} rad)	5.7	5.2	9.8	13.5
10 A/5 A	比差/(1×10^{-8})	−6.7	−6.1	−7.9	−7.1
	角差/(1×10^{-8} rad)	12.6	12.2	19.8	21

续表

变比	误差	负载(0 Ω)		负载(0.2 Ω)	
		20%	100%	20%	100%
15 A/5 A	比差/(1×10^{-8})	−7.3	−7.3	−9.1	−7.9
	角差/(1×10^{-8} rad)	16.5	16.1	22	20.9
20 A/5 A	比差/(1×10^{-8})	−5.6	−5.7	−6.7	−5.8
	角差/(1×10^{-8} rad)	16.2	15.7	19.8	19.7
25 A/5 A	比差/(1×10^{-8})	−5.7	−5.9	−7.2	−6
	角差/(1×10^{-8} rad)	15.3	15.1	17.3	18.1
30 A/5 A	比差/(1×10^{-8})	−8.4	−8.3	−8.8	−8
	角差/(1×10^{-8} rad)	20.4	20.3	21.9	22
40 A/5 A	比差/(1×10^{-8})	−6.6	−6.9	−6.7	−6.1
	角差/(1×10^{-8} rad)	21	21.2	21.5	21.2
50 A/5 A	比差/(1×10^{-8})	−7.1	−7.2	−7.3	−6.5
	角差/(1×10^{-8} rad)	21.7	22.2	21.8	22.5

2. (50～500) A/5 A 的量值溯源试验

2♯标准样机包括 50 A/5 A、60 A/5 A、75 A/5 A、80 A/5 A、100 A/5 A、120 A/5 A、125 A/5 A、150 A/5 A、200 A/5 A、250 A/5 A、300 A/5 A、400 A/5 A、500 A/5 A,2♯标准样机的量值溯源均是采用上述的微安匝差测量技术通过 1♯标准样机量值扩展至(50～500) A/5 A 的各个变比。试验原理图如图 3-16 所示。

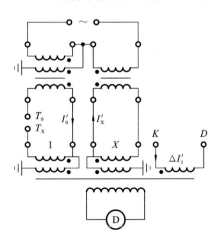

图 3-16　1♯标准样机和 2♯标准样机的自校原理图

所得数据如表 3-8 所示。

表 3-8　1♯ 标准样机校准 2♯ 标准样机自校数据

变比	误差	负载(0.2 Ω)		标准变比
		20%	100%	
50 A/5 A	比差/(1×10^{-8})	−1.9	2.4	25 A/5 A
	角差/(1×10^{-8} rad)	−11	−17.3	
60 A/5 A	比差/(1×10^{-8})	−0.1	3.8	20 A/5 A
	角差/(1×10^{-8} rad)	−15	−19.6	
75 A/5 A	比差/(1×10^{-8})	−0.2	−3.2	25 A/5 A
	角差/(1×10^{-8} rad)	−11.3	−17.7	
80 A/5 A	比差/(1×10^{-8})	−3.7	−0.6	20 A/5 A
	角差/(1×10^{-8} rad)	−19.6	−23.9	
100 A/5 A	比差/(1×10^{-8})	−1.4	−0.2	25 A/5 A
	角差/(1×10^{-8} rad)	−12	−18.8	
120 A/5 A	比差/(1×10^{-8})	0.2	3.5	20 A/5 A
	角差/(1×10^{-8} rad)	−17	−20.9	
150 A/5 A	比差/(1×10^{-8})	0.7	5	50 A/5 A
	角差/(1×10^{-8} rad)	−11.4	−17.9	
200 A/5 A	比差/(1×10^{-8})	−3.7	0.1	50 A/5 A
	角差/(1×10^{-8} rad)	−13	−20	
250 A/5 A	比差/(1×10^{-8})	−1.2	3	50 A/5 A
	角差/(1×10^{-8} rad)	−10.7	−17.5	
300 A/5 A	比差/(1×10^{-8})	0.2	4.1	50 A/5 A
	角差/(1×10^{-8} rad)	−9.7	−16.6	
400 A/5 A	比差/(1×10^{-8})	−4.2	−0.1	50 A/5 A
	角差/(1×10^{-8} rad)	−13	−20	
500 A/5 A	比差/(1×10^{-8})	−2.1	2	50 A/5 A
	角差/(1×10^{-8} rad)	−9.1	−16.5	

3. (500~5000) A/5 A 的量值溯源试验

3♯ 标准样机包括 500 A/5 A、600 A/5 A、750 A/5 A、800 A/5 A、1000 A/5 A、

1250 A/5 A、1500 A/5 A、2000 A/5 A、2500 A/5 A、3000 A/5 A、4000 A/5 A、5000 A/5 A，3♯标准样机的量值溯源均是采用与 2♯标准样机相同的线路（基于安匝差测量原理）将量值扩展至（500～5000）A/5 A 的各个变比，试验原理图如图 3-16 所示，试验数据如表 3-9 所示。

表 3-9　2♯标准样机校准 3♯标准样机自校数据

变比	误差	负载(0.2 Ω)		标准变比
		20%	100%	
500 A/5 A	比差/(1×10^{-8})	8.4	11.2	100 A/5 A
	角差/(1×10^{-8} rad)	−51.9	−57	
600 A/5 A	比差/(1×10^{-8})	5.2	7.7	100 A/5 A
	角差/(1×10^{-8} rad)	−57	−62.3	
700 A/5 A	比差/(1×10^{-8})	5.8	7.8	100 A/5 A
	角差/(1×10^{-8} rad)	−43.3	−48	
750 A/5 A	比差/(1×10^{-8})	3.6	6.7	150 A/5 A
	角差/(1×10^{-8} rad)	−33	−38.6	
800 A/5 A	比差/(1×10^{-8})	8.8	12.9	200 A/5 A
	角差/(1×10^{-8} rad)	−28.6	−35.5	
1000 A/5 A	比差/(1×10^{-8})	12.6	15.4	200 A/5 A
	角差/(1×10^{-8} rad)	−51.3	−57.3	
1250 A/5 A	比差/(1×10^{-8})	3.2	6.2	250 A/5 A
	角差/(1×10^{-8} rad)	−52	−57.1	
1500 A/5 A	比差/(1×10^{-8})	2.1	5.6	250 A/5 A
	角差/(1×10^{-8} rad)	−36.3	−42.1	
2000 A/5 A	比差/(1×10^{-8})	1.4	5.2	500 A/5 A
	角差/(1×10^{-8} rad)	−19	−24.9	
2500 A/5 A	比差/(1×10^{-8})	−2	5.5	500 A/5 A
	角差/(1×10^{-8} rad)	−14.4	−21.1	
3000 A/5 A	比差/(1×10^{-8})	−0.7	2.7	500 A/5 A
	角差/(1×10^{-8} rad)	−5.4	−13.5	

续表

变比	误差	负载(0.2 Ω)		标准变比
		20%	100%	
4000 A/5 A	比差/(1×10^{-8})	1.6	5.5	500 A/5 A
	角差/(1×10^{-8} rad)	−2.5	−10	
5000 A/5 A	比差/(1×10^{-8})	6.2	9.6	500 A/5 A
	角差/(1×10^{-8} rad)	−2.2	−8.9	

3.5.4　与传统量值溯源方法的比较

利用国家工频电流比例基准校准该有源电流比较仪,得到的试验数据与基于安匝差测量线路得到的数据进行对比,分别如图 3-17 和图 3-18 所示。

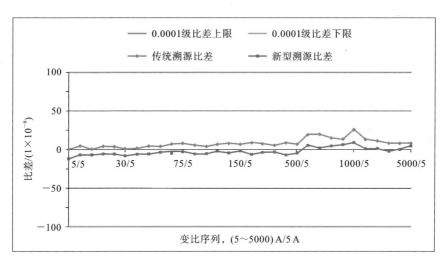

图 3-17　新型和传统量值溯源线路获得的比差曲线

由图 3-17 和图 3-18 可见,两种方法获得的数据:

(1) 趋势高度一致,曲线高度吻合,少量数据点存在稍大的偏差;

(2) 最大差异不超过 1.8×10^{-7}(比差)或 2.7×10^{-7} rad(角差),传统量值溯源方法和新型量值溯源方法的误差最大差异约为 1×10^{-6} 级误差限值的 1/7;

(3) 极小的差异证明了新型量值溯源方法的科学性和准确度;

(4) 安匝比较器引入的误差极小,也从另一个角度验证了(5~5000) A/5 A 有源电流比例标准量值的稳定性。

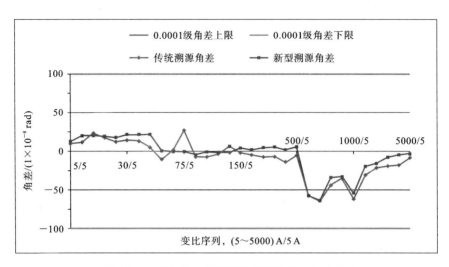

图 3-18　新型和传统量值溯源线路获得的角差曲线

第4章　宽频带电流计量技术及溯源方法

设计之初,电流比较仪主要用于工频 50 Hz 的电流比例变换。采用合适的磁屏蔽来克服漏磁通和环境磁场的影响,电流比例的准确度优于 1×10^{-6} 是较容易实现的。虽然在补偿式电流比较仪的线包内部存在着容性泄漏电流,但它们造成的容性误差对电流比较仪的整体误差贡献不算特别显著。

随着电流频率的增大,相比于电流互感器,电流比较仪在准确度上的优势逐渐降低。在 50 Hz 下,电流互感器误差的主要分量是强烈依赖于铁心磁性能的励磁误差。随着频率增大,励磁误差逐渐减小。与励磁误差相关的影响分量,如磁导率变化、二次负载变化造成的影响也将减小。电流互感器和电流比较仪在高频下或多或少都将面临容性误差的影响。电流频率高于 5 kHz 之后,容性误差将成为影响电流比较仪误差的决定性因素。

早期的宽频带电流比例标准主要为无源,一般用于量值溯源和电桥等技术领域。随着电子技术的发展,开始出现有源自平衡式宽频带电流比较仪,使用更方便,应用领域被大为拓宽。这方面主要的创造性成果主要发生在二十世纪六七十年代的加拿大国家研究委员会和美国国家标准局。国内之前从事高准确度、宽频带电流测量研究的单位主要是中国计量科学研究院、中国电力科学研究院有限公司。20 世纪 90 年代初,中国计量科学研究院的童光球开展了宽频带、小电流比较仪的研究。该电流比较仪采用了三级铁心的结构和两个反馈放大电路以提高铁心的等效磁导率。一次电流为 0.01～1 A,频率为 40 Hz～10 kHz。2013 年至 2014 年中国电力科学研究院有限公司开展了(5～600) A/5 A,50～2500 Hz 宽频带电流比较仪的研究,(5～30) A/5 A 的比值差和相角差均不超过 5×10^{-6},(100～600) A/5 A 的比值差和相角差均不超过 30×10^{-6}。

第 2 章和第 3 章已介绍了电流比较仪在工频下的工作原理和量值溯源技术。本章探讨了宽频带电流比较仪的误差产生机理,进一步介绍了中国电力科学研究院有限公司研制的宽频带电流比例标准的原理、构造及其量值溯源方法,最后介绍了电磁式电流互感器谐波特性的溯源方法。

4.1　无源宽频带电流比较仪的误差

之前的研究揭示了电流比较仪的误差可分为两类:磁性误差和容性误差。仔细分析表明:在工频电流下,磁性误差来源于检零绕组,而容性误差来源于比例绕组。

然而在更高电流频率下的进一步研究发现,由于电容的影响,检零绕组也会产生容性误差。与磁性误差相同,这种容性误差也取决于比例绕组的漏磁通和环境磁场。因此,为了分析方便,这里将宽频带电流比较仪的误差分为两类:检零绕组产生的误差(以下简称检零绕组误差)和比例绕组产生的误差(以下简称比例绕组误差)。

4.1.1　检零绕组误差

在高频下应对检零绕组误差中磁性分量的方法与工频下基本相同。唯一显著的区别是铁磁性材料的屏蔽性能在高频下会有所弱化,但可以通过增加导电屏蔽材料(如铜板、铜箔)来避免弱化。

检零绕组误差中容性分量的产生机理如下:漏磁通在检零绕组上感应电压,通过该绕组对铜屏蔽的分布电容产生泄漏电流。可以通过磁偶极子试验来演示这种容性误差的影响。第2章已介绍过磁偶极子试验,即通过在铁心窗口中插入一个长的矩形线圈并通电流来模拟漏磁通,如图4-1所示。

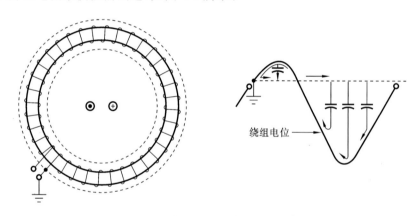

图 4-1　检零绕组误差的容性分量

图4-1的右侧给出了在一个典型布置下检零绕组上的电位分布及相应的容性电流流动情况。

检零绕组和铜屏蔽之间的电位差包含两个分量:

(1) 一个分量是由磁偶极子在绕组上产生的、沿铁心圆周分布的正弦电压;

(2) 另一个分量产生于检零绕组的一端与铜屏蔽通过一点接地。

旋转磁偶极子相对检零绕组引线的角度会改变这两个分量之间的关系,进而改变容性电流的流动。当电流比较仪平衡时,没有电流能够从检零绕组的非接地端流出,所有流到铜屏蔽的容性电流必须通过接地端返回绕组,从而产生作用于主铁心的"净安匝",由此产生了检零绕组误差的容性分量。这种容性分量或多或少类似于磁性分量。然而这两种分量还是有如下显著区别的:

（1）磁性误差分量源于磁心和检零绕组的轴线不对称定向,而容性误差分量源于磁偶极子平面相对检零绕组的角度;

（2）磁性误差分量或多或少独立于频率,而容性误差分量则与频率的平方呈正比关系;

（3）磁性误差分量的变化随磁偶极子的角度呈正弦关系,而容性误差分量则没有这种关系。

因为检零绕组误差的容性分量源于漏磁通和环境磁场,与对应磁性误差的方法相同,其也可以采用磁屏蔽来削弱该误差。另外,因为该容性分量与频率的平方呈正比关系,可以通过减少检零绕组的匝数来进一步减小误差。由于检零绕组的电压与励磁电流的频率呈正比关系,减少匝数不会显著减小比较仪的灵敏度。

图 4-2 所示的为不同磁屏蔽对检零绕组误差的影响。在电流比较仪加工过程

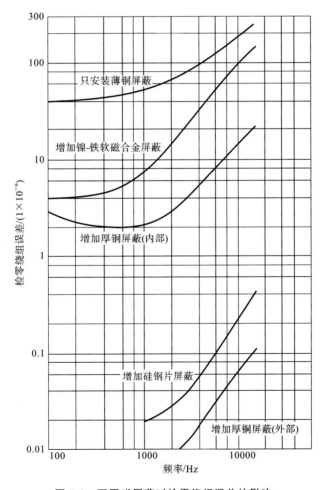

图 4-2　不同磁屏蔽对检零绕组误差的影响

中,每增加一层电屏蔽或磁屏蔽,即采用磁偶极子试验方法,测试该结构在不同干扰电流频率下的磁性误差。随着屏蔽层数量的增加,检零绕组误差变得越来越小。

应注意的是,不仅仅是检零绕组会产生这种容性误差,所有其他绕组都有相似的影响。比例绕组更容易产生这种容性误差,即使它们的匝数相对更少。这是由于它们位于磁屏蔽的外面,漏磁通和环境磁场的影响更加显著。

4.1.2　比例绕组误差

在第 2 章中讲过,在准确度要求非常高的场合,比例绕组中的电流对主铁心的作用不能够用流入其同名端或非同名端的电流与该绕组匝数的乘积来表示,其实际作用安匝与理论安匝的差异构成了比例绕组误差。

由于绕组及引线存在阻抗,其上流过的电流产生电势,进而在电容之间产生电压降,因而产生容性泄漏电流,即为比例绕组误差。容性泄漏电流存在于绕组的端子之间、绕组与屏蔽之间、绕组与绕组之间。为了便于比较仪的使用,通常需要配置标准的引线,并用流入引线端的电流定义电流比例。如果该引线端为地电位,则由于引线的电压降,绕组端电位等于该电压降。

假设电压和杂散电容沿绕组均匀分布,可以建立容性电流和总电流比值,即比例绕组误差的方程。

有一台比较仪,一次绕组和二次绕组均为单层绕组,均匀环绕在铁心上,且匝数相等。一次绕组位于最外层,由多个绕组组成,通过串并联改变变比。以一次绕组、二次绕组(含引线)同名端的电流定义该比较仪的变比,且引线端处于地电位。比例绕组误差有关的关键参数如表 4-1 所示。

表 4-1　比例绕组误差有关的关键参数

符号	含义
n	匝数比
Z_p , Z_s	一次绕组、二次绕组的漏阻抗
Z_{p1} , Z_{s1}	一次绕组、二次绕组引线的阻抗
C_{psh}	一次绕组两个端子之间、与绕组并联的分流电容
C_{ssh}	二次绕组两个端子之间、与绕组并联的分流电容
C_{pg} , C_{sg}	一次绕组、二次绕组对地(屏蔽)的电容
C_{ps}	一次绕组、二次绕组之间的电容

不同的电容及其造成的误差如表 4-2 所示。

表 4-2　不同的电容及其造成的误差

符号	含义
C_{psh}	$-\dfrac{j\omega C_{psh} Z_p}{n^2}$
C_{ssh}	$+j\omega C_{ssh} Z_s$
C_{pg}	$+j\omega C_{pg}\left(\dfrac{Z_p}{6n^2}+\dfrac{Z_{p1}}{2}\right)$
C_{sg}	$-j\omega C_{sg}\left(\dfrac{Z_s}{6}+\dfrac{Z_{s1}}{2}\right)$
C_{ps}	$-j\omega C_{ps}\left[\left(\dfrac{n-1}{4n^2}\right)Z_p+\dfrac{(n-1)(2n-1)}{12n^2}Z_s+\left(\dfrac{n-1}{2}\right)Z_{p1}+\left(\dfrac{n-1}{2n}\right)Z_{s1}\right]$

　　有一些方法可以用来降低比例绕组误差的各种分量造成的综合影响,但通常需要折衷考虑。例如,隔离一次绕组和二次绕组可以降低它们之间的电容 C_{ps},但这是以增大绕组漏电抗为代价的。一次绕组和二次绕组也可以通过一个接地的铜箔来隔离,使得它们之间的电容为零。同样,一次绕组的漏阻抗 Z_p 将增大。而且很可能一次绕组、二次绕组对地的电容 C_{pg} 和 C_{sg} 也会增大。减少绕组匝数是一个非常好的选择,它会同时降低一次绕组、二次绕组的漏阻抗 Z_p 和 Z_s,以及各种电容的大小。但绕组的匝数减少到什么程度则受制于比较仪需要的灵敏度和最大的变比。

　　在大多数设计中,通过接地的屏蔽层来隔离绕组是很有效的。它使每个绕组在电容误差方面基本上只受单一因素影响,并消除了电容 C_{ps} 的影响。另外,当电容 C_{ps} 为零时,可调节绕组的分流器电容,使它产生的误差与绕组对地电容产生的误差互相抵消。

　　也可以通过激励磁屏蔽来控制比例绕组误差。通过激励磁屏蔽,比例绕组会感应电压,继而改变了绕组的等效阻抗。需要注意的是,这里还必须做出折衷,因为改变一个绕组的等效阻抗同时也会改变所有其他比例绕组的等效阻抗。例如,选择使最大匝数的绕组的有效阻抗等于零的方式,可以降低该绕组的电容对地效应,从而显著降低整体误差。

　　当然,通过使其中一个比例绕组的等效阻抗为负,也可以消除由于绕组之间的电容 C_{ps} 引起的误差。这种方式对比例变化很敏感,因而有些不切实际。

　　补偿式电流比较仪的补偿绕组提供了一种很有效的磁屏蔽激励形式。该绕组位于磁屏蔽内部,具有非常低的阻抗。当它与磁屏蔽相同匝数的比例绕组并联时,可以将比例绕组的电压降降至几乎为零,或者说将该比例绕组的等效阻抗降至几乎为零。本质上,通过这种方式激励磁屏蔽使其在比例绕组上感应的电压刚好与电流在比例绕组阻抗上产生的电压降抵消。

4.2　一种有源宽频带电流比例标准

遵照 2.3 和 4.1 节可以设计基于补偿式电流比较仪原理的高准确度、宽频带电流比例标准。但是由于补偿式电流比较仪被认为是一种安匝比较装置,要利用辅助互感器给二次负荷供电,并且需要进行多次的人工调节安匝平衡,这大大限制了它的使用范围。

可以基于有源电流比较仪的思想,设计一种有源宽频带电流比较仪,将传统电流比较仪的工作方式转换为互感器工作方式,这将大大提升其工作便利性,拓展其在高准确度测量场合的应用。

基于 2.4 和 2.5 节所述有源电流比较仪技术方案等效于大大提高铁心的磁导率,从而降低了误差,在工频电流的测量中是非常有效的。通过这种方法提高的铁心有效磁导率,正比于放大器的增益。出于系统稳定性的考虑,有的时候需要放大器的增益以 40 dB/10 倍频程的速率下降。结果造成铁心的等效励磁阻抗最少以 20 dB/10 倍频程的速率下降,所以随着频率增加,误差开始增大。

2014 年,中国电力科学研究院有限公司成功研制出一套由多台有源电流比较仪(VFCC 型电流比较仪)组成的(5~600) A/5 A 宽频带电流比例标准,主要技术指标如下:(5~30) A/5 A 电流比例的比差小于 5×10^{-6},角差小于 5 μrad;100 A/5 A 的比差小于 20×10^{-6},角差小于 20 μrad;600 A/5 A 的比差小于 50×10^{-6},角差小于 50 μrad。这里介绍其基本原理和对宽频带电流比例量值非常关键的容性误差控制技术。

4.2.1　基本原理

VFCC 型电流比较仪基本原理图如图 4-3 所示。

用粗漆包线在主铁心 C_2 上绕制绕组 W_3(第三绕组),匝数为 N_3。线包置于中空的屏蔽铁心 C_1(由四块铁心构成)内,依次绕制二次绕组(同名端和非同名端分别为 S_1、S_2)和一次绕组(同名端和非同名端分别为 P_1、P_2)。一次绕组和二次绕组匝数分别为 N_1 和 N_2,且 $N_2 = N_3$。接入一个放大器电路 A,即构成另外一种原理的有源电流比较仪,其简要工作过程叙述如下。

一次绕组和二次绕组电流及放大器输出电流的假定正方向如图 4-3 所示。放大器输出电流 I_m 依次流入第三绕组、负载 Z_B 后,返回电路的公共地。由放大器的虚短特性,第三绕组两端的电压差接近为零,这表明主铁心 C_2 内磁通几乎为零。因此对主铁心 C_2 应用磁势平衡方程,即

$$I_1 N_1 - I_2 N_2 - I_m N_2 = 0 \tag{4-1}$$

也就是

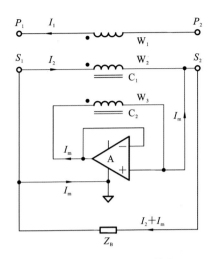

图 4-3　VFCC 型电流比较仪基本原理图

$$\frac{I_1}{I_2+I_m}=\frac{N_2}{N_1} \tag{4-2}$$

电磁感应产生的电流 I_2 和放大器输出的励磁电流 I_m 共同构成了该比较仪的二次电流。式(4-2)表明,流过负载 Z_B 的电流与一次电流之比等于相应匝数的反比,这完全消除了励磁误差,类似于一个理想的电流互感器。

如果忽略磁性误差和容性误差,参照 2.5 节可推导出该比较仪的误差为

$$\varepsilon=-\frac{(Z_B+Z_2)Z_3}{Z_{m1}Z_{m2}}+\frac{Z_B}{GZ_{m2}} \tag{4-3}$$

式中:Z_2、Z_3——二次绕组、第三绕组的漏阻抗;

$\quad Z_{m1}$、Z_{m2}——二次绕组、第三绕组对应的励磁阻抗;

$\quad G$——放大器的电压增益。

观察式(4-3)可发现,第一项与双级电流互感器的误差表达式很相似,即该比较仪可视为一种双级电流互感器,但是避免了双级电流互感器的第三绕组带负载能力弱的缺点。第二项是增益误差,即放大器电压增益非无穷大造成的误差。

这种将放大器输出的励磁电流直接注入负载的方案有以下几个优点:

(1)可以减少比例绕组的匝数,而不会大幅度降低低频电流下的比例准确度,而降低绕组匝数带来了高频准确度的改善;

(2)比较仪二次绕组可以接较大的负载,如 1 Ω,而准确度不会受到大幅度影响;

(3)铁心 C_1 可以做成中空嵌套形的屏蔽结构,降低比例绕组漏磁通对比较仪误差的影响;

(4)系统稳定性较高、带宽高。

4.2.2 容性误差的补偿技术

对于宽频带电流比例标准,由于容抗随频率升高不断变小,容性泄漏电流不断增大,因此容性误差变得至关重要,需要进行合适的补偿。

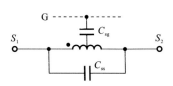

图 4-4 基于电容调节的容性误差补偿技术

P. N. Miljanic 提出了一种电容调节技术以用于补偿容性误差。这种技术要求比例绕组被静电屏蔽所包围,以二次绕组为例,二次绕组绕制完成前和完成后各增加一层铜屏蔽,如图 4-4 所示,铜屏蔽用符号 G 表示。二次绕组对铜屏蔽的分布电容用 C_{sg} 表示。绕组对屏蔽电容的效果能够被一个合适的分流电容(C_{ss})所抵消。而且,频率在数千赫兹以下,C_{ss} 对负载、电流大小和频率均不太敏感,因此可以选择一个固定值来获得较为理想的屏蔽效果。

VFCC 型宽频带电流比较仪的一次绕组和二次绕组有独立的屏蔽。以下介绍一次绕组和二次绕组对屏蔽电容、分流电容在电流比例误差影响方面的计算、补偿和测试方法。

1. 二次绕组分流电容的测试方法

加工完成二次绕组及二次绕组屏蔽层后,开始进行二次分流电容调节,在二次绕组两个端子之间并联电容(分流电容)C_s。如图 4-5 所示,连接二次绕组、第三绕组的非同名端,用信号发生器在两个绕组的同名端之间施加 1 V 的正弦电压,频率选择为 1~2 kHz。利用指零仪 D 测量第三绕组两端的电压降。调节分流电容 C_s 使得指零仪 D 显示为零,一般可调节至 10 μV 以下。

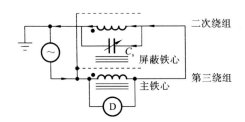

图 4-5 二次绕组分流电容调节线路

计算各节点电压和支路电流,如图 4-5 所示,二次绕组对主铁心的实际作用安匝为

$$-\left(I-\mathrm{j}\omega C_s U+\frac{1}{6}\mathrm{j}\omega C_{sg}U\right)N \tag{4-4}$$

第三绕组对主铁心的实际作用安匝为 IN,两者合成安匝为 0,即

$$-\left(I-\mathrm{j}\omega C_{\mathrm{s}}U+\frac{1}{6}\mathrm{j}\omega C_{\mathrm{sg}}U\right)N+IN=0 \tag{4-5}$$

可求得

$$C_{\mathrm{s}}=\frac{1}{6}C_{\mathrm{sg}} \tag{4-6}$$

由此可见,当绕组分流电容等于绕组对屏蔽分布电容的 1/6 时,分流电容引入的电流可补偿绕组对屏蔽的容性泄漏电流的影响。由于绕组对屏蔽的分布电容不太容易测量,一般可通过图 4-5 所示线路测试确定分流电容 C_{s} 的值。

2. 一次绕组分流电容测试方法

加工完成一次绕组及一次绕组屏蔽层后,开始进行一次分流电容调节,在一次绕组两个端子之间并联电容(分流电容)C_{p}。图 4-6 所示的为连接测试线路,调节分流电容 C_{p} 使得指零仪 D_1 显示为零。通过信号发生器 E 和 E′ 给电路施加电压,频率为 1~2 kHz。

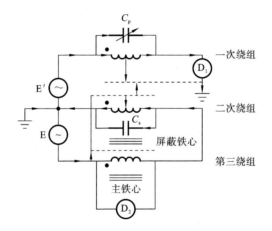

图 4-6　一次分流电容调节线路

计算各节点电压和支路电流,如图 4-6 所示,主要符号如表 4-3 所示。

表 4-3　一次分流电容调节电路中的符号

C_{p}、C_{s}	一次绕组、二次绕组的分流电容
C_{pg}、C_{sg}、C_{gg}	一次绕组对一次屏蔽、二次绕组对二次屏蔽、一次屏蔽对二次屏蔽的分布电容
E、E′、U、U'	信号发生器及其输出的电压
I、I_1	二次绕组、一次绕组中的主要电流分量
D_1、D_2	指零仪

一次绕组对主铁心的实际作用安匝为

$$\left(I_1 - \mathrm{j}\omega C_\mathrm{p}U' - \frac{1}{6}\mathrm{j}\omega C_\mathrm{pg}U'\right)N \tag{4-7}$$

二次绕组实际作用安匝为

$$-\left(I - \mathrm{j}\omega C_\mathrm{s}U + \frac{1}{6}\mathrm{j}\omega C_\mathrm{sg}U\right)N \tag{4-8}$$

补偿绕组对铁心的实际作用安匝为 NI。

三者合成安匝为 0,可求得

$$C_\mathrm{p} = \frac{1}{6}C_\mathrm{pg} \tag{4-9}$$

由以上分析可知,绕组对地电容对容性误差起主要作用,而绕组的分流电容则与对地电容的作用相反,可以起到一定的补偿作用。由式(4-6)和式(4-9)可知,分流电容如果等于绕组对地电容的 1/6,则可取得较好的补偿效果。

应注意的是,实际上绕组的分流电容除了外置电容 C_p 和 C_s,还包括绕组的一对引出线之间的电容。根据引出线的类型,通常可用(50~100) pF/m 来估计。

对一台 5 A/5 A 电流比较仪样机进行上述电容调节并测试前后的误差,可以观察到电容调节技术的实际效果,试验数据如表 4-4 所示。

表 4-4 一台宽频带电流比较仪采用电容补偿前后的误差数据

频率 /Hz	测量点 /A	无电容补偿		有电容补偿	
		比差 /(1×10⁻⁶)	角差 /μrad	比差 /(1×10⁻⁶)	角差 /μrad
52.5	1	0.57	0.12	0.56	0.05
	5	0.49	0.11	0.49	0.03
200	1	0.00	0.54	0.08	0.16
	5	0.02	0.52	0.07	0.18
800	1	−0.15	1.37	0.64	−0.06
	5	−0.15	1.36	0.65	−0.07
2500	1	−6.67	3.19	0.81	−1.50
	5	−6.64	3.19	0.83	−1.55

由表 4-4 数据可见,采用电容补偿技术以后,在高频(1 kHz 以上)下误差得到了明显的改善,其对比效果如图 4-7 和图 4-8 所示,对比差的改善较大,且频率越高,改善越明显。在 2500 Hz 频率下,分流电容使得比差降至 1/6 以下,角差降至 1/2。

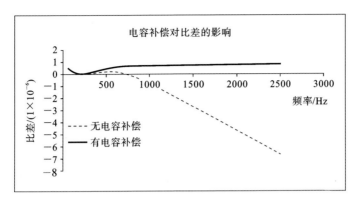

图 4-7　电容补偿对比差的影响

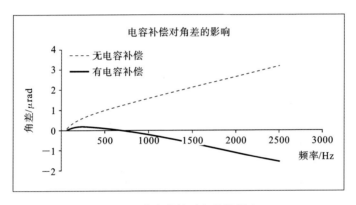

图 4-8　电容补偿对角差的影响

4.3　宽频带电流比例的量值溯源

基于 4.2 节所述原理研制了一套宽频带电流比例标准(见图 4-9 和图 4-10),频率为 50~2500 Hz,一次电流为 5~600 A,二次电流为 5 A,其准确度等级为 0.005 级。

整套宽频带电流比例标准包含 4 台:1♯标准样机、2♯标准样机、3♯标准样机和 4♯标准样机。

1♯标准样机与 2♯标准样机完全相同,变比为 5 A/5 A、10 A/5 A、15 A/5 A、20 A/5 A、25 A/5 A、30 A/5 A。

3♯标准样机变比为 100 A/5 A。

4♯标准样机变比为 600 A/5 A。

图 4-9 (5～100) A/5 A 宽频带电流比例标准

图 4-10 600 A/5 A 宽频带电流比例标准

宽频带电流比例标准的溯源首先从 5 A/5 A 自校开始,通过微安匝差测量技术,逐步将量程扩展至 600 A/5 A。下面首先介绍量值溯源线路,然后介绍溯源线路使用到的关键设备——无源宽频带电流比较仪,最后介绍(5～600) A/5 A 的量值试验。

4.3.1　量值溯源方法

1. 自校线路

自校线路如图 4-11 所示,本线路的目的是获得 1/1 电流比例的误差。准确地说,需测量流出宽频带电流比例标准 T_1 二次绕组 S_1 端子的电流 I_S 相对于流入一次

绕组 P_1 端子的电流 $\boldsymbol{I}_P$ 的误差 $\boldsymbol{\varepsilon}_1$,即

$$\boldsymbol{\varepsilon}_1 = \frac{\boldsymbol{I}_S - \boldsymbol{I}_P}{\boldsymbol{I}_P} = \frac{\boldsymbol{I}_\Delta}{\boldsymbol{I}_P} \qquad (4\text{-}10)$$

由于 $\boldsymbol{I}_S$、$\boldsymbol{I}_P$ 均为矢量,$\boldsymbol{\varepsilon}_1$ 也为矢量,其实部为比值差,虚部为相位差。

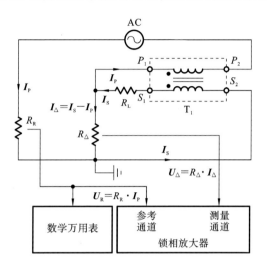

图 4-11 宽频带电流比例 1/1 自校线路

在图 4-11 中,T_1 为电流比例 1/1 的电流比例标准,它的一次绕组同名端为 P_1,非同名端为 P_2,二次绕组同名端为 S_1,非同名端为 S_2;AC 为试验电源,用于提供一次试验电流;R_L 为电流比例标准的负载电阻;R_R 为一次电流的采样电阻;R_Δ 为二次电流、一次电流差值的采样电阻。

一次电流 $\boldsymbol{I}_P$ 从 AC 试验电源流出,经过 R_R、R_Δ 进入 P_1,流出 P_2,再返回到 AC 试验电源。一次电流 $\boldsymbol{I}_P$ 流过采样电阻 R_R 产生的电压降 $U_R = R_R \cdot \boldsymbol{I}_P$,进入锁相放大器以作为参考信号。

二次电流 $\boldsymbol{I}_S$ 从 S_1 流出,经过 R_L、R_Δ 流入 S_2。差流采样电阻上流过的电流 $\boldsymbol{I}_\Delta$ 产生的电压为 $U_\Delta = R_\Delta \cdot (\boldsymbol{I}_S - \boldsymbol{I}_P)$,该电压由锁相放大器测量。$\boldsymbol{I}_S - \boldsymbol{I}_P$ 即为电流比例标准 T_1 的 1/1 比例的误差电流。

锁相放大器以参考通道信号 U_R 为参考,分别测量 U_Δ 矢量在 U_R 矢量上的投影 U_{RX}(同相分量)的大小,以及 U_Δ 矢量在与 U_R 正交的矢量上投影 U_{RY}(正交分量)的大小。由于 U_R 和 $\boldsymbol{I}_P$ 为线性关系,U_Δ 和 $\boldsymbol{I}_S - \boldsymbol{I}_P$ 为线性关系,所以可得到 $\boldsymbol{I}_\Delta$ 矢量在 $\boldsymbol{I}_P$ 矢量投影的同相分量 $\boldsymbol{I}_{\Delta X}$ 和正交分量 $\boldsymbol{I}_{\Delta Y}$ 的大小。一次电流 $\boldsymbol{I}_P$ 的幅值可通过数字万用表测得。通过测得的这三个值,依据式(4-10)容易推导 1/1 电流比例的误差 $\boldsymbol{\varepsilon}_1$。

2. 宽频带电流比例量值扩展线路

基于安匝差测量原理的宽频带电流比例量值扩展线路如图 4-12 所示。本线路

的目的是获得 $n/1$ 电流比例的误差。准确地说,以流入标准器二次绕组同名端的电流 I_1 为参考电流,测得流出被校比例标准二次绕组同名端的电流 I_2(需经过匝数折算)的误差。

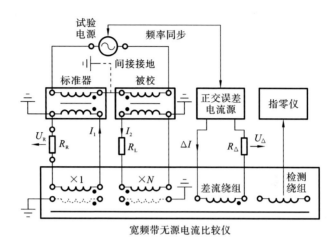

图 4-12　基于安匝差测量原理的宽频带电流比例量值扩展线路

如图 4-12 所示,标准器的额定变比为 $1/1''$,被校比例标准的额定变比为 $n/1$,$n=2,3,\cdots,6$。标准器和被校比例标准的一次绕组同名端相连,试验电源给一次绕组施加电流。标准器和被校比例标准的二次电流分别为 I_1 和 I_2,分别进入无源宽频带电流比较仪的"×1"绕组和"×N"绕组。"×1"绕组的匝数为 p 匝,"×N"绕组的匝数为 Np 匝,$N=n$。正交误差电流源输出可调整幅值和相位的误差电流 ΔI,进入无源宽频带电流比较仪的差流绕组,其匝数为 p 匝。指零仪检测无源宽频带电流比较仪的检测绕组的感应电压。

暂且假设无源宽频带电流比较仪(见 4.3.2 节)的误差可忽略不计。调节正交误差电流源输出电流 ΔI 的大小和相位,使指零仪的指示为零,由磁势平衡方程得到

$$Np \cdot I_2 - p \cdot I_1 - p \cdot \Delta I = 0 \tag{4-11}$$

由于 $N=n$,式(4-11)可变换为

$$n \cdot I_2 - I_1 - \Delta I = 0 \tag{4-12}$$

由误差定义,被校 $n/1$ 比例标准的误差为

$$\varepsilon'_2 = \frac{n \cdot I_2 - I_1}{I_1} = \frac{\Delta I}{I_1} \tag{4-13}$$

如图 4-12 所示,ΔI 在差流采样电阻 R_Δ 上的电压降为 U_Δ,I_1 在标准电流采样电阻 R_R 上的电压降为 U_R,通过测量这两个信号,可计算出式(4-13)中的误差 ε'_2,信号测量原理与图 4-11 所示原理相同。

修正标准器误差后,得到 $n/1$ 比例标准的误差为

$$\varepsilon_2 = \varepsilon_2' + \varepsilon_1 \tag{4-14}$$

通过宽频带电流比例扩展线路,可将 1/1 电流比例的量值传递至 2/1,3/1,…, 6/1。进一步,将 2/1,3/1,…,6/1 的电流比例作为标准器,其量值最高可扩展至 36/1。再进一步,电流比例量值可扩展至 200/1 以上。

图 4-12 所示的线路,应注意以下两点。

(1) 正交误差电流源的频率与试验电源频率保持一致,避免了频率差异造成指零仪显示波动。

(2)"间接接地"保证了标准器和被校比例标准一次绕组的同名端处于地电位,而并非将该点直接接地,从而避免了泄漏电流造成的误差。具体的技术可参考《测量用电流互感器》(JJG 313—2010)中的对称支路接地。

综上所述,我们可以通过自校线路获得 1♯标准器 5 A/5 A 电流比例的误差。2♯标准器的电流比例除 5 A/5 A 外,还包括 10 A/5 A、15 A/5 A、20 A/5 A、25 A/5 A、30 A/5 A。(10~30) A/5 A 的量值溯源至 1♯标准器的 5 A/5 A。3♯标准器的 100 A/5 A 变比可溯源至 2♯标准器的 20 A/5 A 或 25 A/5 A,而 4♯标准器的 600 A/5 A 变比可溯源至 3♯标准器的 100 A/5 A。

这种方法通过简化试验线路、减少试验线路种类等方法达到降低不确定度和试验工作量、提升试验效率的目的。与传统工频电流比例自溯源线路相比,它具有以下优点。

1) 效率高

量值溯源线路由 5~6 种简化至 2 种,即 1/1 自校线路和量值扩展线路,没有使用加法线路、β 线路,也不需要级联两台比例标准器,设备非常少;仅需一次平衡,即调节正交误差电流源使指零仪的指示为零,而传统溯源方案最多需要三台手动调节装置、三个指零仪。由于以上优点,试验效率可大幅提升,工作量可减少至传统方案的 1/10 以下。

2) 大幅降低引入的不确定度

与传统方案相比,由于线路种类大大减少,接线要简单得多,因而线路的杂散参数更容易得到控制。

3) 可扩展的比例更高

利用传统溯源方案来解决宽频带电流比例的量值溯源,由于线路复杂、效率低、不确定度大等原因,一般只能将量值扩展至 10/1 或 20/1,就几乎无法再扩展下去,利用本方案可以较容易地将量值扩展至 200/1 以上。

4.3.2　无源宽频带电流比较仪

图 4-13 所示的为无源宽频带电流比较仪的原理图。

在一个高初始磁导率的坡莫合金铁心(主铁心)上均匀绕制检测绕组,放入磁屏

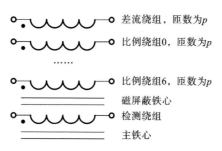

图 4-13　无源宽频带电流比较仪的原理图

蔽内,磁屏蔽外包含 7 个位置几乎等效的绕组 0,1,…,6。每一个绕组均为 p 匝,其中 0♯标准器的比例绕组用于连接标准电流互感器,另外 6 个比例绕组(1♯～6♯标准器)通过串联可形成 p、$2p$、$3p$、$4p$、$5p$、$6p$ 匝的比例绕组,用于连接被检电流互感器。

　　由于绕组层间、绕组对地存在无法避免的电容,对于高频电流,由该类型电容引起的泄漏电流可能不能忽略,使得电流对铁心的作用不能简单地用电流大小和绕组匝数乘积(安匝)表示。图 4-13 所示的无源宽频带电流比较仪采用的特殊屏蔽结构可消除容性泄漏电流的影响。

　　以被校电流比例标准的二次电流 I_2 对无源宽频带电流比较仪主铁心的作用为例,介绍其原理。无源宽频带电流比较仪的"×N"绕组用屏蔽线绕成,其屏蔽层因而也构成了匝数为 Np 的绕组,如图 4-14 所示的"×N"绕组下方的虚线绕组。

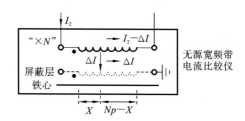

图 4-14　基于屏蔽绕组的容性泄漏电流抑制原理图

　　屏蔽层绕组上流过的泄漏电流相对较小,其非同名端接地,因此整个屏蔽层绕组均为零电位。"×N"绕组上流过的电流较大,在绕组上会产生电压降,与屏蔽层绕组存在电位差,因而不可避免产生泄漏电流。如图 4-14 所示,I_2 流入"×N"绕组同名端,在 X 匝位置产生泄漏电流 ΔI,剩余电流($I_2 - \Delta I$)流过($Np - X$)匝,从"×N"绕组非同名端流出。泄漏电流 ΔI 在屏蔽层绕组上经过($Np - X$)匝流入地。因此被校电流比例标准的二次电流作用于无源宽频带电流比较仪铁心的安匝为

$$X \cdot I_2 + (Np - X) \cdot (I_2 - \Delta I) + (Np - X) \cdot \Delta I = Np \cdot I_2 \qquad (4\text{-}15)$$

同理,标准器的二次电流对无源宽频带电流比较仪铁心的安匝为 pI_1。

由此可见,屏蔽的引入可在理论上消除容性泄漏电流的影响。

无源宽频带电流比较仪在不同输入激励电流的幅值和频率下的输出电压,即得出其在不同频率下的灵敏度(Ω)试验接线图,如图 4-15 所示。

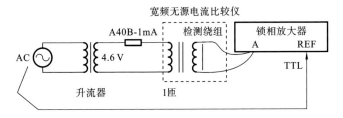

图 4-15　无源宽频带电流比较仪灵敏度试验接线图

通过功放电流源给无源宽频带电流比较仪施加激励电流,激励绕组匝数为单匝。利用锁相放大器测量无源宽频带电流比较仪的输出电压。激励电流的大小通过分流器 A40B-1mA 来测量。无源宽频带电流比较仪灵敏度试验数据如表 4-5 所示。

表 4-5　无源宽频带电流比较仪灵敏度试验数据

频率/Hz	激励电流/μA	检测电压/μV	灵敏度/Ω	灵敏度平均值/Ω
	0.0505	0.208	4.119	
52.5	5.128	21.03	4.101	4.11
	99.85	411.5	4.121	
	0.05075	0.39	7.685	
100	5.121	39.74	7.760	7.75
	99.715	777.1	7.793	
	0.051	0.578	11.333	
150	5.135	58.09	11.313	11.33
	99.975	1135.3	11.356	
	0.051	0.915	17.941	
250	5.1085	92.14	18.037	18.03
	99.46	1800.8	18.106	
	0.0508	1.23	24.213	
350	5.122	123.98	24.205	24.24
	99.695	2423	24.304	

频率/Hz	激励电流/μA	检测电压/μV	灵敏度/Ω	灵敏度平均值/Ω
450	0.051	1.52	29.804	29.86
	5.133	153.1	29.827	
	99.915	2992	29.945	
550	0.0512	1.78	34.766	34.93
	5.135	179.41	34.939	
	99.945	3507	35.089	
650	0.051	2.01	39.412	39.59
	5.1265	202.9	39.579	
	99.775	3968	39.769	
1000	0.051	2.71	53.137	53.01
	5.1425	271.5	52.795	
	100.05	5311	53.083	
1500	0.051	3.34	65.490	65.45
	5.1195	334.2	65.280	
	99.62	6533	65.579	
2000	0.051	3.74	73.333	72.55
	5.1255	369.1	72.012	
	99.745	7213	72.314	
2500	0.051	3.88	76.078	75.03
	5.12	380.7	74.355	
	99.62	7436	74.644	

由试验数据可知：

（1）无源宽频带电流比较仪的分辨率为 0.05 μA·T，因为其用于连接标准器二次电流的绕组为 4 匝，其能够分辨的最小误差电流为 0.0125 μA，这完全能够满足校准试验的需求；

（2）在每一个频率下，给定不同幅值激励安匝（0.05～100 μA·T），灵敏度基本不变，即在较小幅值的激励安匝下，无源宽频带电流比较仪输入/输出特性为线性的，在 2500 Hz 下，线性度优于 2%；

（3）设由铁心磁导率随时间变化引起的误差为 3%，由线性度引起的误差为 2%，

由检测电压测量带来的误差为 3%,则无源宽频带电流比较仪的合成误差小于 5%;

（4）随着频率的增加,灵敏度也增加,但是灵敏度-频率关系是非线性的。因为随着频率的增加,铁心的磁导率会逐渐减少。

无源宽频带电流比较仪的灵敏度-频率关系如图 4-16 所示。

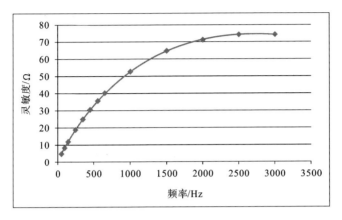

图 4-16　无源宽频带电流比较仪的灵敏度-频率关系

通过测量无源宽频带电流比较仪的输出电压及灵敏度数据,可以计算出比例绕组的误差。测试该比较仪各电流比例(1/1,2/1,…,6/1)误差,数据如表 4-6 所示。

表 4-6　无源宽频带电流比较仪的电流比例误差

频率 /Hz	电流比例误差/($1×10^{-6}$)					
	1/1	2/1	3/1	4/1	5/1	6/1
50	0.02	0.10	0.10	0.12	0.22	0.25
100	0.02	0.08	0.08	0.10	0.18	0.20
200	0.01	0.06	0.06	0.07	0.14	0.15
400	0.01	0.04	0.04	0.05	0.12	0.10
1000	0.02	0.02	0.02	0.02	0.11	0.07
2000	0.04	0.02	0.02	0.02	0.08	0.04
3000	0.07	0.04	0.04	0.04	0.06	0.07

无源宽频带电流比较仪各电流比例在 50～3000 Hz 频段范围内的最大误差不超过 $±0.3×10^{-6}$。

4.3.3　5 A/5 A 自校

1♯标准器与 2♯标准器设计完全相同,溯源工作首先从这两台标准器的自校准开始。5 A/5 A 自校准线路图及电流参考方向如图 4-17 所示,A40B-1mA 上面将流过作为标准的一次电流和作为被校的二次电流的差流。A40B-5A 和 A40B-1mA 均为 0.01 级高准确度无感电阻,其额定电流分别为 5 A 和 1 mA,直流电阻分别为 0.16 Ω 和 800 Ω,额定输出电压均为 800 mV。CS-5 作为 1# 标准器的负载电阻,其电阻值为 0.2 Ω。

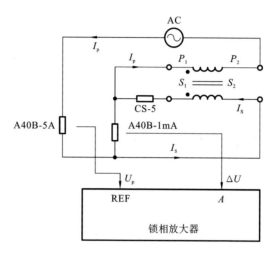

图 4-17 5 A/5 A 自校准线路图及电流参考方向

由表 4-7 数据可见:① 比差小于 $\pm 2 \times 10^{-6}$,角差小于 2 μrad;② 在同一频率下,误差随一次电流变化较小,角差变化稍大,在 2500 Hz 下,角差变化小于 0.4 μrad,本质上它们仍然是电流比较仪。

表 4-7 1# 标准器和 2# 标准器自校准数据

频率/Hz	测量点/A	1# 标准器		2# 标准器	
		比差/(1×10^{-6})	角差/μrad	比差/(1×10^{-6})	角差/μrad
52.5	1	0.5	0.0	1.0	−0.1
	5	0.5	0.0	0.9	−0.1
100	1	0.1	0.0	0.2	−0.1
	5	0.1	0.1	0.2	−0.1
150	1	0.0	0.2	0.1	0.2
	5	0.0	0.2	0.1	0.2
250	1	0.2	0.4	0.2	0.5
	5	0.2	0.4	0.2	0.5

频率/Hz	测量点/A	1♯标准器		2♯标准器	
		比差/$(1×10^{-6})$	角差/μrad	比差/$(1×10^{-6})$	角差/μrad
450	1	0.4	0.6	0.5	0.8
	5	0.4	0.6	0.5	0.8
650	1	0.6	0.6	0.7	0.9
	5	0.6	0.7	0.7	1.0
1000	1	0.7	0.7	0.8	1.0
	5	0.7	0.8	0.8	1.1
1500	1	0.7	0.7	0.7	1.2
	5	0.7	0.9	0.7	1.4
2000	1	0.6	0.7	0.4	1.3
	5	0.6	1.0	0.4	1.6
2500	1	0.3	0.8	0.0	1.5
	5	0.3	1.2	0.0	1.9

　　1♯标准器和 2♯标准器的比差-频率曲线如图 4-18 所示,其角差-频率曲线如图 4-19 所示。

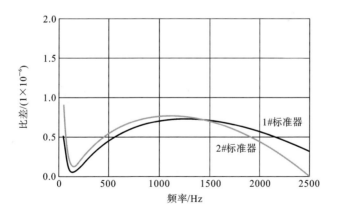

图 4-18　1♯标准器和 2♯标准器的比差-频率曲线

　　1♯标准器与 2♯标准器的比差、角差随频率变化趋势一致,1♯标准器的误差数据略好。两者误差的差异主要由两台标准器在加工上不完全一致带来的。选择 1♯标准器的 5 A/5 A 作为量值溯源的起点。

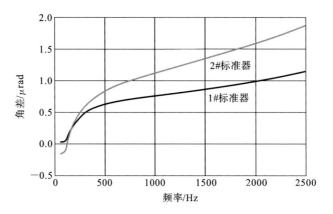

图 4-19 1♯标准器和 2♯标准器的角差-频率曲线

4.3.4 (10～600) A/5 A 量值溯源

依据图 4-12 所示接线图对(10～600) A/5 A 变比的电流比例标准进行溯源试验。当一次电流为 10～30 A 时,标准电流互感器为 1♯标准器(5 A/5 A)。当一次电流为 100 A 时,标准电流互感器为 2♯标准器(25 A/5 A)。当一次电流为 600 A 时,标准电流互感器为 3♯标准器(100 A/5 A)。

试验数据如表 4-8～表 4-14 所示。

表 4-8 10 A/5 A 误差数据(2♯标准器)

频率 /Hz	测量点 /(%)	电流差 /μA	标准比差 /(1×10⁻⁶)	标准角差 /μrad	被校最大比差 /(1×10⁻⁶)	被校最大角差 /μrad
52.5	20	1.03	0.52	0.03	1.55	1.06
	100	5.35	0.51	0.04	1.59	1.12
100	20	0.63	0.10	0.05	0.74	0.68
	100	3.23	0.11	0.06	0.76	0.71
150	20	0.53	0.04	0.21	0.57	0.74
	100	2.63	0.05	0.23	0.58	0.76
250	20	0.49	0.15	0.43	0.64	0.91
	100	2.51	0.16	0.44	0.66	0.94
450	20	0.55	0.41	0.60	0.96	1.15
	100	2.77	0.40	0.62	0.96	1.18
650	20	0.70	0.56	0.64	1.26	1.34
	100	3.34	0.56	0.70	1.24	1.37

频率 /Hz	测量点 /(%)	电流差 /μA	标准比差 /(1×10⁻⁶)	标准角差 /μrad	被校最大比差 /(1×10⁻⁶)	被校最大角差 /μrad
1000	20	1.04	0.70	0.67	1.74	1.71
	100	4.71	0.70	0.77	1.65	1.72
1500	20	1.19	0.70	0.68	1.89	1.87
	100	5.70	0.71	0.88	1.86	2.03
2000	20	1.99	0.56	0.72	2.56	2.71
	100	8.79	0.57	1.00	2.34	2.77
2500	20	1.74	0.31	0.81	2.06	2.55
	100	8.13	0.32	1.15	1.95	2.79

表 4-9　15 A/5 A 误差数据(2♯标准器)

频率 /Hz	测量点 /(%)	电流差 /μA	标准比差 /(1×10⁻⁶)	标准角差 /μrad	被校最大比差 /(1×10⁻⁶)	被校最大角差 /μrad
52.5	20	0.26	0.52	0.03	0.78	0.29
	100	1.28	0.51	0.04	0.77	0.30
100	20	0.15	0.10	0.05	0.25	0.20
	100	0.77	0.11	0.06	0.27	0.21
150	20	0.22	0.04	0.21	0.25	0.43
	100	1.11	0.05	0.23	0.27	0.45
250	20	0.31	0.15	0.43	0.46	0.74
	100	1.58	0.16	0.44	0.48	0.76
450	20	0.35	0.41	0.60	0.76	0.95
	100	1.75	0.40	0.62	0.76	0.97
650	20	0.30	0.56	0.64	0.86	0.94
	100	1.48	0.56	0.70	0.86	1.00
1000	20	0.28	0.70	0.67	0.98	0.95
	100	1.15	0.70	0.77	0.93	1.00
1500	20	1.10	0.70	0.68	1.80	1.77
	100	6.57	0.71	0.88	2.04	2.21

频率 /Hz	测量点 /(%)	电流差 /μA	标准比差 /(1×10⁻⁶)	标准角差 /μrad	被校最大比差 /(1×10⁻⁶)	被校最大角差 /μrad
2000	20	0.33	0.56	0.72	0.90	1.05
	100	1.17	0.57	1.00	0.81	1.24
2500	20	1.75	0.31	0.81	2.06	2.55
	100	10.82	0.32	1.15	2.51	3.34

表 4-10 20 A/5 A 误差数据(2♯标准器)

频率 /Hz	测量点 /(%)	电流差 /μA	标准比差 /(1×10⁻⁶)	标准角差 /μrad	被校最大比差 /(1×10⁻⁶)	被校最大角差 /μrad
52.5	20	0.79	0.52	0.03	1.31	0.82
	100	4.01	0.51	0.04	1.32	0.85
100	20	0.55	0.10	0.05	0.65	0.60
	100	2.76	0.11	0.06	0.67	0.61
150	20	0.55	0.04	0.21	0.59	0.77
	100	2.74	0.05	0.23	0.60	0.78
250	20	0.53	0.15	0.43	0.68	0.96
	100	2.68	0.16	0.44	0.70	0.98
450	20	0.50	0.41	0.60	0.90	1.09
	100	2.52	0.40	0.62	0.91	1.13
650	20	0.43	0.56	0.64	0.99	1.07
	100	2.23	0.56	0.70	1.01	1.15
1000	20	0.34	0.70	0.67	1.04	1.01
	100	2.09	0.70	0.77	1.12	1.19
1500	20	1.06	0.70	0.68	1.77	1.74
	100	6.36	0.71	0.88	1.99	2.16
2000	20	0.69	0.56	0.72	1.25	1.41
	100	4.63	0.57	1.00	1.50	1.94
2500	20	2.22	0.31	0.81	2.53	3.03
	100	12.79	0.32	1.15	2.90	3.74

表 4-11　25 A/5 A 误差数据(2♯标准器)

频率 /Hz	测量点 /(%)	电流差 /μA	标准比差 /(1×10⁻⁶)	标准角差 /μrad	被校最大比差 /(1×10⁻⁶)	被校最大角差 /μrad
52.5	20	0.79	0.52	0.03	1.31	0.82
	100	3.77	0.51	0.04	1.27	0.80
100	20	0.59	0.10	0.05	0.70	0.64
	100	2.97	0.11	0.06	0.71	0.66
150	20	0.45	0.04	0.21	0.48	0.66
	100	2.25	0.05	0.23	0.50	0.68
250	20	0.52	0.15	0.43	0.67	0.95
	100	2.58	0.16	0.44	0.68	0.96
450	20	0.60	0.41	0.60	1.01	1.20
	100	3.02	0.40	0.62	1.01	1.23
650	20	0.57	0.56	0.64	1.13	1.21
	100	2.91	0.56	0.70	1.15	1.28
1000	20	0.48	0.70	0.67	1.18	1.15
	100	2.78	0.70	0.77	1.26	1.33
1500	20	0.86	0.70	0.68	1.57	1.54
	100	5.40	0.71	0.88	1.80	1.97
2000	20	0.68	0.56	0.72	1.25	1.40
	100	4.86	0.57	1.00	1.55	1.98
2500	20	1.55	0.31	0.81	1.87	2.36
	100	9.73	0.32	1.15	2.27	3.11

表 4-12　30 A/5 A 误差数据(2♯标准器)

频率 /Hz	测量点 /(%)	电流差 /μA	标准比差 /(1×10⁻⁶)	标准角差 /μrad	被校最大比差 /(1×10⁻⁶)	被校最大角差 /μrad
52.5	20	0.13	0.52	0.03	0.65	0.16
	100	0.73	0.51	0.04	0.66	0.19
100	20	0.13	0.10	0.05	0.24	0.18
	100	0.68	0.11	0.06	0.25	0.19

频率 /Hz	测量点 /(%)	电流差 /μA	标准比差 /(1×10⁻⁶)	标准角差 /μrad	被校最大比差 /(1×10⁻⁶)	被校最大角差 /μrad
150	20	0.26	0.04	0.21	0.30	0.48
	100	1.35	0.05	0.23	0.32	0.50
250	20	0.39	0.15	0.43	0.54	0.81
	100	1.94	0.16	0.44	0.55	0.83
450	20	0.38	0.41	0.60	0.78	0.97
	100	1.93	0.40	0.62	0.79	1.01
650	20	0.35	0.56	0.64	0.92	1.00
	100	1.96	0.56	0.70	0.96	1.09
1000	20	0.28	0.70	0.67	0.98	0.95
	100	2.03	0.70	0.77	1.11	1.18
1500	20	1.00	0.70	0.68	1.70	1.67
	100	6.00	0.71	0.88	1.92	2.09
2000	20	1.41	0.56	0.72	1.98	2.14
	100	7.96	0.57	1.00	2.17	2.61
2500	20	2.31	0.31	0.81	2.62	3.11
	100	12.63	0.32	1.15	2.86	3.69

表 4-13 100 A/5 A 误差数据(3# 标准器)

频率 /Hz	测量点 /(%)	电流差 /μA	标准比差 /(1×10⁻⁶)	标准角差 /μrad	被校最大比差 /(1×10⁻⁶)	被校最大角差 /μrad
52.5	20	0.26	1.31	0.82	1.56	1.08
	100	1.48	1.27	0.80	1.57	1.10
100	20	0.60	0.70	0.64	1.30	1.25
	100	2.99	0.71	0.66	1.32	1.26
150	20	0.79	0.48	0.66	1.27	1.45
	100	3.84	0.50	0.68	1.29	1.46
250	20	0.86	0.67	0.95	1.53	1.80
	100	4.23	0.68	0.96	1.54	1.82

频率 /Hz	测量点 /(%)	电流差 /μA	标准比差 /(1×10^{-6})	标准角差 /μrad	被校最大比差 /(1×10^{-6})	被校最大角差 /μrad
450	20	0.83	1.01	1.20	1.84	2.03
	100	4.22	1.01	1.23	1.87	2.08
650	20	0.95	1.13	1.21	2.08	2.17
	100	5.04	1.15	1.28	2.17	2.30
1000	20	1.80	1.18	1.15	2.98	2.95
	100	9.49	1.26	1.33	3.19	3.26
1500	20	3.98	1.57	1.54	5.55	5.52
	100	20.55	1.80	1.97	5.96	6.14
2000	20	6.85	1.25	1.40	8.07	8.22
	100	34.58	1.55	1.98	8.59	9.02
2500	20	10.26	1.87	2.36	12.10	12.59
	100	51.38	2.27	3.11	12.82	13.65

表 4-14　600 A/5 A 误差数据(4♯标准器)

频率 /Hz	测量点 /(%)	电流差 /μA	标准比差 /(1×10^{-6})	标准角差 /μrad	被校最大比差 /(1×10^{-6})	被校最大角差 /μrad
52.5	20	0.57	1.56	1.08	2.14	1.65
	100	3.45	1.57	1.10	2.27	1.80
100	20	0.68	1.30	1.25	1.99	1.93
	100	3.61	1.32	1.26	2.06	2.00
150	20	0.89	1.27	1.45	2.16	2.34
	100	4.58	1.29	1.46	2.21	2.39
250	20	1.76	1.53	1.80	3.30	3.57
	100	9.10	1.54	1.82	3.39	3.67
450	20	3.45	1.84	2.03	5.28	5.47
	100	17.90	1.87	2.08	5.52	5.73
650	20	4.93	2.08	2.17	7.02	7.10
	100	25.73	2.17	2.30	7.39	7.53

续表

频率 /Hz	测量点 /(%)	电流差 /μA	标准比差 /(1×10⁻⁶)	标准角差 /μrad	被校最大比差 /(1×10⁻⁶)	被校最大角差 /μrad
1000	20	7.21	2.98	2.95	10.21	10.18
1000	100	37.45	3.19	3.26	10.76	10.83
1500	20	10.11	5.55	5.52	15.63	15.61
1500	100	51.30	5.96	6.14	16.46	16.63
2000	20	12.41	8.07	8.22	20.53	20.68
2000	100	63.96	8.59	9.02	21.58	22.01
2500	20	14.64	12.10	12.59	26.74	27.23
2500	100	75.60	12.82	13.65	28.19	29.03

2♯标准器的(10,15,…,25,30) A/5 A 的误差满足 0.001 级要求,100 A/5 A(3♯标准器)和 600 A/5 A(4♯标准器)满足 0.005 级要求。

4.3.5　旁证试验

为验证本章提出的宽频带电流比例标准的准确度及量值溯源方法的有效性,开展了一些验证试验。试品为一台 VFCC-100 宽频带电流比例标准器(100 A/1 A)和一台 VFCC-400 宽频带电流比例标准器(400 A/1 A)。

第一个试验的原理图如图 4-20 所示。

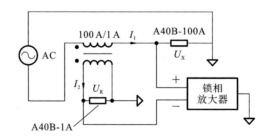

图 4-20　VFCC-100 与 A40B-100A 的比较试验原理图

VFCC-100 二次接 A40B-1A 交流标准电阻(额定电流 1 A,额定电压 0.8 V),当一次电流为 100 A 时,二次额定电压为 0.8 V,额定变比与 A40B-100A 交流标准电阻(额定电流 100 A,额定电压 0.8 V)相同,利用锁相放大器测量两者输出电压的差值。由于 VFCC-100 一次为单匝结构,因此不存在多绕组结构中常见的容性误差,流入同名端的电流和流出同名端的电流几乎相等。该线路保证了流过 VFCC-100 和 A40B-100A 的是同一电流。图 4-21 所示的为 VFCC-100 与 A40B-100A 的比较试验

图 4-21　VFCC-100 与 A40B-100A 的比较试验布置图

布置图。

　　对一次回路分别施加 20 A 和 100 A 电流,频率为 50 Hz～3 kHz,测量 U_X 和 U_R 的电压差,参考电流互感器对误差的定义,进一步计算 U_X 相对 U_R 的比值差和相位差,试验结果如表 4-15 所示。

表 4-15　VFCC-100 与 A40B-100A 的比较试验结果

频率 /Hz	一次电流:20 A		一次电流:100 A	
	比值差/(1×10^{-6})	相位差/μrad	比值差/(1×10^{-6})	相位差/μrad
50	55	2	43	4
60	58	3	43	4
100	58	6	44	7
200	60	10	45	11
400	62	19	47	19
1000	68	42	53	42
2000	83	78	68	78
2500	92	94	77	94
3000	102	109	88	110

　　A40B-100A 与 A40B-1A 的直流电阻会直接影响测试结果的比值差。因此分别在 20% 和 100% 下进行了直流电阻校准试验。A40B-100A 在 20% 和 100% 下的直流电阻误差(相对标称值)分别为 0.0068% 和 0.0054%,A40B-1A 在 20% 和 100%

下的直流电阻误差分别为 0.0029% 和 0.0018%，不确定度均为 ±0.002%。

VFCC-100 的电流比例误差（见表 4-16）也会影响测量结果。

表 4-16　VFCC-100 的电流比例误差

频率/Hz	比值差/(1×10^{-6})	相位差/μrad
50	0.5	1.4
60	−0.5	1.2
100	−1.6	0.1
200	−1.5	0.1
400	−2.6	−3.2
1000	−4.0	−7.7
2000	−7.3	−13.7
2500	−9.1	−16.4
3000	−11.2	−18.7

利用 A40B-1A、A40B-100A 的实测直流电阻及 VFCC-100 的电流比例误差，来修正表 4-16 的误差，得到表 4-17。

表 4-17　VFCC-100 与 A40B-100A 的比较试验结果（修正标准器及直流电阻误差）

频率/Hz	一次电流:20 A		一次电流:100 A	
	比值差/(1×10^{-6})	相位差/μrad	比值差/(1×10^{-6})	相位差/μrad
50	17	3	8	5
60	19	4	7	5
100	17	6	6	7
200	20	10	8	11
400	20	16	8	16
1000	25	34	13	34
2000	37	64	25	64
2500	44	78	32	78
3000	52	90	41	91

由表 4-17 的数据可见，在较低的频段（400 Hz 及以下），比值差和相位差均较小。400 Hz 以上，相位差表现越来越明显。表 4-18 所示的为 A40B 系列分流器用户

手册中给出的典型相移。

表 4-18 A40B 系列分流器用户手册中给出的典型相移

分流器额定电流	1 kHz	10 kHz
1~200 mA	＜0.001°	＜0.006°
500 mA~2 A	＜0.003°	＜0.030°
2~20 A	＜0.008°	＜0.075°
20~100 A	＜0.013°	＜0.125°

由表 4-18 可见,A40B-1A 在 1 kHz 的相移最大为 $0.003°(0.18')$,A40B-100A 在 1 kHz 的相移最大为 $0.013°(0.78')$。因此,对它们进行比较时,相位差最大可能为 $0.96'$。在本线路的测试中,1 kHz 下相位差为 34 μrad,约为 $0.12'$,远小于其用户手册中给出的值。

本试验表明,各种试验结果形成了比较好的闭环,验证了 VFCC-100 的电流比例准确度。

第二个试验是对 VFCC-100 和 VFCC-400 的比较,包括电流比较和电压比较。

根据图 4-12 测试 VFCC-400 电流比例相对 VFCC-100 的误差,采用 VFCC-100 作为标准器,试验布置如图 4-22 所示。

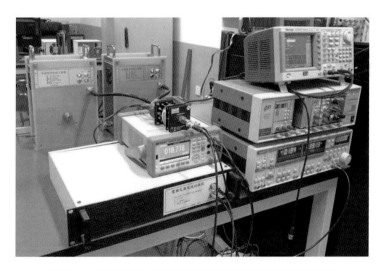

图 4-22 VFCC-100 与 VFCC-400 的电流比较试验布置图

分别测试 VFCC-400 电流比例在 0.2 Ω 和 1 Ω 负载下与 VFCC-100 的差异,分别如表 4-19 和表 4-20 所示。

表 4-19　VFCC-400 与 VFCC-100 电流比例的差异($R_L = 0.2\ \Omega$)

频率/Hz	一次电流/A	比差/(1×10^{-6})	角差/μrad
52.5	20.0	0.0	−1.3
	100.2	0.1	−1.1
60	20.1	0.1	−1.1
	99.5	0.2	−1.0
100	20.4	0.5	−0.9
	101.0	0.5	−0.9
200	20.0	0.9	−1.2
	101.8	0.9	−1.2
400	20.2	1.9	−2.0
	99.1	1.8	−2.0
1000	20.2	9.0	−5.0
	99.6	9.0	−5.1
1500	19.9	19.8	−8.0
	99.9	19.3	−7.9
2000	20.2	32.1	−12.9
	99.8	33.1	−11.7
2500	20.1	49.5	−17.3
	99.4	50.2	−16.2
3000	20.2	70.0	−21.0
	99.2	70.3	−22.2

表 4-20　VFCC-400 与 VFCC-100 电流比例的差异($R_L = 1\ \Omega$)

频率/Hz	一次电流/A	比差/(1×10^{-6})	角差/μrad
52.5	20.2	−0.2	−1.4
60	20.1	0.0	−1.3
100	20.1	0.5	−1.1
200	20.1	0.9	−1.3
400	20.0	1.9	−2.2
1000	19.8	9.0	−5.4

续表

频率/Hz	一次电流/A	比差/(1×10^{-6})	角差/μrad
1500	20.0	19.2	−9.0
2000	20.1	33.0	−13.0
2500	20.0	50.2	−17.6
3000	20.2	70.7	−22.5

由表 4-19 和表 4-20 可得出如下结论：

（1）VFCC-400 电流比例的误差与一次电流大小无关，在 20 A 和 100 A 下的比差最大差异为 1×10^{-6}，角差最大差异为 1.2 μrad；

（2）VFCC-400 电流比例对负载不敏感，在 0.2 Ω 和 1 Ω 下，比差最大差异为 1×10^{-6}，角差最大差异为 1.5 μrad。

修正 VFCC-100 的电流比例误差得到 VFCC-400 电流比例的误差，如表 4-21 所示。

表 4-21　VFCC-400 电流比例的误差（$R_L=0.2$ Ω）

频率/Hz	一次电流/A	比差/(1×10^{-6})	角差/μrad
52.5	20	1.1	−2.7
	100	0.9	−2.3
60	20	0.0	−2.0
	100	0.1	−1.9
100	20	−0.1	−1.1
	100	−0.1	−1.1
200	20	−0.2	−0.3
	100	−0.2	−0.3
400	20	0.5	0.3
	100	0.4	0.3
1000	20	4.8	0.1
	100	4.8	0.1
1500	20	13.0	−4.5
	100	12.4	−3.9
2000	20	22.2	−10.0
	100	23.2	−8.8

频率/Hz	一次电流/A	比差/(1×10^{-6})	角差/μrad
2500	20	36.5	-15.3
	100	36.2	-14.0
3000	20	52.0	-19.2
	100	52.3	-20.4

VFCC-400 电流比例的比差介于$(-0.01\%,0.01\%)$,角差介于$(-100,100)\mu$rad。

为了进一步验证研制的 VFCC-400 宽频带电流互感器电流比例的准确度,设计了如图 4-23 所示试验。

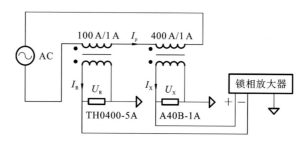

图 4-23　VFCC-100 与 VFCC-400 的比较试验原理图(电压比较)

VFCC-100 二次接 TH0400-5A 交流标准电阻(额定电流 5 A,额定电压 1 V,具有与 A40B 系列分流器类似的设计),当一次电流为 100 A 时,二次额定电压为 0.2 V。VFCC-400 二次接 A40B-1A 交流标准电阻(额定电流 1 A,额定电压 0.8 V);当一次电流为 100 A 时,二次额定电压为 0.2 V。利用锁相放大器测量两者输出电压的差值。由于 VFCC-100 和 VFCC-400 一次为单匝结构,因此不存在多绕组结构中常见的容性误差,流入同名端的电流和流出同名端的电流几乎相等。该线路保证了流过 VFCC-100 和 VFCC-400 的是同一电流。图 4-24 所示的为 VFCC-100 与 VFCC-400 的电压比较试验布置图。

对一次回路分别施加 50 A 和 100 A 电流,频率为 50~3000 Hz,测量 U_X 和 U_R 的电压差,参考电流互感器对误差的定义,进一步计算 U_X 相对 U_R 的比值差和相位差,试验结果如表 4-22 所示。

表 4-22 中的试验数据可从以下两方面进行修正:

(1) VFCC-400 与 VFCC-100 的电流比例的差异(见表 4-20)直接影响测试结果的比差和角差;

(2) A40B-1A 与 TH0400-5A 的直流电阻会直接影响测试结果的比差。A40B-1A 的误差为 0.0029%(相对标称值),TH0400-5A 的误差为 -0.0041%(相对标称值),不确定度均为$\pm0.002\%$。

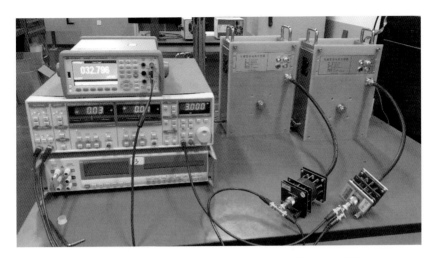

图 4-24　VFCC-100 与 VFCC-400 的电压比较试验布置图

表 4-22　VFCC-100 与 VFCC-400 的电压比较试验结果

频率/Hz	一次电流:50 A		一次电流:100 A	
	比值差/(1×10^{-6})	相位差/μrad	比值差/(1×10^{-6})	相位差/μrad
50	44	-1	40	-2
60	44	-2	40	-2
100	44	-1	40	-2
200	44	-2	40	-2
400	44	-3	42	-3
1000	50	-9	48	-8
2000	70	-20	66	-18
2500	82	-26	80	-24
3000	98	-32	96	-30

修正以上两方面误差后得到的数据如表 4-23 所示。

表 4-23　VFCC-100 与 VFCC-400 的电压比较试验结果(修正标准器及直流电阻误差)

频率/Hz	一次电流:20 A		一次电流:100 A	
	比值差/(1×10^{-6})	相位差/μrad	比值差/(1×10^{-6})	相位差/μrad
50	-25.8	0.4	-29.8	-0.6
60	-26.0	-0.7	-30.0	-0.7

频率/Hz	一次电流:20 A		一次电流:100 A	
	比值差/(1×10^{-6})	相位差/μrad	比值差/(1×10^{-6})	相位差/μrad
100	-26.5	0.1	-30.5	-0.9
200	-26.9	-0.7	-30.9	-0.7
400	-27.9	-0.8	-29.9	-0.8
1000	-29.0	-3.6	-31.0	-2.6
2000	-33.0	-7.0	-37.0	-5.0
2500	-38.2	-8.4	-40.2	-6.4
3000	-42.7	-9.5	-44.7	-7.5

由表 4-23 数据可见:

(1) 在 50～3000 Hz 范围内,比差从 -25.8×10^{-6} 变化至 -42.7×10^{-6},主要误差来源对两个采样电阻的直流电阻测量误差;

(2) 在 50～3000 Hz 范围内,角差最大差异为 9.5 μrad,在 1000 Hz 下相位差为 2.6 μrad,约 0.01′。A40B-1A 在 1000 Hz 的相移最大可能值为 0.003°(0.18′),考虑到 TH0400-5A 与 A40B-1A 设计非常相似,两者应具有类似的相移,测量结果非常理想。

4.4 电流互感器的谐波特性溯源

电力电子技术在电力系统的大量应用和新能源的大规模接入电网,非线性负荷数量越来越多,容量也越来越大。谐波大量注入电网,电力系统电压、电流波形发生严重的畸变,特别是电流。谐波电流的监测、治理和电能计量对谐波电流的准确测量提出了广泛的需求,有必要校准电流互感器的谐波特性。

本节基于等安匝法,通过几种试验方法对 CT 的谐波误差特性进行了大量试验研究。试验结果得到了交叉验证,得出如下几点重要结论:

(1) CT 对谐波电流的误差可通过单频率正弦波电流的误差来间接表征;

(2) 20% 以下的谐波电流对基波电流的误差影响,可以忽略不计;

(3) 在基波电流的影响下,谐波电流的误差比相应幅值单次正弦波电流的误差偏小;

(4) 对一般电磁式电流互感器而言,若对精度要求较低(1% 以下),可以认为 CT 二次电流能较为精确地还原畸变的一次电流;

(5) 为了更准确地变换谐波电流,宜选用二次绕组内阻较小的电流互感器,且尽量在 CT 的二次接低值阻性负载,并考虑二次电缆间电容对误差的影响。

4.4.1　CT 研究模型

为了对 CT 的谐波测量特性进行试验研究,利用硅钢片铁心制作一个 500 A/5 A 电流互感器,二次绕组匝数为 100 匝,额定负荷为 10 V・A。额外绕制 100 匝一次绕组,以方便采用等安匝法进行相关误差试验,这样可以显著降低对电源和测试设备的要求。

与实际情况(以 500 A/5 A 变比运行)相比,等安匝法(以 5 A/5 A 变比运行)主要对磁性误差产生影响,对 2000 A/5 A 和 5000 A/5 A 的 CT 研究表明由磁性误差带来的差异小于 0.01%。本书研究的 CT 铁心直径较小,受磁性误差的影响将会小得多。

如果知道 CT 铁心的励磁、损耗特性及二次绕组的参数,可以通过公式比较精确地计算 CT 的误差。将 CT 一次电流折算至二次电流,且一次绕组、二次绕组匝数相等,则试验 CT 的 T 形等效电路如图 4-25 所示。

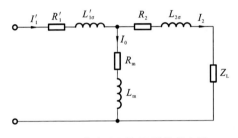

图 4-25　试验 CT 的 T 形等效电路

图 4-25 中的符号含义如下:

I_1' 为折算至二次的一次电流相量;

I_2 为二次电流相量;

I_0 为用于铁心励磁电流相量;

R_1' 为折算至二次的一次绕组内阻;

$L_{1\sigma}'$ 为折算至二次的一次绕组漏感;

R_2 为二次绕组内阻;

$L_{2\sigma}$ 为二次绕组漏感;

R_m 为铁心励磁损耗等效电阻;

L_m 为铁心励磁等效电感;

Z_L 为 CT 的负载阻抗。

其中二次绕组漏感 $L_{2\sigma}$ 在大部分研究中均忽略不计。根据 G. Gamilli 等学者对不同 CT 的试验研究,300 A/5 A 的 CT 的二次绕组漏感约为 5 μH,如果漏感与绕组匝数的平方呈正比,本书中的试验 CT 二次绕组漏感可估算为 14 μH。在 1000 Hz 下,电抗约为 0.09 Ω,相对于其他参数,可以忽略不计。

由图 4-25 容易得到如图 4-26 所示的相量图,其中 E 为二次绕组感应电动势。

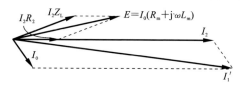

图 4-26 CT 的相量图

由误差定义,相量 I_2 和 I_1' 的幅值差异为 CT 的比值差,I_2 超前于 I_1' 的角度为 CT 的相位差。

为简单起见,假设负载为纯阻性,用 R_L 表示,可推导 CT 的比值差和相位差,即

$$f \approx -\frac{(R_2 + R_L)}{\sqrt{R_m^2 + \omega^2 L_m^2}} \cos\left(\arctan\frac{\omega L_m}{R_m}\right) \tag{4-16}$$

$$\delta \approx \arctan\left[\frac{(R_2 + R_L)}{\sqrt{R_m^2 + \omega^2 L_m^2}} \sin\left(\arctan\frac{\omega L_m}{R_m}\right)\right] \tag{4-17}$$

当 CT 通过较长的电缆连接至测量设备时,必须考虑由于电缆电容带来的误差。它等效于在图 4-25 所示电路的负载 Z_L 两端并联一个电容,该电容中流过的电流并未流过负载,所以会造成误差。以本节试验的感性负载为例,电感 $L = 0.48$ mH,电阻 $R = 0.37$ Ω,在 2000 Hz 下,其阻抗达到了 6 Ω。当二次电流为 1 A 时,负载的电压降为 6 V。假设电缆电容为 3 nF(等于 80~100 m 长双绞线间的电容),该电容间的泄漏电流为 0.23 mA,因此在 2000 Hz 下电缆电容约造成 0.023% 的误差。在 1000 Hz 下,该误差降低至 0.006%。本节试验使用的二次电缆长度很短,因此等效电路忽略了该电容。

4.4.2 CT 对单一频率正弦波的误差研究

由图 4-25 可见,CT 存在误差的原因是铁心需要消耗励磁电流 I_0。如果能够得到励磁阻抗的参数 L_m 和 R_m,即可从理论上计算出 CT 的误差。然而 L_m 和 R_m 均受到励磁频率、铁心磁密水平的影响,均不是常量。D. A. Douglass 曾利用电流频率 f 的平方根来修正励磁阻抗模型。该模型误差很大,不能用于精确地分析误差。

这里通过如下方式间接测量铁心的励磁参数。试验 CT 的二次绕组内阻 R_2 经实测为 0.17 Ω,纯阻性负载 $Z_L = 0.4$ Ω。当 CT 一次电流分别为 20% 和 100% 额定时,二次绕组的感应电动势分别为 0.57 V 和 2.85 V。

将试验 CT 二次绕组开路,对 CT 的一次绕组施加不同频率的激励电流 I_e,使二次绕组的感应电压分别为 0.57 V 和 2.85 V,测量此时激励电流大小及其与感应电

压 U_e 之间的相位关系,即可计算出不同频率、不同磁密水平下的励磁参数,如表 4-24 所示。该试验的等效电路如图 4-27 所示。图 4-27 中 R_S 为励磁电流的采样电阻(是一个高准确度的无感电阻)。

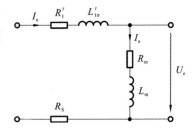

图 4-27　CT 励磁参数的测量

利用测得的励磁参数,根据式(4-16)和式(4-17)计算 CT 在纯阻性负载下,对单次正弦波电流的误差,如表 4-24 所示。

表 4-24　励磁参数测量结果及计算误差

频率/Hz	额定百分数	R_m/Ω	L_m/H	计算比差/(%)	计算角差/′
50	20%	73.8	0.341	−0.249	12.4
	100%	130.6	0.540	−0.162	7.2
100	20%	103.8	0.223	−0.195	9.0
	100%	200.6	0.346	−0.131	4.9
150	20%	123.6	0.173	−0.169	7.6
	100%	248.0	0.262	−0.115	3.9
200	20%	141.5	0.146	−0.150	6.7
	100%	284.2	0.215	−0.105	3.4
250	20%	158.0	0.129	−0.136	6.0
	100%	314.8	0.184	−0.098	3.1
400	20%	171.8	0.091	−0.119	5.5
	100%	384.7	0.130	−0.086	2.5
1000	20%	196.3	0.052	−0.078	4.4
	100%	533.3	0.065	−0.067	1.8
2000	20%	215.9	0.035	−0.052	3.6
	100%	641.6	0.039	−0.056	1.5

为了验证表 4-24 中的计算误差,必须对误差进行实际测量。利用图 4-28 所示宽频带自校准线路测量试验 CT 在 50～2000 Hz 电流下的误差。

如图 4-28 所示正方向、参考电阻和差流电阻上分别流过一次电流 I_1 与误差电流(I_2-I_1),其分别产生电压相量 U_R 和 ΔU。利用锁相放大器测量 ΔU 相对于 U_R 的大小与相位,进而可计算出 CT 的误差。

分别在纯阻性负载和带感性的负载(50 Hz 时功率因数为 0.92)中进行该试验。

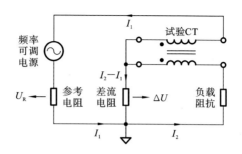

图 4-28　CT 的宽频带自校准电路

感性分量采用漆包线制成的线圈,可保证负载电感在试验电流频率范围内不会发生较大的变动。在 50 Hz 频率下,两者的阻抗均为 0.4 Ω,宽频带校准试验数据如表 4-25 所示。

表 4-25　宽频带校准试验数据

频率 /Hz	额定百分数	纯阻性负载		感性负载	
		比差/(%)	角差/(′)	比差/(%)	角差/(′)
50	20%	−0.254	12.5	−0.363	8.5
	100%	−0.160	7.1	−0.212	4.3
100	20%	−0.203	9.0	−0.326	3.5
	100%	−0.132	4.8	−0.198	1.3
150	20%	−0.168	7.6	—	—
	100%	−0.116	3.9	—	—
200	20%	−0.150	6.7	−0.319	−0.6
	100%	−0.106	3.4	−0.194	−1.3
250	20%	−0.137	6.2	—	—
	100%	−0.099	3.0	—	—
400	20%	−0.118	5.1	−0.316	−4.6
	100%	−0.085	2.3	−0.199	−4.4
1000	20%	−0.089	4.2	−0.339	−11.5
	100%	−0.068	1.5	−0.229	−10.2
2000	20%	−0.069	3.3	−0.382	−19.5
	100%	−0.060	1.1	−0.281	−18.0

对比表 4-24 和表 4-25 的计算误差及实测误差,其取得了良好的一致性。比差最大差异为 0.017%,角差最大差异为 0.4'。对于 2000 Hz 以下的正弦波电流,这表明基于图 4-25 的 T 形等效电路,通过图 4-27 所示电路测量的励磁参数,可计算 CT 的误差。而图 4-28 所示的 CT 的宽频带自校准电路及相应测量系统的有效性也得到了间接验证。

由等安匝法的原理,试验 CT 的 5 A/5 A 变比和 500 A/5 A 变比的误差应保持一致。利用传统校验仪对 500 A/5 A 变比在 50 Hz 电流下的误差进行测量,数据如表 4-26 所示。

表 4-26　利用传统方法的 500 A/5 A 校准数据

变比	额定百分数	纯阻性负载		感性负载	
		比差/(%)	角差/(')	比差/(%)	角差/(')
500 A/5 A	20%	−0.224	11.9	−0.33	7.6
	100%	−0.145	6.0	−0.19	4.0

在 50 Hz 电流下,该 CT 满足 0.2 级的要求。虽变比不同且测量方法不同,比差与角差的最大差异分别为 0.03% 和 1.1',约为 0.2 级互感器误差限值的 1/10。该差异可能是由于 CT 自身的稳定性及测量方法的不同所带来的;抑或是在试验时,并未将负载控制得完全相等。但较小的差异证明:利用图 4-28 所示自校线路在小电流下研究 CT 误差特性的有效性。

进一步分析表 4-25 数据,对于纯阻性负载,随着一次电流频率的增大,CT 误差会逐渐减小。其原因是:对于相同幅值、不同频率的被校电流,二次绕组的感应电压几乎不变,而频率越高,用于铁心励磁的电流越小,因而误差也越小。对于感性负载,高于 1000 Hz,随着频率增大,为了维持相同幅值的二次电流,二次绕组的感应电压成倍增大。铁心中的励磁电流也将增大,最终造成误差增大,尤其是角差增大趋势明显。为了准确地将宽频带一次电流变换为二次电流,采用低阻值的纯阻性负载是有必要的。对于感性负载(功率因数不低于 0.9),CT 对 2000 Hz 以下的正弦波电流仍具有较好的响应。保守估计,其准确度不会降低两个等级。

4.4.3　CT 对谐波电流的误差研究

为了研究 CT 对谐波电流的测量特性,搭建了如图 4-29 所示的测量平台。

信号发生器产生基波电压 $U_f \sin(\omega t)$ 及 n 次谐波电压 $U_h \sin(n\omega t + \varphi)$。在加法器上叠加产生谐波电压,通过功率放大器由升流器产生谐波电流 $I_{f1} + I_{h1}$,进而在试验 CT 二次产生电流 $I_{f2} + I_{h2}$。基波与谐波之间的相角 φ,可以在信号发生器上设置。CT 二次阻抗 Z_R 用于调整 CT 负载阻抗至阻性或感性的 0.4 Ω,与前述试验的负载条件保持一致。

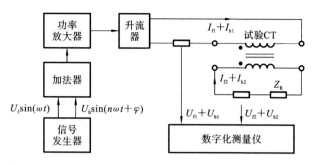

图 4-29 CT 的谐波误差测量平台

一次电流和二次电流在两个高准确度、宽频带分流器上产生电压降 $U_{f1}+U_{h1}$ 和 $U_{f2}+U_{h2}$，并通过数字化测量仪对两个电压进行同步采样。在测量仪内部，通过 FFT 算法，分别计算 U_{f1} 和 U_{f2}、U_{h1} 和 U_{h2} 的比值差与相位差，即可得出试验 CT 对谐波电流的误差特性。其中，两个宽频带分流器的直流电阻值得到了修正，且由于其采用相同的结构设计，由电流-电压变换造成的相位差几乎被抵消。

在不同的条件下，进行了大量的基波、谐波电流误差测量试验，试验步骤归纳如下：

（1）设定一次基波电流为 1 A，谐波电流大小为 0.2 A，频率为 100 Hz，谐波电流与基波电流的相角差为 0°，二次负载为 0.4 Ω 阻性负载，测量 CT 二次电流对一次电流的比差与角差，分别在 50 Hz 和 100 Hz 下进行；

（2）改变一次基波电流至 5 A，谐波电流大小至 1 A，重复步骤（1）；

（3）依次调整谐波电流和基波电流的相角差至 45°，90°，…，315°，重复步骤（1）和（2）；

（4）依次更改谐波电流频率为 150 Hz，200 Hz，400 Hz，1000 Hz，重复步骤（1）～（3）；

（5）改变二次负载为 0.4 Ω 感性负载（功率因数在 50 Hz 下为 0.92），重复步骤（1）～（4）。

为了将问题简单化，首先来分析谐波相角对基波和谐波电流误差的影响。然后将不同谐波相角下的误差取平均值，评估谐波电流对 CT 误差的影响。

1. 谐波相角对误差的影响

由于数据较多，应进行适当的分类。每个误差数据由以下几个维度决定：

（1）一次电流大小；

（2）负载特征；

（3）谐波电流频率；

（4）比差或是角差；

（5）谐波相角。

依据前 4 个维度对数据进行分组,并求取每一组数据的试验标准偏差,得到由前 4 个维度确定的数据组。该试验标准偏差代表了谐波相角对基波和谐波电流误差的影响。

进一步依据维度(3)和(4),对数据进行分组。对每一组的试验标准偏差取极大值,以简化掉维度(1)和(2),得到数据如表 4-27 所示。

表 4-27　由谐波相角引起的误差标准偏差

谐波电流频率 /Hz	基波		谐波	
	比差标准偏差/(%)	角差标准偏差/(′)	比差标准偏差/(%)	角差标准偏差/(′)
100	0.005	0.36	0.031	1.23
150	0.018	1.26	0.068	2.50
200	0.003	0.46	0.008	0.42
400	0.001	0.04	0.002	0.05
1000	0.001	0.03	0.001	0.02

当谐波电流频率为 400 Hz 及 1000 Hz 时,由基波和谐波的相角引起的标准偏差均极小。由此表示在较高的频率段,谐波相角几乎不对基波电流或谐波电流的误差产生影响。谐波电流频率在 100 Hz 及 200 Hz 下时,标准偏差略大。但相对于其准确度等级对应的误差限值,也可以忽略。

谐波电流频率为 150 Hz 时,标准偏差最大。该影响显然是由铁心的非线性和励磁电流中含有一定量的三次谐波所造成的。4.4.2 节的宽频带试验研究表明,试验 CT 对 50 Hz 电流满足 0.2 级,对 50 Hz 以上正弦波电流满足 0.5 级。由表 4-27 可见,在 150 Hz 谐波电流频率下,由谐波相角引起的误差标准偏差均约等于相应等级误差限值的 1/10。总体而言,谐波相角对基波电流及谐波电流的误差影响均较小。

2. 谐波电流对 CT 误差的影响

取一次基波电流为 5 A、谐波电流为 1 A、负载为纯阻性负载的数据,并将各谐波相位角的误差取平均值。各种条件下的基波电流误差和各次谐波电流误差如表 4-28 和表 4-29 所示。

表 4-28　各种条件下的基波电流误差

谐波电流频率/Hz	比差/(%)	角差/(′)
0	−0.160	7.10
100	−0.184	7.35
150	−0.183	7.26
200	−0.205	7.61
400	−0.205	7.25
1000	−0.204	7.28

表 4-29 各次谐波电流误差

频率 /Hz	基波叠加谐波		单一频率正弦波		
	比差/(%)	角差/(′)	电流/A	比差/(%)	角差/(′)
100	−0.142	4.1	1	−0.203	9.0
			5	−0.132	4.8
150	−0.121	3.2	1	−0.168	7.6
			5	−0.116	3.9
200	−0.132	2.8	1	−0.150	6.7
			5	−0.106	3.4
400	−0.111	1.7	1	−0.118	5.1
			5	−0.085	2.3
1000	−0.098	0.8	1	−0.089	4.2
			5	−0.068	1.5

由表 4-28 中的数据可见,谐波电流对基波误差影响较小。比差最大变化为 0.04%,角差最大变化约 0.5′。比差变化略大,约为 0.2 级误差限值的 1/5。

表 4-29 中所示的为各次谐波电流误差。谐波电流幅值为 1 A,同时给出了单一频率正弦波电流(1 A 和 5 A)的误差作为对比。各频率谐波电流误差与相应频率 5 A 正弦波电流的误差更接近,比差和角差的差异分别为 0.03% 与 0.7′。由于 CT 的误差主要取决于铁心的磁导率,而铁心磁密越高,磁导率则越大。谐波电流中的大幅基波分量提升了铁心中的磁密水平,使得谐波电流的误差发生了变化。

第 5 章　直流电流计量技术

直流大电流测量技术在工业生产和科研中有着极为广泛的应用。

在电力系统领域,高压直流输电系统的发展、直流换流站的建设运行,都对直流大电流的测量与计量提出了很高的要求。

在工业生产研究领域,目前实际使用直流大电流的工厂要求测量数十千安和数百千安的电流,无论是冶金、化工工业中的电解、机械工业中的电镀、电气机车,还是在核物理、大功率电子学等学科领域都涉及直流大电流测量问题。

一方面,由于电力、冶金和化工工业的发展,直流用电量越来越大。根据一些世界技术先进国家统计,直流用电量占总用电量的 $20\% \sim 50\%$,其中大型铝电解厂的整流系统直流电流已高达 200 kA,不久可达到 400 kA;整流效率为 $96\% \sim 97\%$,有的甚至更高,直流大电流传感器的测量范围已从数千安扩展到数百千安,这对标准仪器的量程范围提出了更高的要求。

另一方面,从经济上考虑,要求最合理地安排生产工艺过程,保证直流装置正常运行,这对直流大电流测量提出了较高的精度要求。准确测量直流大电流对需要大电能的部门(如电解工厂)特别重要,因为电流大小是确定电量和动力效率的基本数据,按照这一数据可以确定这些部门的主要经济指标。在生产条件下,现在基本上要求所使用的仪器能保证直流大电流测量准确度为 $0.5\% \sim 1.5\%$;在许多时候,要求准确度为 $0.1\% \sim 0.2\%$;对于标准测量设备自然还要提出更高的要求,在这种情况下,准确度应为 $0.02\% \sim 0.05\%$。

直流大电流的测量,已经成为电磁测量与计量技术领域中不可缺少的重要内容,建立完善的直流大电流比例标准装置和量值溯源体系势在必行。

直流大电流的测量方法就其工作原理而言主要分为两大类。一类是根据被校电流在已知电阻上的电压降来确定被校直流大电流的大小,如分流器;另一类是以被校电流所建立磁场为基础,实际上是将电流的测量问题转变为磁场的测量问题,通过一定的手段测量其磁密、磁通或磁势等方法来测量电流。这类装置不仅种类繁多而且应用广泛,其又可分为以下三种形式。

(1) 以测量被校电流所产生磁场的磁感应强度为基础的直流大电流测量设备。鉴于所采用的多为测量磁感应强度的方法,因此可动磁铁、载流线圈、磁控管、铋螺旋线圈、磁控接触等都可作为这种测量变换器。目前测量磁感应强度的仪器,核磁共振、霍尔效应或法拉第磁光效应的仪器比较具有发展前途,后者对高压电路中的电流测量具有特殊的优越性。

（2）以辅助交流电流产生的磁势平衡被校直流大电流磁势为基础的测量设备，与交流互感器相类似，因此这种仪器称为直流互感器。

（3）以辅助直流电流产生的磁势平衡被校直流大电流磁势为基础的测量设备，这种仪器称为直流电流比较仪。

另外，还有测量设备也是基于被校电流所产生的磁场。例如，磁滞伸缩千安表，它的作用原理是以测量铁心中气隙厚度的变化为基础，而铁心的某些部分材料具有较大的磁滞伸缩系数。电磁系千安表是利用磁场力的作用原理制作的。感应系千安表的输出量是铁心绕组里的感应电动势，而铁心的磁阻是利用铁心空气隙被周期地磁分路来加以调制的。但是，这些仪器并没有得到实际应用。

上述直流大电流的测量方法中分流器、磁光效应法由于其原理或制作手段的限制，目前测量准确度难以达到 1×10^{-4}；霍尔效应法则存在受磁场分布不均匀和器件零点及温度漂移而不稳定的缺点；以磁调制原理为基础的直流电流比较仪是一个工作在深度负反馈状态下的闭环控制系统，其测量准确度可达到 $10^{-7} \sim 10^{-6}$ 级，具备较强的抗电磁干扰能力，同时不易受温度等环境因素的影响，适合实验室作为直流大电流比例标准器使用。

5.1　直流电流比较仪的结构与原理

直流电流比较仪是利用带铁心强耦合绕组在铁心中磁通为零的情况下，提供与绕组匝数呈反比关系的高准确度电流比例的电测量仪器。其基本结构原理示意图如图 5-1 所示，在一个环状铁心上绕两个绕组，在匝数为 N_1 的绕组中通入直流电流 I_1，在匝数为 N_2 的绕组中通入直流电流 I_2，则 I_1 产生直流磁通 Φ_1，I_2 产生 Φ_2。这些是直流电流比较仪的基本组成部分。

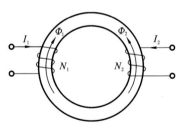

图 5-1　直流电流比较仪（DCC）基本结构原理示意图

和交流电流比较仪一样，这个磁路也服从安培环路定理，即

$$\oint \boldsymbol{H} \mathrm{d}l = \sum \boldsymbol{I} N = \boldsymbol{I}_1 N_1 - \boldsymbol{I}_2 N_2 \qquad (5\text{-}1)$$

当 $\boldsymbol{I}_1$ 和 $\boldsymbol{I}_2$ 形成的磁通方向相反，且 $\boldsymbol{I}_1 N_1 = \boldsymbol{I}_2 N_2$ 时，铁心中磁场强度为零，即达到磁势平衡时，说明 $\sum \boldsymbol{I} N = 0$，则有

$$\frac{I_1}{I_2} = \frac{N_2}{N_1} = K \qquad (5\text{-}2)$$

式中：I_1、I_2——一次电流、二次电流；

N_1、N_2——一次绕组、二次绕组的匝数；

K——DCC 一次电流、二次电流比例或匝数比，即一次电流、二次电流之比与匝数之比呈反比。

式(5-2)是直流电流比较仪的基本公式。在设计中选择较小的一次绕组的匝数 N_1,就可将一次大电流转换成二次小电流,通过测量小电流 I_2 便可以确定一次大电流 I_1。与交流电流比较仪一样,DCC 代替了阻抗式分压器以构成直流电桥,使待测量与标准量之比等于匝数比而不是阻抗比。匝数比准确、稳定,大大提高了计量仪器的准确度。DCC 一般采用镯环铁心。因其工作在零磁通状态下,所以通常要选用起始磁导率比较高的磁性材料。

由 DCC 的基本原理可知,把电流比转换为匝数比的前提是:作用在铁心上的磁势必须大小相等、方向相反,这样才能达到磁势平衡。其完全平衡的特征表现为铁心内磁通为零,简称零磁通。对交流比较仪而言,这个特征容易从检测绕组中测出,对直流比较仪而言,这个特征却并不简单,因为作用于同一铁心上的磁势不为零时,其铁心内部必然相应存在一个恒定磁通,此时在检测绕组上不能产生感应电动势,因此从检测绕组两端不能直接判别;直流电流比较仪是以磁调制器为核心来检测磁心中的直流磁势的,再利用电路处理放大,生成反馈电流注入磁心的反馈绕组,使铁心的直流磁通保持零磁通状态,通过负反馈使一次、二次形成一个闭环系统,维持一次、二次的磁势平衡。直流电流比较仪具有高灵敏度、低噪声、宽量程等特性,准确度很高,可达 10^{-6} 级,且能实现一次电流、二次电流的隔离。加拿大国家研究委员会(NRC)的库斯特等人将磁屏蔽技术与磁通门磁强计偶次谐波检测技术结合,研制出了磁调制器,形成了磁调制式直流电流比较仪,将直流电流比例的准确度提高了两个数量级。

5.1.1 DCC 结构及工作原理

一种基于峰差解调的实用自平衡 DCC 结构如图 5-2 所示,作为直流比例标准,它由一对磁调制检测铁心(也称为主铁心)、绕在铁心上的检测绕组(往往同励磁绕组一起)、调制振荡器、解调器、恒流源、电磁屏蔽,以及一次、二次(也称为初级、次级)两个独立绕组等构成。

磁调制器解决了直流电流比较仪的直流零磁通检测问题,从而可以得知铁心中已达到安匝平衡,由此可用匝数比来确定其电流比,图 5-2 中 I_1 和 I_2 是待比较的直流,它流入磁调制器的直流绕组 W_1、W_2。I_1 由恒流源供电,I_2 为放大器的输出电流。图 5-2 中的磁调制器是一个恒压源方波激磁双铁心磁调制器。在实际应用中,通常设计 I_1 与 W_2 为固定值。测量时需要调节 W_1,此时要求 I_2 能自动随之变化,以便时刻保持安匝平衡。

假设调节 W_1 破坏了原有的安匝平衡,则 $u_{ob} \neq 0$,峰差检测器有电压 u 输出。u 又成为运算放大器(简称运放)的输入,它使放大器的输出电流 I_2 发生变化,直到 $I_1 N_1 = I_2 N_2$,就实现了安匝自动平衡。一种双磁心磁调制器截面示意图如图 5-3 所示。

磁调制器依据其调制解调原理的不同,其原理可分为谐波原理、峰差解调原理、

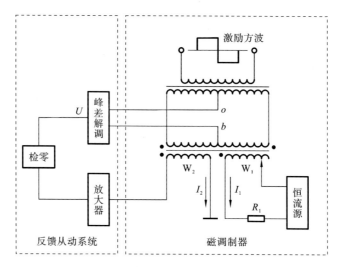

图 5-2 一种直流比较仪结构原理图

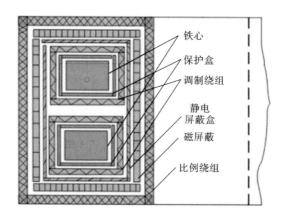

图 5-3 双磁心磁调制器截面示意图

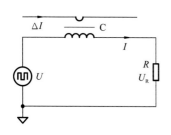

图 5-4 峰值检测式直流磁通
检测器原理图

平均值检测原理、峰值检测原理等。图 5-2 中采用的是峰差解调原理。这里介绍峰值检测原理。

图 5-4 所示的为峰值检测式直流磁通检测器原理图。

在铁心上绕制一个激励绕组，给它施加方波电压激励 U，绕组内将流过电流 I，电阻 R 上的电压降 U_R 代表了流过绕组的电流。调节激励电压的幅值和频率至合适值，U 和 U_R 的波形如图 5-5 所示。

激励电流在每周期内出现一个正峰和一个负峰。

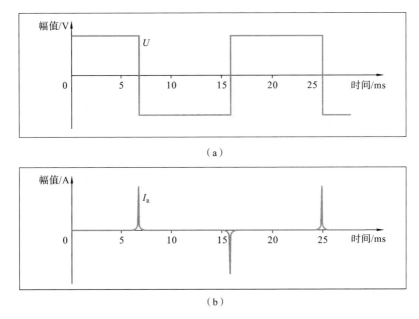

图 5-5　峰值检测式直流磁通检测器关键参量波形图 A(方波激励)

(a) 激励电压波形；(b) 激励电流波形

该现象可简单解释如下：如图 5-5(a)所示，施加交流方波激励电压后，铁心内磁通匀速上升，绕组感应电压约等于外加电压，铁心绕组等效为高阻抗，激励电流非常小。当铁心达到饱和时，铁心绕组等效为低阻抗，激励电流迅速增大，在采样电阻 R 上产生如图 5-5(b)所示的脉冲电流。方波电压变为负值后，电路各参量变化过程分析与正方波电压相同，激励电流会产生一个负峰。理想情况下，激励电流的正、负峰值绝对值相同。

如果对峰值检测式直流磁通检测器再分别施加正、负直流电流 ΔI(图 5-4 中的 ΔI，称为"净安匝")，U_R 的波形如图 5-6 所示。

由图 5-6 可以看到，对峰值检测式直流磁通检测器额外施加"净安匝"时，其输出电压(激励电流在电阻上的电压降)的正、负峰不再对称。"净安匝"在一定幅值范围内，检测器输出电压峰值的变化量与施加的"净安匝"大小呈正比，且与其方向有关联。这表明，图 5-4 所示的电路具有直流磁通的检测能力。

采用正弦波激励电压时，这种直流磁通检测器的激励电压和激励电流波形如图 5-7 所示。

为了检测直流磁通，这种检测器具有以下特征。

(1) 需要从外部电路施加交流激励电压，该激励电压既可以是方波，也可以是正弦波或三角波；事实上，磁调制器都需要外部电路给铁心施加辅助交流激励。

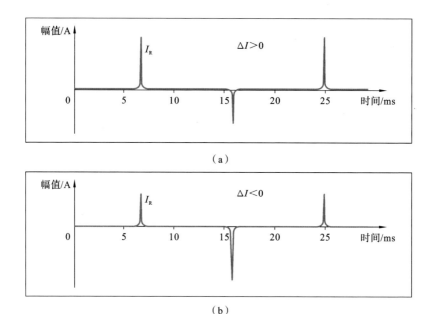

图 5-6　峰值检测式直流磁通检测器关键参量波形图 B(方波激励)
(a)"净安匝"为正时的激励电流波形；(b)"净安匝"为负时的激励电流波形

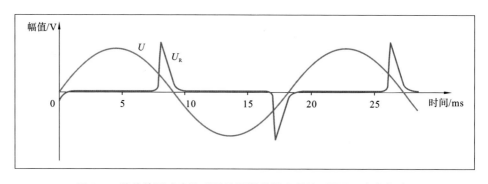

图 5-7　峰值检测式直流磁通检测器关键参量波形图(正弦波激励)

　　(2)在激励电压的每个周期内,铁心在特定的相位角下进入饱和状态,并稳定地维持一定时间；为了使得铁心能够进入稳定的饱和状态,激励电压的幅值必须足够大,频率也应具有适当的稳定性。

　　对直流大电流的精确测量,国内外一般都采用基于磁调制器为核心的直流电流比较仪来实现,直流电流比较仪被应用于实验室直流电流比例测量标准已有很长时间。一套直流电流标准装置及检定系统主要包括高稳定直流电源、直流比例标准器、标准电阻及数字电压表等。其中直流电源提供电流输出,直流电流比较仪将直流电源输出的电流按照一定的比例转换为小电流信号,再通过标准电阻就可以接入数字电压表进行采样,经计算可得到直流电源输出电流的标准值,用来对被检设备(DUT)进行校验,如图 5-8 所示。

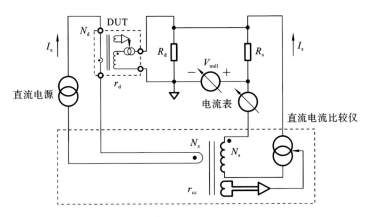

图 5-8　直流电流比例测量系统原理图

5.1.2　DCC 中磁调制器典型结构

磁调制技术经过了多年的发展,出现了多种演变形式;磁调制器根据磁心组成结构可分为单心、双心(绕组形式又分 2 绕组、3 绕组)磁调制器;根据检测原理其可分为二次谐波型、偶次谐波型、相位差型(时间差型)、平均电流型等磁调制器;根据励磁方式其可分为它激式和自激式磁调制器;根据励磁波形其可分为方波、正弦波、三角波以及梯形波等磁调制器。下面分别介绍它激式恒压源方波激励双铁心二次谐波型磁调制器和自激式三铁心平均电流型磁调制器的结构及工作原理。

1. 它(外)激式恒压源方波激励双铁心二次谐波型磁调制器结构

在经典直流电流比较仪中通常使用的是恒压源方波激励双铁心二次谐波型磁调制器,具体结构如图 5-9 所示。

图 5-9 所示的为它激式恒压方波激励双铁心二次谐波型磁调制器结构图,两个激励绕组反向串联构成双铁心差动磁调制器。调制器工作时,励磁电路中的振荡器产生方波励磁电流 I_e 对铁心进行激励,功率放大后的励磁电流应该足够保证两个铁心交替饱和。铁心中穿过的直流母线,其匝数 $N_1=1$,一次电流 I_1 为被校电流。

当 $I_1=0$ 时,只有励磁电流 I_e 作用于磁心,显然 I_e 满足 $I_e(t\pm T/2)=-I_e(t)$,所以穿过磁心的磁通量 Φ 满足 $\Phi(t\pm T/2)=-\Phi(t)$,对 $\Phi(t)$ 进行傅里叶展开,可得到 $\Phi(t)=\sum_1^\infty a_n\cos(nt)$,由于 $\Phi(t\pm T/2)=-\Phi(t)$,根据傅里叶级数的性质可知,$\Phi(t)$ 只有奇次谐波分量,所以双铁心二次谐波型磁调制器输出为两个磁心奇次谐波

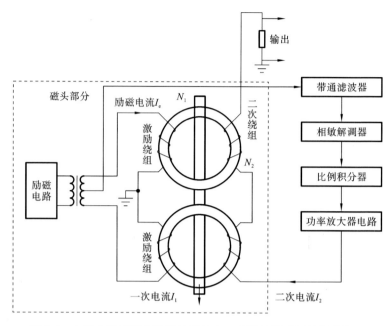

图 5-9 它激式恒压源方波激励双铁心二次谐波型磁调制器结构图

之差,使用两个完全相同的磁心,奇次谐波分量相同,则此时输出信号为零。

当被校直流电流 $I_1 \neq 0$ 时,磁心中的磁场由励磁电流和被校母线电流 I_1 共同作用,此时磁心中磁通量不再满足 $\Phi(t \pm T/2) = -\Phi(t)$,同时存在奇次谐波和偶次谐波。在差动点上,奇次谐波抵消,偶次谐波叠加,因此输出为两倍偶次谐波。通过理论论证可知,偶次谐波的大小与轴电流产生的磁场唯一相关,可以据此对电流 I_1 进行测量。

磁调制器输出信号进入处理电路中,通过带通滤波器提取二次谐波分量,将二次谐波放大后输入相敏解调器,相敏解调器输出的电压信号,通过比例积分器控制电路及功率放大器后作为反馈绕组的反馈电流 I_2,反馈绕组匝数为 N_2。

如果满足 $I_1 N_1 = I_2 N_2$,则被校直流电流 $I_1 = I_2 N_2 / N_1$。如果 $I_1 N_1 > I_2 N_2$,则相当于存在一个合成的直流磁场,在差动点会产生正向谐波信号,使 I_2 变大,直到 $I_1 N_1 = I_2 N_2$,就达到系统平衡。同理,如果 $I_1 N_1 < I_2 N_2$,则差动点会产生反向谐波信号,使 I_2 变小,直到 $I_1 N_1 = I_2 N_2$。因此,磁调制式直流比较仪(也称为磁调制器)是一个自平衡控制系统,当它处于稳态时,会实现一次磁平衡、二次磁平衡,磁心内部实现零磁通。

DCC 的磁调制、双铁心差动磁势检测、解调等原理和技术,保证了其检测一次直流磁势、二次直流磁势的高灵敏度,而磁屏蔽技术提升了抗外磁场干扰能力,在它发明初期,就实现了 10^{-6} 级的准确度,具有比例准确度高、长期稳定、与被校电流隔离、功耗小、温度漂移小、抗干扰能力强等显著优点,被研制成各种高准确度直流比例测量仪器,如直流比较仪式电阻电桥、电位差计、直流大电流测量等。

2. 自激式磁调制器结构

自激式磁调制器结构原理图如图 5-10 所示,其核心思想仍然是零磁通原理,本质上属于自平衡电流比较仪,结构上与恒压方波激励双铁心二次谐波型磁调制器原理相似,将自激振荡磁调制技术与磁积分技术相结合且用于直流大电流的精密测量还是近几年才出现的。

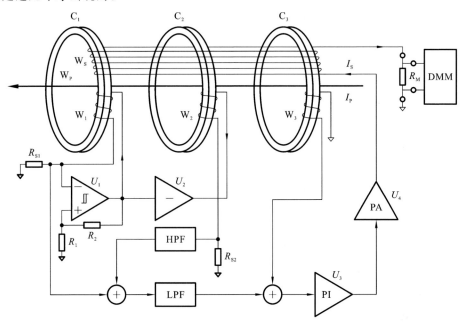

图 5-10   自激式磁调制器结构原理图

图 5-10 中,基于平均电流模型的开环自激振荡磁调制器作为直流零电流检测器(直流零磁通检测器);而磁积分器除了作为交流零电流检测器(交流零磁通检测器)外,主要用于抑制变压器效应引起的感应调制纹波。由于作为直流零磁通检测器的自激振荡磁调制器与作为交流零磁通检测器的磁积分器处于同一反馈回路中,因此,在一定频率范围内,无论被校电流是直流还是交流,闭环系统始终工作在零磁通状态,从而在一定频率范围内具有很高的测量精度。

1)系统组成

如图 5-10 所示,三个由高磁导率材料制成的环状磁心 C_1、C_2 和 C_3 及四个漆包线制成的绕组 W_1、W_2、W_3 和 W_S 构成了新型闭环系统的测量头。其中,三个磁心 C_1、C_2 和 C_3 的物理特性和几何尺寸完全相同;四个绕组 W_1、W_2、W_3 和 W_S 的匝数分别为 N_1、N_2、N_3 和 N_S。

2) 工作原理

绕组 W_1 缠绕在磁心 C_1 上,与比较器 U_1、励磁电流采样电阻 R_{S1}、门限电压设置电阻 R_1 和 R_2,以及低通滤波器 LPF 构成开环自激振荡磁调制传感器,作为直流零磁通检测器。绕组 W_2 缠绕在磁心 C_2 上,与单位增益反相器 U_2 及励磁电流采样电阻 R_{S2} 构成励磁磁通补偿电路,用于抑制磁心 C_1 中的交变励磁磁通。变压器效应在一次绕组 W_P 和二次绕组 W_S 中感应出调制纹波。绕组 W_3 缠绕在磁心 C_3 上构成磁积分器的检测绕组,同时作为交流零磁通检测器。二次绕组 W_S 缠绕在背靠背叠在一起的三个磁心 C_1、C_2 和 C_3 上,其中流过二次补偿电流 I_S 用于抵消一次被校电流 I_P 产生的磁场,从而实现零磁通。

励磁电流采样电阻 R_{S2} 上的电压信号经高通滤波器 HPF 后,与励磁电流采样电阻 R_{S1} 上的电压信号通过求和电路相加,其输出信号作为低通滤波器 LPF 的输入信号。

直流零磁通检测器的输出信号(LPF 的输出信号)作为系统的直流误差信号,而交流零磁通检测器的输出信号(绕组 W_3 上的感应电压信号)作为系统的交流误差信号。直流误差信号与交流误差信号通过求和电路相加,其输出信号作为闭环系统的误差信号。该误差信号控制比例-积分器 PI 驱动功率放大器 PA 输出二次补偿电流 I_S,用于抵消一次被校电流 I_P 产生的磁场,从而构成闭环回路以实现零磁通。

磁调制式直流电流比较仪有时也简称为磁调制器,磁调制器完成了直流磁通的检测工作。在一个被交变对称电压(电流)源励磁的铁心中,如果加进一个直流偏置磁场,则铁心中交变磁通的对称性将被破坏,磁通波形的频谱中将出现偶次谐波。当存在小直流偏置磁场时,经理论和实践证明,偶次谐波的大小和极性可以反映出直流电流信号的大小和方向,可以利用这一特性测量直流信号,这就是磁调制器的基本原理。

此处先从单铁心磁调制器来理解磁调制器的工作原理,再讨论双铁心磁调制器,然后详细分析目前直流电流比较仪中常用的恒压方波激励双铁心磁调制器,对其进行图解原理分析并采用双曲正切近似做解析计算,最后分析其灵敏度特性。

5.2　磁调制器的图解与解析

5.2.1　单铁心磁调制器

图 5-11 所示的为单铁心磁调制器原理示意图。调制铁心为高磁导率的软磁材料,其截面积为 S、磁路长度为 l。W_1、W_2 为直流绕组,直流 I_1、I_2 分别通入两个绕组,I_1、I_2 在环状铁心中产生的磁通方向相反。W_D 为检测绕组,其上接有指示偶次谐波(一般用二次谐波)的指示器。W_e 为交流励磁绕组。

为使问题简化,便于理论分析,了解磁调制器的物理实质,这里做一些必要的近似和假设。假设铁心材料均匀,环状铁心内、外直径之比近似等于1,铁心截面积与铁心尺寸相比较小,尽可能保证铁心均匀磁化;还有就是铁心磁滞损耗为零,磁化曲线可近似由经过坐标原点且对称的三段折线构成,如图 5-12(a)所示。另外假设励磁绕组 W_e 中通入周期性恒定三角波励磁电流 i,并且 iN_e 要足够大,可以使铁心磁化到充分饱和。绕组均匀密绕,各绕组无漏磁通。单铁心磁调制器的工作原理分两步说明。

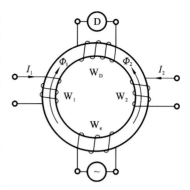

图 5-11　单铁心磁调制器原理示意图

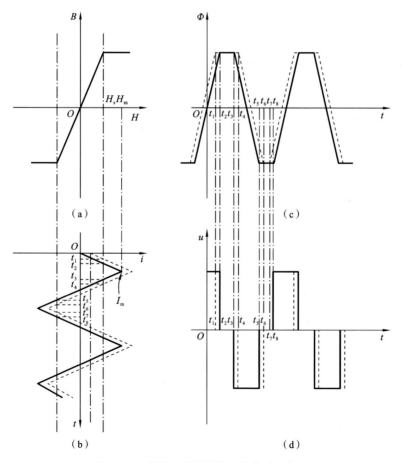

图 5-12　单铁心磁调制器工作波形示意图

(a)理想磁化曲线;(b)励磁电流波形;(c)铁心中磁通波形;(d)检测绕组电压

1. 直流磁场强度 $H_0 = 0$

若 $I_1 N_1 = I_2 N_2$，即 $H_0 = 0$，则铁心中的直流磁通为零。此时在铁心中只有交流励磁电流 i 形成的交变磁场。根据磁化曲线(见图 5-12(a))和电流 i 的波形(见图 5-12(b))可用作图法求出铁心中磁通 Φ 的波形(见图 5-12(c))及检测绕组中感应电动势 u 的波形(见图 5-12(d))。作图方法：由于励磁信号为电流源，即电流为恒定值，设某一时刻 t 的电流为 i，根据 $Hl = IN$(l 为铁心环状磁路长度)计算出磁场强度 H，在基本磁化曲线上找出相应的磁感应强度 B，进而求出磁通 $\Phi = BS$(S 为铁心截面积)，再由 $u = N_D \dfrac{\mathrm{d}\Phi}{\mathrm{d}t}$ 得到检测绕组 W_D 中感应电动势 u 的值，这样就能根据 i 的波形(三角波)和基本磁化曲线作出 Φ 的波形(梯形波)与 u 的波形(正、负脉冲)。

由图 5-12 可知，当 $H_0 = 0$ 时，在 i 的正半周铁心进入饱和的时刻为 t_2，退出饱和的时刻为 t_3；在负半周进入饱和的时刻为 t_5，退出饱和的时刻为 t_8。从图 5-12 可以看出，Φ 与 μ 均满足 $f(t) = -f(t + T/2)$，即为对称于时间轴的周期函数，它们的傅里叶级数中只含奇次谐波，不含偶次谐波。当 $H_0 = 0$ 时，在检测绕组 W_3 中的感应电动势 u 为对称的正、负脉冲，因此其谐波中必不含偶次谐波，(偶次谐波)检零指示器中无指示。

2. 直流磁场强度 $H_0 \neq 0$

若 $I_1 N_1 \neq I_2 N_2$，则铁心中将有直流磁场 H_0，此时指示器有无指示取决于电动势 u 的波形是否仍然对称。

由于交流励磁电流 i 一直加在铁心上，因此铁心中的磁场应是交变磁场和直流磁场的合成，可等效于电流 i 加一个直流电流后的总电流在铁心中产生的磁场。i 加直流电流后的波形如图 5-12(b)中的虚线波形，它产生的 Φ 为图 5-12(c)中的虚线波形；检测绕组中的感应电动势 u 为图 5-12(d)中的虚线波形。

由图 5-12(c)可以看出，由于有了直流磁场 H_0，在正半周铁心提前在 t_1 进入饱和，推后到 t_4 退出饱和，在负半周推后到 t_6 进入饱和，提前到 t_7 退出饱和。Φ 的波形变成上宽下窄的梯形波，u 的波形虽仍为正、负脉冲，但脉冲间距发生了变化。Φ 与 u 不再满足 $f(t) = -f(t + T/2)$，其不再基于时间轴对称，所以在其频谱中既含奇次谐波也含偶次谐波，偶次谐波(或二次谐波)检测指示器中将有指示。

由以上分析可知，单铁心磁调制器的铁心中存在直流磁通时，会使原本对称的交变磁场变得不对称，出现偶次谐波。因此，可以用检测绕组感应电动势中偶次谐波的有无来检测铁心中直流磁通的有无，这就是单铁心磁调制器的基本原理。它解决了直流比较仪中最关键的直流磁通的检测问题。

偶次谐波中，二次谐波分量最大，因此通常选二次谐波为有用信号，故这种磁调制器被称为倍频磁调制器(二次谐波型磁调制器)。

5.2.2　双铁心磁调制器

图 5-13 所示的为双铁心磁调制器原理图,它由两个铁心 C_1、C_2 组成,其参数要求完全一致。各铁心上绕有三个绕组,绕组 W_1 输入被校直流电流 I_0;交流励磁绕组 W_2 外接励磁源,这里用三角波来展示原理;检测绕组 W_3;将两个铁心上的励磁绕组和检测绕组按照图 5-13 所示进行连接,对交流励磁绕组而言,其中一个铁心(如铁心 C_1)直流磁势 Φ_- 与交流磁势 Φ_1 方向一致,而在另一个铁心(如铁心 C_2)上直流磁势 Φ_- 与交流磁势 Φ_2 方向相反,这样两个铁心的静态工作点关于原点对称。

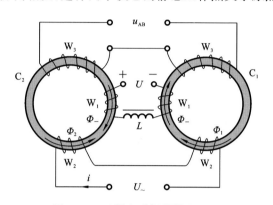

图 5-13　双铁心磁调制器原理图

1. 直流磁场强度 $H_0 = 0$

励磁电流 i 在铁心中产生的磁通波形仍和单铁心时的一样,为对称的梯形波。由于两个铁心的励磁绕组反向串联,同一时刻 i 在铁心 C_1 中产生的磁通 Φ_1 和在铁心 C_2 中产生的 Φ_2 应大小相等、方向相反,如图 5-14(a)所示。两个铁心的检测绕组 W_3 正向串联,u_{AB} 是两个 W_3 中感应电动势之和,即

$$u_{AB} = -N_3 \left(\frac{d\Phi_1}{dt} + \frac{d\Phi_2}{dt} \right) = -N_3 \frac{d(\Phi_1 + \Phi_2)}{dt} \tag{5-3}$$

式中:Φ_1 和 Φ_2 大小相等、方向相反,产生的感应电动势也相同,因此 u_{AB} 输出为零($u_{AB} = 0$)。

2. 直流磁场强度 $H_0 \neq 0$

若有被校直流信号 H_0 通过 W_1 输入,它在铁心 C_1 中产生的直流磁场强度 H_0 某一时刻若与 $H_\sim$ 同相,则在铁心 C_2 中的 H_0 必与 $H_\sim$ 反相。根据单铁心磁调制器的原理,这将使 Φ_1 和 Φ_2 变得不对称,如图 5-14(b)所示,而不对称的函数会存在偶次谐波。从图 5-14 上可以看出,Φ_1 和 Φ_2 之间还存在一定的关系,即

$$\Phi_1(t) = \Phi_2\left(t + \frac{T}{2}\right) \tag{5-4}$$

也就是,Φ_1 向右平移半个周期即为 Φ_2,这样的两个函数求和时,两函数的奇次谐波抵消,偶次谐波叠加,因此在 $\Phi_1+\Phi_2$ 中没有奇次谐波,只有偶次谐波,此时的 u_{AB} 输出不为零($u_{AB}\neq 0$)。

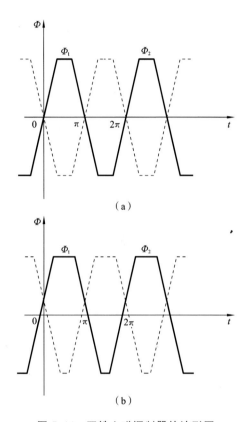

图 5-14　双铁心磁调制器的波形图

(a) $H_0=0$ 时的波形;(b) $H_0\neq 0$ 时的波形

通过以上分析可知,当铁心中没有直流磁场时,Φ_1、Φ_2 波形对称,只有奇次谐波没有偶次谐波,检测绕组中感应电动势 u_{AB} 取决于 $\Phi_1+\Phi_2$,故奇次谐波互相抵消,$u_{AB}=0$。铁心中若存在直流磁场,它使 Φ_1、Φ_2 的波形不对称,这时既有奇次谐波,也有偶次谐波,因此 $\Phi_1+\Phi_2$ 中奇次谐波虽然抵消了,但偶次谐波依然存在,故 $u_{AB}\neq 0$。通过 u_{AB} 的检测,实现了铁心中直流磁场强度 H_0 的检测,这就是双铁心磁调制器的工作原理。

与单铁心磁调制器相比,双铁心磁调制器有如下特点。

当 $H_0\neq 0$ 时,在单铁心磁调制器的检测绕组感应电动势中有奇次谐波也有偶次谐波,检测电路需要从中选出偶次谐波;双铁心磁调制器的检测绕组感应电动势中则仅存在偶次谐波,因此检测简单。

单铁心磁调制器中对交流励磁电流的波形对称性要求很严,否则它也使磁通波形产生不对称性,出现额外的偶次谐波,产生误差。而在双铁心磁调制器中,励磁电源的不对称性同时使 Φ_1 和 Φ_2 不对称,但不论波形如何,Φ_1 和 Φ_2 总是大小相等、方向相反,因此检测绕组中的感应电动势互相抵消,u_{AB} 仍为零。故双铁心磁调制器对励磁电源要求不严,但要求两铁心的参数要严格一致。

5.2.3 恒压源①方波激励双铁心磁调制器

前面磁调制器的分析采用恒流源(三角波电流)励磁,易于作图分析和理解,但励磁电流的波形对磁调制器的性能(灵敏度、稳定性)有影响。下面用图解法和解析法分别对此类磁调制器做详细分析。

经实践分析和比较,恒压源方波激励易于产生且性能较好,直流电流比较仪在实际应用中多采用恒压源方波激励双铁心磁调制器,基本原理在前面已经有介绍,改进后的恒压源方波激励双铁心磁调制器原理图如图 5-15 所示。

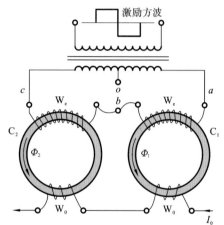

恒压源方波激励双铁心磁调制器由两个磁特性和结构尺寸一致的铁心 C_1 和铁心 C_2 构成。其上分别绕有交流励磁绕组 W_e 和直流信号绕组 W_0。两个绕组的接法应与交流励磁绕组产生的磁通方向一致(如铁心 C_1)。而在另一个铁心上产生的磁通方向恰好与之相反(如铁心 C_2)。在该线路中,交流励磁电源为方波电压。

图 5-15   改进后的恒压源方波激励双铁心磁调制器原理图

恒压源双铁心磁调制器没有设专门的检测绕组,这和前面讲过的磁调制器不同。它是利用方波发生器的带中心抽头的输出变压器与励磁绕组 W_{ab}、W_{bc} 共同组成桥路,在桥顶 o、b 两端引出检测信号电压,用于检测铁心中的恒定磁通。图 5-15 中,在励磁电源变压器对称情况下,$u_{ao} = u_{oc}$,所以

$$u_{ob} = u_{ab} - u_{ao} = u_{ab} - \frac{u_{ac}}{2} \tag{5-5}$$

或者

---

① 恒压源为恒定电压源的简称。

$$u_{ob}=u_{ab}-\frac{1}{2}(u_{ab}+u_{bc})=\frac{1}{2}(u_{ab}-u_{bc})=\frac{1}{2}\frac{d(\psi_1-\psi_2)}{dt} \tag{5-6}$$

式中：$\psi=N\Phi$。

由此可知，o、b 两端引出的电压具有与检测绕组同样的效果。这种做法，不但简化了结构，而且还减少了励磁绕组的漏磁通，提高了匝比精度。

上述结构中，当直流电信号 $I_0=0$ 时，两个铁心上的磁通完全相等（在完全对称情况下），这时

$$\psi_1-\psi_2=0$$

$$u_{ob}=\frac{1}{2}\frac{d(\psi_1-\psi_2)}{dt}=0$$

当直流电流 $I_0\neq0$ 时，在恒定磁势作用下，铁心 C_1 中的恒定磁势与交流激励磁势方向一致，而在铁心 C_1 中方向恰恰相反，因此 $\psi_1\neq\psi_2$，于是 $u_{ob}=\frac{1}{2}\frac{d(\psi_1-\psi_2)}{dt}\neq0$。研究磁调制器的理论很重要的一点，就是要确定电压 u_{ob} 与恒定磁势及相应的被校电流 I_0 的关系，从中找出各参数的内在联系。

在对称方波电压激励下，忽略交流励磁绕组中的电阻时，不论直流信号存在与否，这两个激励绕组所交链的磁链 ψ_1 与 ψ_2 的总和应按三角形规律变化，如图 5-16 所示。坐标轴按图 5-16 所示位置选定时，根据 $u_{ac}=\frac{d\psi_T}{dt}=U_m$，磁链对时间的关系为

$$\psi_1-\psi_2=\psi_T=U_m t, \quad -\frac{T}{4}<t<+\frac{T}{4} \tag{5-7}$$

式中：U_m——激励方波电压的幅值。

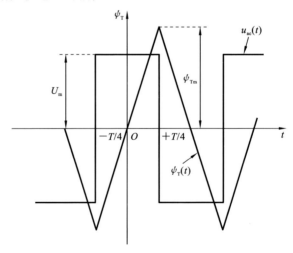

图 5-16　$u_{ac}(t)$ 和 $\psi_T(t)$ 的波形

这里从式(5-6)和式(5-7)出发,在方波电压给定条件下,用不同的近似方法描述铁心的磁特性曲线,分别用作图和理论分析计算,求输出电压 u_{ob}。

1. 三段式折线近似图解法

在忽略磁滞的情况下,铁心的磁特性曲线可用三折线近似地描述,如图 5-17 所示。

在有恒定磁势 $N_0 I_0$ 作用时,两个铁心的静态工作点不同,铁心 C_1 工作在 O_1 位置;铁心 C_2 工作在 O_2 位置。由此可求得两铁心在交变磁场作用下的动态变化曲线,如图 5-18 所示的 $\psi_1(i)$ 和 $\psi_2(i)$,然

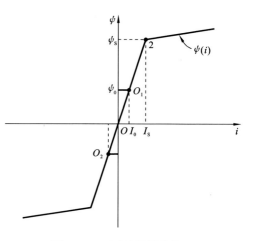

图 5-17 $\psi(i)$ 的近似曲线

后由此作出综合磁特性曲线 $\psi_{1+2}(i) = \psi_1(i) + \psi_2(i)$ 和 $\psi_{1-2}(i) = \psi_1(i) - \psi_2(i)$。在方波电压 $u_{ac}(t)$ 作用下,由式(5-7)可知 $\psi_{1+2}(t)$ 应按三角波形变化,采用作图法,可以描绘出相应的 $\psi_{1-2}(t)$,如图 5-18 所示。最后根据式(5-6),对 $\psi_{1-2}(t)$ 求导数,再乘 $1/2$,便可求出输出电压 u_{ob},由此得

$$u_{ob} = -\frac{1}{2}U_m, \quad t_1 < t < t_2 \tag{5-8}$$

其中:$t_1 = \dfrac{T}{2}\dfrac{\psi_{S1}}{\psi_{Tm}} = \dfrac{2\psi_{S1}}{U_m}$,$t_2 = \dfrac{T}{4}\dfrac{\psi_{S1} + \psi_{S2}}{\psi_{Tm}} \approx \dfrac{\psi_{S1} + \psi_{S2}}{U_m}$,这里 ψ_{S1} 和 ψ_{S2} 分别为 $\psi_1(i)$ 和 $\psi_2(i)$

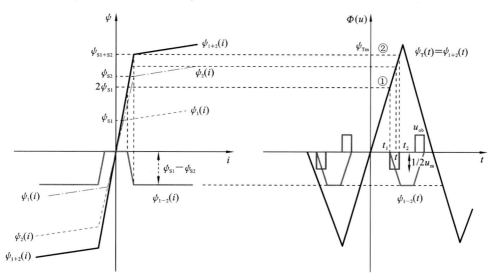

图 5-18 磁调制器的图解曲线

折点处的磁链。由图 5-18 可知 u_{ob} 为基波频率二倍的脉冲方波电压。根据傅里叶级数可求得 u_{ob} 的二次谐波电压分量为

$$u_{ob,2} = -8N_e S\mu f H_0 \sin\left(\frac{\pi\psi_S}{\psi_m}\right)\sin(4\pi f t) \tag{5-9}$$

根据折线法求得的二次谐波电压的表达式表明：在对称方波电压激励下,其输出的二次谐波电压的振幅与恒定磁场强度 H_0 呈比例,但相位不因 H_0 的大小变化而改变,只有当 H_0 的极性发生变化时,它的相位才改变 $180°$,所以采用恒定电压源方波激励磁调制器与恒定电流源激励磁调制器效果相同,因前者容易实现,所以目前被广泛采用。

折线法虽然简单明了,但用折线近似代替磁特性曲线的方式忽略了磁特性曲线斜率的细微变化,也就带来了部分不正确的结论。

从上面分析表明：u_{ob} 为一脉冲方波电压,振幅为 $1/2U_m$,这个数值不仅偏大,而且是与恒定磁场强度 H_0 无关的常量,与客观实际不符合,这就是折线法的不足之处。

2. 双曲正切曲线近似解析法

双曲正切函数的曲线与基本磁化曲线很相似,在不考虑磁滞影响的情况下,磁特性曲线就可以利用双曲正切函数

$$\psi = a\tanh(bi) \tag{5-10}$$

描述,其中常数 a 和 b 可以根据磁特性曲线上的两个特殊点来确定。

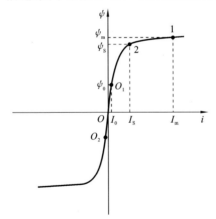

对于最高点 1(见图 5-19),当 $i = I_m$ 时,$\psi = \psi_m$,以此代入式(5-10)得

$$\psi_m = a\tanh(bI_m) \tag{5-11}$$

若 b 满足 $bI_m > 3$,则可以满足 $\tanh(bI_m) \approx 1$,$a = \psi_m$。

对于折点 2,当 $i = I_s$ 时,$\psi = \psi_s$,则

$$\psi_S = \psi_m\tanh(bI_S) \tag{5-12}$$

由此准确地确定 b,若 $bI_m > 3$,则 b 就是所要求的数值,于是式(5-10)可写成

$$\psi = \psi_m\tanh(bi) \tag{5-13}$$

图 5-19 $\psi(i)$ 的近似曲线

以此描述的磁特性曲线比折线更精确。

对式(5-13)取 i 的导数,再求 i 趋近于零的极限,由此可求得用双曲正切函数代替磁特性曲线以后的起始自感系数为

$$L_0 = \lim_{i \to 0}\frac{\mathrm{d}\psi}{\mathrm{d}i} \tag{5-14}$$

将式(5-13)代入式(5-14)求得 $b = L_0/\psi_m$,于是

$$\psi = \psi_m\tanh\left(\frac{L_0}{\psi_m}i\right) \tag{5-15}$$

在直流电流 I_0 作用下,铁心 C_1 工作在点 O_1,有

$$i = I_0, \quad \psi = \psi_0 = \psi_\mathrm{m} \tanh\left(\frac{L_0}{\psi_\mathrm{m}} I_0\right) \tag{5-16}$$

铁心 C_2 工作在点 O_2, 有

$$i = -I_0, \quad \psi = -\psi_0 = -\psi_\mathrm{m} \tanh\left(\frac{L_0}{\psi_\mathrm{m}} I_0\right) \tag{5-17}$$

若信号绕组与励磁绕组的匝数不同, 则可将电流 I_0 换算到励磁绕组的一边, 即 $N_0 / N_\mathrm{e} I_0$。

在有交流励磁时, 两个铁心励磁绕组引起了磁链的改变量。

在铁心 C_1 上, 其为

$$\psi_1 = \psi_\mathrm{m} \tanh\left[\frac{L_0}{\psi_\mathrm{m}}(i + I_0)\right] - \psi_0 \tag{5-18}$$

在铁心 C_2 上, 其为

$$\psi_2 = \psi_\mathrm{m} \tanh\left[\frac{L_0}{\psi_\mathrm{m}}(i - I_0)\right] + \psi_0 \tag{5-19}$$

这样两个铁心励磁绕组所交链磁链总的改变量为

$$\psi_{1+2} = \psi_1 + \psi_2 = \psi_\mathrm{m} \tanh\frac{L_0}{\psi_\mathrm{m}}(i + I_0) + \psi_\mathrm{m} \tanh\left[\frac{L_0}{\psi_\mathrm{m}}(i - I_0)\right] \tag{5-20}$$

在方波电压作用下, 将式(5-20)代入式(5-7)

$$\psi_\mathrm{m} \tanh\frac{L_0}{\psi_\mathrm{m}}(i + I_0) + \psi_\mathrm{m} \tanh\left[\frac{L_0}{\psi_\mathrm{m}}(i - I_0)\right] = U_\mathrm{m} t \tag{5-21}$$

将双曲正切函数按和差公式展开, 再考虑

$$\psi_0 = \psi_\mathrm{m} \tanh\frac{L_0}{\psi_\mathrm{m}} I_0$$

经过化简得

$$U_\mathrm{m} t = \frac{2\dfrac{\psi_\mathrm{m}^2 - \psi_0^2}{\psi_\mathrm{m}}\tanh\left(\dfrac{L_0}{\psi_\mathrm{m}}i\right)}{1 - \dfrac{\psi_0^2}{\psi_\mathrm{m}^2}\tanh\left(\dfrac{L_0}{\psi_\mathrm{m}}i\right)} \tag{5-22}$$

理论上由此可以确定 $i(t)$。

输出电压 u_ob 的大小取决于

$$\psi_{1-2} = \psi_1 - \psi_2 = \psi_\mathrm{m} \tanh\left[\frac{L_0}{\psi_\mathrm{m}}(i + I_0)\right] - \psi_\mathrm{m} \tanh\left[\frac{L_0}{\psi_\mathrm{m}}(i - I_0)\right] - 2\psi_0 \tag{5-23}$$

同样, 将双曲正切函数按照和差公式展开, 再考虑到 $\psi_0 = \psi_\mathrm{m} \tanh\left(\dfrac{L_0}{\psi_\mathrm{m}} I_0\right)$, 经过化简得

$$\psi_1 - \psi_2 = \frac{2\psi_0 \dfrac{\psi_0^2 - \psi_\mathrm{m}^2}{\psi_\mathrm{m}}\tanh^2\left(\dfrac{L_0}{\psi_\mathrm{m}}i\right)}{1 - \dfrac{\psi_0^2}{\psi_\mathrm{m}^2}\tanh^2\left(\dfrac{L_0}{\psi_\mathrm{m}}i\right)} \tag{5-24}$$

理论上由式(5-22)和式(5-24)消去 i，则可求得 $\psi_{1-2}(t)$ 和 $u_{ob}(t)$，这样将在计算中遇到很大困难，由式(5-23)和式(5-24)求出

$$\psi_1 - \psi_2 = -\left[\frac{\psi_0}{\psi_m}\tanh\left(\frac{L_0}{\psi_m}i\right)\right]U_m t \qquad (5-25)$$

以此代入式(5-6)得

$$u_{ob} = -\frac{1}{2}\frac{\psi_0}{\psi_m}U_m\left[\tanh\frac{L_0}{\psi_m}i + \frac{L_0}{\psi_m}\frac{t}{\cosh^2\frac{L_0}{\psi_m}i}\frac{di}{dt}\right] \qquad (5-26)$$

下面再根据式(5-21)近似地计算 i 和 di/dt，在式(5-21)中，按泰勒级数展开，得

$$\tanh\frac{L_0}{\psi_m}(i+I_0) = \tanh\left(\frac{L_0}{\psi_m}i\right) + I_0\frac{L_0}{\psi_m}\frac{1}{\cosh^2\left(\frac{L_0}{\psi_m}i\right)}$$
$$-I_0^2\frac{L_0^2}{\psi_m^2}\frac{1}{\cosh^3\left(\frac{L_0}{\psi_m}i\right)}\sinh\left(\frac{L_0}{\psi_m}i\right) + \cdots \qquad (5-27)$$

$$\tanh\frac{L_0}{\psi_m}(i-I_0) = \tanh\left(\frac{L_0}{\psi_m}i\right) - I_0\frac{L_0}{\psi_m}\frac{1}{\cosh^2\left(\frac{L_0}{\psi_m}i\right)}$$
$$-I_0^2\frac{L_0^2}{\psi_m^2}\frac{1}{\cosh^3\left(\frac{L_0}{\psi_m}i\right)}\sinh\left(\frac{L_0}{\psi_m}i\right) + \cdots \qquad (5-28)$$

I_0 很小，$I_0 L_0 = \psi_0$，它远小于 ψ_m。因此将式(5-27)和式(5-28)代入式(5-21)，并忽略高阶无限小项，则得

$$U_m t = 2\psi_m\left[\tanh\left(\frac{L_0}{\psi_m}i\right) - \frac{I_0^2 L_0^2}{\psi_m^2}\frac{\tanh\left(\frac{L_0}{\psi_m}i\right)}{\cosh^2\left(\frac{L_0}{\psi_m}i\right)}\right] \qquad (5-29)$$

将方程两边对 t 取导数，有

$$U_m = 2\psi_m\left[\frac{\frac{L_0}{\psi_m}}{\cosh^2\left(\frac{L_0}{\psi_m}i\right)} - \frac{I_0^2 L_0^2}{\psi_m^2}\frac{\frac{L_0}{\psi_m} - 2\frac{L_0}{\psi_m}\sinh^2\left(\frac{L_0}{\psi_m}i\right)}{\cosh^4\left(\frac{L_0}{\psi_m}i\right)}\right]\frac{di}{dt} \qquad (5-30)$$

于是得

$$\frac{di}{dt} = \frac{U_m}{2L_0}\left[1 - \frac{1 - 2\sinh\left(\frac{L_0}{\psi_m}i\right)}{\cosh^2\left(\frac{L_0}{\psi_m}i\right)}\frac{L_0^2 I_0^2}{\psi_m^2}\right]^{-1}\cosh^2\left(\frac{L_0}{\psi_m}i\right) \qquad (5-31)$$

又由式(5-29)求得

$$\tanh\frac{L_0}{\psi_m}i=\frac{U_m t}{2\psi_m}\left[1-\frac{1}{\cosh^2\left(\frac{L_0}{\psi_m}i\right)}\frac{I_0^2 L_0^2}{\psi_m^2}\right]^{-1} \tag{5-32}$$

将式(5-31)和式(5-32)代入式(5-26)后化简,求得 u_{ob} 的近似表达式为

$$u_{ob}\approx-\frac{1}{2}\frac{\psi_0}{\psi_m^2}U_m^2 t\left\{1+\left[1-2\tanh^2\left(\frac{L_0}{\psi_m}i\right)\right]\frac{\psi_0^2}{\psi_m^2}\right\} \tag{5-33}$$

将式(5-32)代入式(5-33),忽略高阶无穷小,进一步化简得

$$u_{ob}\approx-\frac{1}{2}\frac{\psi_0}{\psi_m^2}U_m^2 t\left[1+\left(1-\frac{U_m^2}{2\psi_m^2}t^2\right)\frac{\psi_0^2}{\psi_m^2}\right] \tag{5-34}$$

在式(5-29)中,当 $t=T/4$ 时, $i=I_m$, $\tanh(L_0 I_m/\psi_m)\approx1$,这时 $\cosh(L_0 I_m/\psi_m)$ 也较大,因此可以得出

$$\frac{U_m}{\psi_m}\approx\frac{8}{T}=8f \tag{5-35}$$

考虑到上述近似关系,式(5-34)可改写成

$$u_{ob}\approx-32f^2\psi_0 t\left[1+(1-32f^2 t^2)\frac{\psi_0^2}{\psi_m^2}\right] \tag{5-36}$$

由该式可知, u_{ob} 的波形曲线近似为一锯齿波,如图 5-20(a)所示。它的峰值大小近似取决于

$$32f^2\psi_0\frac{T}{4}=8fN_e S\mu H_0 \tag{5-37}$$

它的符号与恒定磁场强度 H_0 的极性有关。

实际上,由于两个铁心的磁性能不完全一致,即使在信号电流 $I_0=0$ 时,磁调制器的输出电压 u_{ob} 也会出现与横轴对称的基波频率电压,如图 5-20(b)所示。在信号电流 $I_0\neq0$ 时,由于存在二倍基波频率的锯齿波电压,其结果使原来电压负峰(或正峰)增大,而正峰(或负峰)减小,这样就出现正、负峰不对称的电压,不对称程度取决于信号电流 I_0(或恒定磁场强度 H_0)的大小,实际测试情况也是如此,如图 5-20(c)所示。如果改变信号电流 I_0 的方向,则波形恰好相反。所以用双曲函数法分析的结果较折线法更符合客观实际。这就是现代磁调制器进行峰值解调以检测铁心中恒定磁通是否为零的依据。

根据式(5-36),按傅里叶级数展开求出输出电压 u_{ob} 二次谐波的电压分量为

$$u_{ob,2}=-\frac{16}{\pi}fN_e S\mu H_0\left[1+\left(\frac{12}{\pi^2}-1\right)\frac{\psi_0^2}{\psi_m^2}\right]\sin(4\pi ft) \tag{5-38}$$

由此得出与折线法一样的结论,即二次谐波的电压分量的振幅大小正比于恒定磁场强度 H_0,当 H_0 的极性发生变化时,它的相位才改变 $180°$。所以磁调制器可以利用这一特性进行二次谐波解调,以检测铁心中的零磁通,但从式(5-36)至式(5-38)来

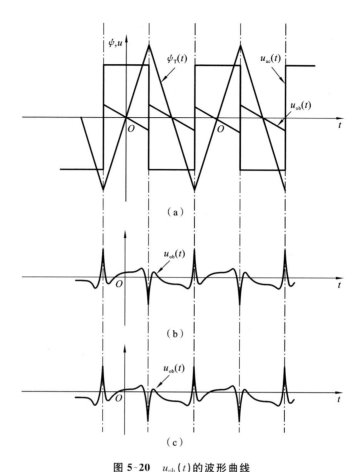

图 5-20 $u_{ob}(t)$ 的波形曲线

(a) $I_0 \neq 0$ 理想曲线;(b) $I_0 = 0$ 实际曲线;(c) $I_0 \neq 0$ 实际曲线

看,二次谐波解调的磁调制器的灵敏度不及峰值解调高,如果追求灵敏度指标也可采用峰差解调。

5.3 直流电流比较仪的灵敏度及误差

5.3.1 磁调制器的灵敏度及开环特性

磁调制器解决了铁心中直流零磁通的检测问题,成为直流电流比较仪的核心,所以其性能的好坏直接关系到直流电流比较仪的整体性能。它需要具有低漂移、低噪声、高灵敏度等特性时才能很好地完成这一任务。磁调制器灵敏度定义为检测绕组输出感应电动势与铁心上直流磁势之比,它部分取决于磁心的磁特性和几何形状,还取决于调制特性,如幅度、频率和波形。

图 5-21 所示的为二次谐波输出电压与调制幅度、调制频率的总体关系。很明显,在零点附近的这些特性中存在一个相当于线性的区域,并且斜率或灵敏度取决于调制的频率和幅度。

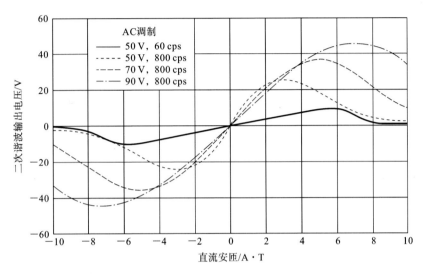

图 5-21　灵敏度特性

对于谐波型磁调制器,不同励磁源对灵敏度也有一定的影响,具体如表 5-1 所示。

表 5-1　不同励磁源对灵敏度的影响

励磁电流波形		灵敏度 S_i 的表达式	S_i 的线性度	S_i 的最大条件	S_i 的稳定性	比较结果
恒流源正弦波		$S_i = 16 N_S G f \dfrac{H_0}{H_m}$ $\left[1 - 2\left(\dfrac{H_S}{H_m}\right)^2\right]$	非常数	$H_m = \sqrt{6} H_S$	和 H_m 有关	最差
恒流源三角波		$S_i = 8 N_S G f \sin\left(\dfrac{\pi H_S}{H_m}\right)$	常数	$\dfrac{H_S}{H_m} = \dfrac{1}{2}$	和 H_m 有关	中等

励磁电流波形	灵敏度 S_i 的表达式	S_i 的线性度	S_i 的最大条件	S_i 的稳定性	比较结果
恒流源梯形波	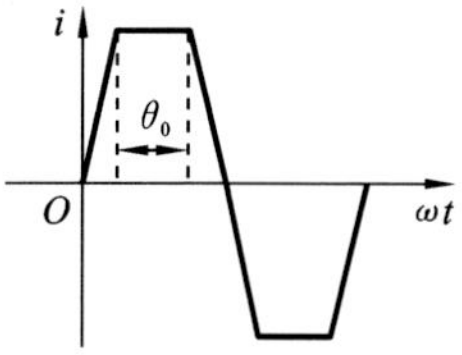 $S_i = 8N_S G f \sin\left[\dfrac{H_S(\pi - 2\theta_0)}{H_m}\right]$	常数	$\dfrac{H_S}{H_m} = \dfrac{\pi}{2(\pi - 2\theta_0)}$	和 H_m 有关	中等
恒流源方波	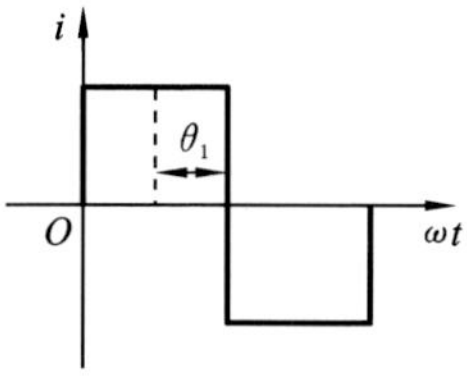 $S_i = 8N_S G f \sin(2\theta_1)$	常数	$\theta_1 = \dfrac{\pi}{4}$	和 H_m 无关	最好
恒压源方波	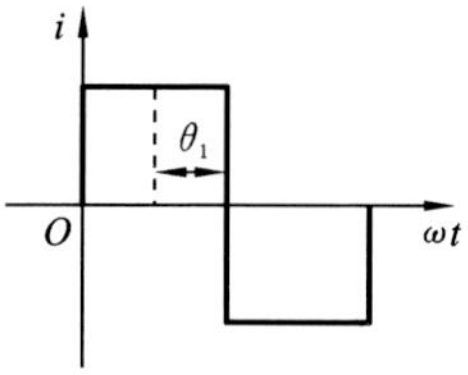 $S_i = 8N_S G f \sin(2\theta_1)$	常数	$\theta_1 = \dfrac{\pi}{4}$	和 H_m 无关	最好

表 5-1 中 H_S、H_m 为饱和磁场和最大励磁磁场，N_S 为检测绕组匝数，S 为铁心截面积，f 为励磁信号频率，G 为铁心磁导，即

$$G = \frac{\mu_r \mu_0 S}{l}$$

式中：μ_r——铁心的相对磁导率；

μ_0——真空磁导率；

l——平均磁路长度。

软磁材料激励过程如图 5-22 所示。

由表 5-1 可知，恒流源方波励磁时，灵敏度 S_i 是和 H_m 无关的常数，因而其线性度好，并且 S_i 和 H_m 无关，降低了对励磁源的要求，但是由于比较仪中的铁心尺寸大，以及励磁绕组匝数多，因此很难取得理想的恒流源脉冲方波。而恒压源方波的性能和恒流源脉冲方波对 S_i 的影响相同，同时较容易取得，所以目前直流比较仪中多用恒压源方波励磁。正弦波虽容易得到，但用正弦波交流源励磁的灵敏度 S_i 与 H_S 和 H_m 均有关，灵敏度 S_i 既不是常数也不稳定，故不能保证磁调制器的线性度指标，

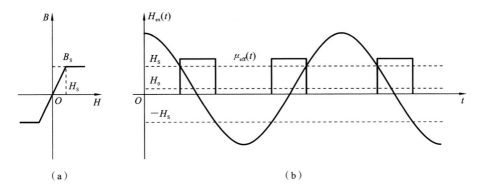

图 5-22　软磁材料激励过程

(a) 三折线磁化曲线模型；(b) 余弦激励磁势下等效磁导率的时变特性

在对磁调制器指标要求较高时一般不采用正弦波。另外，对各种不同励磁源波形的失真度也有一定要求，希望失真度越小越好。如果波形失真，则必然导致出现偶次谐波，这样即使 $H_0=0$，在检测绕组 W_s 中也会有偶次谐波输出。

　　根据激励类型的不同，可通过增大检测绕组匝数、增加铁心磁导（增大铁心截面积、缩短磁路长度、提高磁心材料磁导率）、提高励磁信号频率、提高励磁信号幅度等措施增大磁调制器的灵敏度。

　　值得注意的是，随着激励[①]频率的提高，铁心涡流增大会产生去磁作用，所以，激励频率达到一定程度后，灵敏度会随着激励频率的提高而下降。临界激励频率和材料特性、带材厚度、环境温度等诸多因素相关，只能通过试验测得，没有统一的理论值。

　　在直流电流比较仪中，磁调制信号经过滤波、相敏或峰差解调，控制功率放大器产生二次电流。由于软磁材料的饱和特性，磁调制环节是非线性环节，下面通过最简化的三折线磁化模型进行定性分析。

　　如图 5-22 所示，当 $H_0 \ll H_s$ 时，磁心在激励磁场 $H_{-ex}(t)$ 作用下交替饱和，在零点附近被校磁场 H_0 大小和偶次谐波幅值呈正比。理论上，当 $H_0 \in [-(H_m-H_s)$，$H_m-H_s]$ 时，磁调制器具有良好的线性度；当 $H_m+H_s>H_0>H_m-H_s$ 时，调制磁心单边饱和，感应输出电压随着 H_0 的增大逐渐减小；当 $H_0>H_m+H_s$ 时，调制磁心完全饱和，感应输出电压减小至零。磁调制器的输出电压是随着被校电流的增大呈现先增大后减小的非线性变化趋势，直至输出为零，如图 5-23 所示。磁心饱和问题，是磁调制器、磁放大器、自激振荡磁通门等利用软性材料磁化曲线非线性特性检测的

---

　　① 激励又称为励磁。

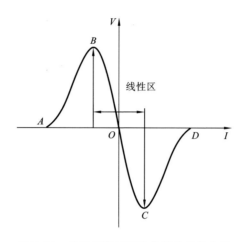

图 5-23　磁调制器开环特性简化理论曲线

共性问题。

　　而软磁材料存在磁滞和动态局部磁化效应,其交替过饱和激励过程中物理变化十分复杂,实际的磁调制器开环输出特性往往存在多个零点,如图 5-24 所示。在闭环运行时,A 和 E 也能使得系统稳定,这意味着直流电流比较仪出现了虚假平衡现象。目前,解决直流电流比较仪的主要方法是二次电流扫描。

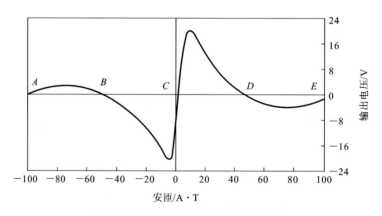

图 5-24　磁调制器开环特性实测曲线

5.3.2　直流电流比较仪的误差分析

直流电流比较仪的误差主要包括静态变比误差、零点误差和磁性误差。

1. 静态变比误差

直流电流比较仪是一个闭环调节系统,假设直流电流比较仪稳态工作时,磁调制

环节为线性环节,则其稳态工作时等效框图如图 5-25 所示,据此可得其传递函数为

$$\frac{I_2}{I_1} = \frac{N_1 G(s)}{1 + N_2 G(s)}$$

式中:$G(s)$——系统前向传函。

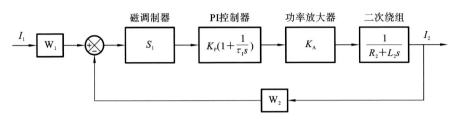

图 5-25 直流电流比较仪系统框图

一般而言,一次绕组匝数为 1,故系统静态变比误差为

$$\varepsilon = -\frac{R_2}{R_2 + N_2 S_1 K_A K_P (1 + \infty)} \tag{5-39}$$

由于积分环节的存在,理论上直流电流比较仪为无静差系统。但是,实际中运放的放大倍数是有限的,故直流电流比较仪存在一定的静态误差,由式(5-39)可知,静态变比误差受二次回路电阻、二次绕组匝数、磁调制器灵敏度、PI 控制器及功放(功率放大器的简称)增益的影响,可根据测量精度需求进行合理设计。

2. 零点误差

零点误差是指被校量输入量为零时,输出量不为零的误差。直流电流比较仪的零点误差分为自身固有零点误差和外部引入零点误差,其中自身固有零点误差来源于磁头传感器、电子激励及解调电路;外部引入零点误差由环境中的外部磁场造成。

根据双铁心磁调制器的原理,当铁心材料的磁特性完全中心对称,两个铁心的材料特性和结构特性完全一致,且激励磁场波形为严格的奇谐函数时,才有被校磁势 H_0 为零的情况下,磁头输出信号中偶次谐波含量为零。现实情况中这是不可能实现的,上述三种情况(① 铁心材料的磁特性完全中心对称;② 两个铁心的材料特性和结构特性完全一致;③ 激励磁场波形为严格的奇谐函数)都存在一定偏差,这就引起了零点误差。另外,磁头输出信号经过滤波、放大等解调环节,其中的电子器件也存在零点漂移,器件的零点漂移也会传递至二次绕组中而产生零点误差,即存在一个微小不平衡量,有 $I_0 N_0 = I_1 N_1 - I_2 N_2$。

在设备制作过程中,需要严格把控材料特性、器件性能和加工工艺,降低励磁源中的不对称分量,保证双铁心系统的配对程度,尽可能在源头上减小固有零点误差。一旦设备制作完成,在不考虑材料及器件特性随温度、时间变化时,固有零点误差是固定不变的,所以,和其他检测仪器类似,可以采用一定的手段进行仪器调零,将固有零点误差控制在可接受的范围之内。

　　磁调制器处于非均匀直流磁场环境时,外部杂散场将引起铁心的非对称磁化,从而造成磁调制的输出,进而引入了零点误差。外部磁场造成的零点误差大多是随机的,不能进行补偿,只能通过良好的磁场屏蔽防止其带来的干扰。

3. 磁性误差

　　本质上,磁性误差因为磁心磁化不均而产生了漏磁通现象。根据磁调制器的调制原理,磁调制器不是对磁场的环路积分,而是对磁心环路上的磁场最强点进行调制,所以,任何导致磁心磁化不均匀的因素都会导致测量误差。磁性误差主要由磁心磁导率不均匀、磁心界面不一致、绕组分布不均匀、外界杂散磁场等造成。其中,前三种磁性误差属于固定零点误差的一部分,加工时严格控制工艺,加工后的补偿在一定程度上可以减小它们的影响。

　　外部杂散磁场主要来源于一次被校导线偏心(也包括导线截面形状不规则、电流分布不均匀)及其电流回线。一次导线垂直穿过磁头的中心,调制磁心中的直流分量是均匀的,这时没有导线偏心引起的磁性误差,如图 5-26 所示。当一次导线偏离磁头的中心或者不垂直于磁头时,磁心中磁化不均匀,不论二次电流如何进行反馈补偿,磁心中始终存在一个磁场不为零的点,故一次绕组和二次绕组永远不可能完全达到安匝平衡。

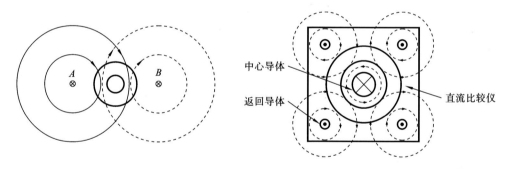

图 5-26　直流电流比较仪系统框图

　　同理,一次返回线距离磁头不够远时,也会影响磁心内的磁场分布,导致磁化不均匀而产生磁性误差。当空间不够时,可以通过多股返回线均匀排布在磁头周围,改善磁场分布,减小返回线引起的磁性误差,如图 5-26 所示。研究表明,返回线距离磁头同等距离下,相比于单返回线 2 分线可以将误差降低 $1/8 \sim 1/6$,4 分线可以降低 $1/16 \sim 1/12$。

　　外部杂散磁场主要通过提高磁心材料磁导率和磁屏蔽进行抑制。

　　假设磁心材料磁导率为无穷大,那么磁心环路上不会产生任何漏磁通,其环周上磁化必定是均匀的,所以磁心磁导率越大,磁漏磁通越少,对抑制磁性误差越有利。然而磁心磁导率不可能无穷大,所以采取必要的磁屏蔽措施是必不可少的。

低频磁场可用高导磁材料作屏蔽体[①]来实现磁场屏蔽，其屏蔽原理是利用铁磁材料的高磁导率对干扰磁场进行分路。低频磁场屏蔽原理图如图 5-27 所示。由于磁屏蔽材料的磁导率比空气的磁导率大数十倍乃至数千倍，磁力线大部分沿着屏蔽壁通过，穿入屏蔽体内腔气隙到达直流传感器检测铁心的磁力线很少。屏蔽体的磁导率越高，或壁层越厚，磁分路作用越明显，屏蔽效能越好。

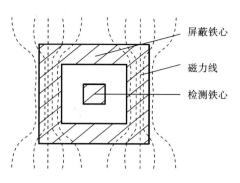

图 5-27　低频磁场屏蔽原理图

高频磁场屏蔽原理是利用电磁感应现象在屏蔽壳体表面所产生的涡流反磁场来达到屏蔽的目的，也就是说，利用涡流反磁场，对原干扰磁场的排斥作用，来抵消屏蔽体外的磁场。构成屏蔽体的金属材料的电导率越高，屏蔽性能越好。直流传感器的检测铁心上加的是铜屏蔽层，连着检测铁心地端的薄层铜屏蔽层，完全可以有效地减少高频磁场的干扰。理论上并不要求铜屏蔽层接地，但在实际使用中还是接地，这样在屏蔽高频磁场时也屏蔽了电场。

磁屏蔽不会改变直流比较仪的灵敏度，但它将作为一个分流器，减少漏磁通过测量磁心，从而在 $\sum I = 0$ 时大大降低检测绕组电压。因此，屏蔽层在垂直于磁心的方向上应具有高磁阻，在平行于磁心的方向上应具有低磁阻。

除了少数几何结构简单的外壳（如球形和圆柱形外壳）外，屏蔽效应的分析计算极其复杂。利用基于麦克斯韦方程组的场论方法，通过满足边界条件，只能得到一般估计。对于实际问题，如研究电流比较仪中的屏蔽效应，较难获得非常有用的分析结果。对于直流或者低频信号，磁路方法可给出屏蔽效应的一些粗略估计，进而可为屏蔽设计提供实用参考。

考虑到测量磁心和两个同心环围绕着测量磁心的屏蔽，如果漏磁通在某一点进入该磁结构，并在相隔一点反向离开，可以粗略地说该磁通量分成了两部分，一部分进入内环，一部分被屏蔽隔离。如果内、外环面直径相差不大，可以用一对同心圆柱代替。如图 5-28(a) 所示，磁通密度分布可以从三维进一步减少到二维。

为了找到磁通量的分布，假设：

(1) 几乎所有的漏磁通都通过屏蔽，只有一小部分通过测量磁心；

(2) 由于磁心磁阻很小（$\mu/\mu_0 \gg 1$），磁通量可以忽略不计，因此测量磁心中的任何地方的磁势都为零。

[①]　屏蔽体简称屏蔽。

如图 5-28(a)所示。作用在气隙上的磁动势是距离 x 的函数,即

$$M = \Phi_L R_\mathrm{m} \frac{x}{l} \tag{5-40}$$

式中:Φ_L——漏磁通的一半;

R_m——半环面的屏蔽磁阻,即

$$R_\mathrm{m} = \frac{l}{\mu_\mathrm{s} ac} \tag{5-41}$$

到达测量磁心的磁通量为

$$\mathrm{d}\Phi'_L = \frac{M}{b} \mu_0 c \mathrm{d}x = \Phi_L \frac{\mu_0}{\mu_\mathrm{s}} \frac{x \mathrm{d}x}{ab} \tag{5-42}$$

通过测量磁心的漏磁通为

$$\Phi'_L = \int_0^{l/2} \mathrm{d}\Phi'_L = \frac{1}{8} \Phi_L \frac{\mu_0}{\mu_\mathrm{s}} \frac{l^2}{ab} \tag{5-43}$$

衰减系数或屏蔽效能 A 是指在没有磁屏蔽的情况下冲击测量磁心的漏磁通与安装屏蔽后实际到达测量磁心的漏磁通之比,即

$$A = \frac{\Phi_L}{\Phi'_L} = \frac{\mu_0}{\mu_\mathrm{s}} \frac{8ab}{l^2} \tag{5-44}$$

式中:μ_s——磁屏蔽的磁导率;

μ_0——气隙的磁导率;

a——屏蔽层厚度;

b——气隙厚度;

l——漏磁通在入口和出口之间的距离。

由式(5-44)可知:屏蔽效能取决于比率 μ_s/μ_0,局部漏磁通较高(l 较小),这取决于屏蔽层厚度和气隙厚度的乘积。因此,如果给定可用空间($a+b$ 固定),那么 a 和 b 应该相等,以获得最佳屏蔽。然而这个最佳值并不一定正确,有时候气隙是屏蔽层厚度的两倍的情况都是可以接受的。通常,当检测绕组、静电屏蔽和偏置绕组放在测量磁心上,并在它们之间使用较厚的绝缘层时,就可以实现令人满意的气隙厚度。

只是单单采用较大的铜盒(静电屏蔽)时,才会轻微改变漏磁通的分布。但是如果在磁屏蔽和测量磁心之间插入铜屏蔽,屏蔽会变得很有效,尤其是在径向漏磁场中。这个物理过程是:漏磁通在铜中感应涡流,产生相反的磁动势,从而防止漏磁通到达测量磁心。涡流路径如何形成以及这些电流如何减少,通过测量磁心的漏磁通的一个示例来演示,如图 5-28(b)所示。

磁屏蔽和静电铜屏蔽的混合构造方式应确保测量磁心周围的电导非常小,以至于在任何情况下,流过屏蔽的电流都不能通过环状窗口产生安匝。屏蔽与铁心之间应包括适当的间隙或绝缘层,以防止电流在铁心周围流动。

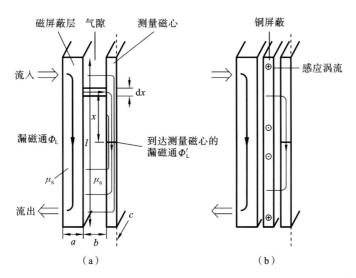

图 5-28　磁屏蔽和静电铜屏蔽对漏磁通穿透测量磁心的衰减

（a）磁屏蔽；（b）铜屏蔽

5.4　DCC 的噪声来源

　　磁调制器噪声是指输入信号恒定时折算到输入端的磁调制器输出电压作低频摆动时的峰值,常用微安匝(μA·T)表示。噪声太大将使检零仪无法稳定判断,噪声的大小直接影响仪器的分辨率。噪声的来源有很多,主要是来自励磁电源和铁心。铁心中的噪声是巴克豪森噪声。由于铁心磁矩的翻转本不是连续的过程,该噪声由无数小磁畴微观翻转构成。每个微观翻转又产生了一个小脉冲,它也含偶次谐波。这样一来,即使没有直流磁场存在,在检测绕组中也有偶次谐波出现,磁调制器有输出,进而形成噪声。所以在精密的直流比较仪中,要求噪声应小到不影响分辨率的程度。

　　对任何实用磁调制器,由铁心绕组之外那些必不可少的线路元件及电子设备所引入的噪声及零位误差并非绝对的外部因素。相反,能否有效控制这些因素,却成为影响磁调制器指标的主要因素。这里着重介绍威廉斯等人所给出的有关内容,另外对所谓的"外部噪声"进行必要讨论。

5.4.1　磁头(铁心及绕组)固有噪声

1. 巴克豪森噪声

　　由铁心材料的巴克豪森效应引起的磁起伏噪声称为巴克豪森噪声。由于磁心内部磁场交替变化过程不是连续的过程,巴克豪森噪声是由不连续的跃变组成的,其类似于数字信号最低分辨位的跃变。每次微观的跃变,都将产生一个脉冲电压,那么通过傅里叶分解可知,其中含有二次谐波和其他偶次谐波。由于调制铁心这种本质不连续的磁化过程是受概率控制的无规律过程,因此要研究在检测绕组中相应产生的无规律噪声,即磁调制器的巴克豪森噪声,需借助专门的数学工具——概率论。当激励磁场为三角波时,磁调制器零频巴克豪森噪声的频谱功率密度为

$$P_{\mathrm{I}}(0) = 32\pi^2 B_{\mathrm{S}}^2 \left(\frac{S}{M}\right)^2 (fM)(f\sigma)^2 \left(1+\frac{\sin x}{x}\right) \tag{5-45}$$

式中:$P_{\mathrm{I}}(0)$——同相分量;

S——铁心截面积;

M——不连续磁化过程中每次跃迁的事件数,其与铁心的体积成正比,即 $M \propto Sl$;

f——激励磁场频率;

σ——单个跃迁标准差,反比于跃迁速度,有 $\sigma \propto 1/fH_{\mathrm{m}}$;

x——$x=2\pi H_{\mathrm{S}}/H_{\mathrm{m}}$。

$$P_{\mathrm{Q}}(0) = 32\pi^2 B_{\mathrm{S}}^2 \left(\frac{S}{M}\right)^2 (fM)(f\sigma)^2 \left(1-\frac{\sin x}{x}\right) \tag{5-46}$$

式中:$P_{\mathrm{Q}}(0)$——正交分量。

将上述参数代入式(5-45)和式(5-46),可导出巴克豪森噪声与磁调制器实际参数之间的关系:

$$P_{\mathrm{I}}(0) \propto \frac{Sf}{lH_{\mathrm{m}}^2}\left[1+\frac{\sin(2\pi H_{\mathrm{S}}/H_{\mathrm{m}})}{2\pi H_{\mathrm{S}}/H_{\mathrm{m}}}\right] \tag{5-47}$$

$$P_{\mathrm{Q}}(0) \propto \frac{Sf}{lH_{\mathrm{m}}^2}\left[1-\frac{\sin(2\pi H_{\mathrm{S}}/H_{\mathrm{m}})}{2\pi H_{\mathrm{S}}/H_{\mathrm{m}}}\right] \tag{5-48}$$

由式(5-47)和式(5-48)可见巴克豪森噪声与铁心截面积、激励磁场(简称励磁)频率呈正比,在励磁频率一定时噪声随磁场 H_{m} 的增大而减小。因此,为降低巴克豪森噪声,适当提高激励饱和程度是有好处的。

2. 调制热扰动噪声

调制热扰动噪声是由信号绕组中的热扰动效应所引起的接近零频的扰动电流产生的,因此将其与信号电流一样被调制输出。根据奈奎斯特给出的公式,有

$$E^2 = 4RkT\Delta f \tag{5-49}$$

式中:E——热噪声电压的方均根值;

R——视在阻抗的阻性分量,此处即信号绕组的铜阻;

k——玻尔兹曼常数,$k=1.38\times10^{-23}(\mathrm{J\cdot K^{-1}})$;

T——绝对温度;

Δf——所考虑的选频带宽。

为提升磁调制器的信噪比,通常取调制绕组电阻等于信号源内阻,这样单位带

宽内由绕组电阻贡献的热扰动噪声功率等于 kT，常温下为瓦级，因此可以忽略不计。

3. 直接热扰动噪声(励磁噪声)

直接热扰动噪声由检测绕组中接近激励信号的二倍频率的热扰动电压引起。因其无须经过中间调制就能直接进入选频放大器进而使检波输出，故而得名。该噪声功率为 $4RkT\Delta f$(瓦)，这里 Δf 为选频放大器的通带宽度。注意：当双铁心磁调制器具有两个检测绕组并接成差动输出时，对直接热扰动噪声将有一定相互抵消作用，另因磁调制器具有很高的功率增益，故折算到输入端的直接热扰动噪声可忽略不计。

5.4.2　DCC 相关电路产生的噪声

1. 激励电路引起的噪声(调制噪声)

在实用磁调制器中，由振荡器引起的噪声远比铁心的巴克豪森噪声要大，通常所测磁调制器的噪声，主要是由励磁信号引起的，因此可以说励磁源是磁调制器的主要噪声源。采用直流/交流逆变器式激励振荡器时，振荡器的噪声主要由直流供电电源的质量和大功率开关管决定，这在设计中需要特别注意。

关于噪声来源，不管巴克豪森效应，还是铁心的其他微观磁性能不均匀和两个铁心等效总效应不对称，都不能直接导致磁头的固有噪声，最终只有通过变压器差分效应，才能影响探头输出。漏磁效应引起的变压器差分效应噪声，是探头输出噪声的唯一噪声源，而且完整地包容了所有噪声因素，这不仅仅是铁心的巴克豪森效应反映，也不仅仅是铁心自身的微观电磁性能引起的，还包括双铁心探头的所有外部电磁和参数(这些参数的不对称性都将导致磁调制器的噪声)。

2. 检测电路(解调系统、放大电路)引入噪声

作为直流比较仪磁调制器，因铁心尺寸较大、信噪比较高，即使放大解调系统的噪声超过数十微伏，亦无关紧要(因其折算到磁调制器的输入端时其值为微伏级)，故检测绕组通常直接加到峰差解调器上。磁强计调制器及低功耗电信号放大磁调制器，则因铁心尺寸较小、信噪比较低，因此小信号应用时无法直接解调，故需先经电压放大。对置于解调器前的选频放大器，主要是接近二倍频附近的噪声起了作用。当磁调制器功率增益较低时，往往要求选频放大器噪声电平应限定在微伏级，而这些要求往往很容易得到满足，由检测电路引入的噪声可以忽略不计。

5.4.3　降低噪声及零位误差的措施

对磁调制器的固有噪声及零位误差的限制措施，概括为以下几点工程经验。

(1) 为降低等效巴克豪森噪声，宜采用尺寸较大的调制铁心，并选用磁致伸缩系数小的软磁合金材料制作调制铁心。

(2) 为达到最小的零位误差，应使铁心具有最小的磁滞损耗，因而要选用动态矫顽力小的优质软磁材料。

（3）为了得到更小的噪声及零位误差，选择铁心形状时，使磁环的内、外直径之差比其平均直径小于 1/10。以确保在一定的激励幅度下全部铁心材料均能彻底饱和。另外，为防止因涡流的去磁作用（或视为涡流场的屏蔽作用）难以充分饱和，可按经验公式

$$d \leqslant \frac{2 \sim 3}{\sqrt{f}} (\text{mm})$$

来选择带料厚度，其中 f 为励磁频率。

（4）为降低等效巴克豪森噪声，应取较强的激励幅度。

（5）为减少等效零位误差，需要用足够大的激励幅度以使整个铁心得到充分饱和，从而具有更强的退磁能力，进而降低记忆效应的影响。

（6）为降低巴克豪森噪声，采用方波电压激励更为有利，因这时个别跃迁出现的标准偏差最小 $\left(\sigma \propto 1 \middle/ \left| \frac{\mathrm{d}H}{\mathrm{d}t} \right| \right)$。

（7）为了得到更低的等效巴克豪森噪声及等效零位误差，应采用较高的激励频率。由于受磁心的物理参数影响，励磁频率也有一定的上限。

降低"外部"噪声及零位误差的措施，主要在激励振荡器上下功夫。之所以目前使用磁调制器所达到的噪声及零位误差尚未达到 F. C. Williams 等人在文献[19]中所提出的极限指标，是因为其主要受激励振荡器的限制。振荡器所引进的噪声比优质调制铁心的巴克豪森噪声更大。目前采用优质开关管构成直/交流逆变器式方波振荡器，并采用低噪声高稳定度的直流稳压电源供电时，可获得较低的噪声指标。方波电压的对称程度是造成零位误差的主要因素，如在主振器与输出级间增加一单稳分频电路，便能显著提高输出方波电压的对称程度。为防止外部杂散磁场的附加影响，可采用无定向结构和适当的屏蔽措施。磁屏蔽有三个作用：① 保护探测器磁心免受磁屏蔽外比例绕组的漏磁通的影响；② 阻止由调制电路产生的电压引起的比例绕组中的电流；③ 在初级和次级绕组之间提供强大的互耦合，有助于比例平衡的动态响应。

在仔细考虑上述因素的影响并采用相应举措情况下，目前直流比较仪磁调制器的等效噪声及等效零位误差的综合指标可降低到 $1~\mu\mathrm{A} \cdot \mathrm{T}$ 以下。需要说明的是，除需尽量降低噪声及零位误差的绝对值来获得满意的等效噪声及零位误差的综合指标外，应用中还要努力提高磁调制器灵敏度。

第6章 直流电流计量标准溯源方法

20世纪60年代,加拿大国家研究委员会(NRC)的库斯特提出了自校、加法、比较法、乘法等一整套校验线路,实现了交流电流比例量值的自溯源,这套检验线路多年来一直被国内外所应用。而我国也在20世纪80年代利用该方法,建立了国家工频电流比例基准。实践发现,这种方法同样适用于直流电流比例量值的溯源。

6.1 直流电流比例量值传递技术

直流比较仪的校验方法采用差值法校验电路,即把被检比较仪和标准器按差值法线路相连,通过测量线路和测量仪器测出被检比较仪的误差。由于差值法校验电路对电路本身元件的精度要求不高,对直流电源的稳定度相对要求也不高,所以被应用于电流比例的精密测量。差值法校验电路的工作原理如下,图6-1所示的为差值法校验电路原理图。

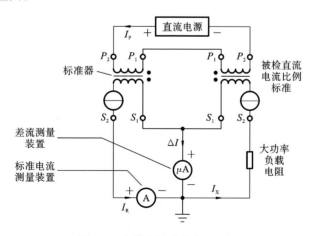

图6-1 差值法校验电路原理图

如图6-1所示,I_R和I_X分别为标准器和被检电流比较仪的二次输出电流,由该图可以看出,标准器和被检电流比较仪的二次电流同时从差流测量装置的正、负两个方向流过,这样在差流测量装置上可直接读出被检比较仪和标准器二次电流的差值电流。由于整个测量线路的最终读数值为差值,这样对电源的稳定度及差流测量装置的准确度不需要有很高的要求,但是对差流测量装置的表头分辨率有严格的要求。本套直流电流比较仪自校系统使用的差流测量装置为2 mA微差电流表,在使用 200 μA 挡时,其分辨率为 0.01 μA,其分散区间的半宽为 0.005 μA,本套自校系统的二次输出电流均为 5 A,最高准确度等级为 0.00005 级,按 10% 的额定电流计算,二次最大的误差电流为 0.25 μA,由于差流测量装置的表头分辨率所引入的误差量为被检电流比较仪误差的 0.02%,根据微差原理,此项误差量是可以被忽略的。本套自校系统采用差值法校验线路,在测量结果的数值位数和准确度上已远远高于 2×10^{-7} 级。

6.2　1/1 自校准方法

当比较仪的比例为 1/1 时,可用自校线路进行校准。它是自校系统的起点,自校所测得的比较仪误差的准确度将影响其他非 1/1 比例测量结果的准确度,其线路图如图 6-2 所示。

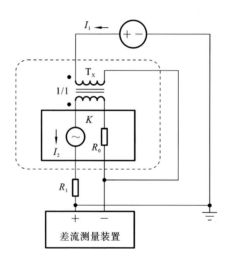

图 6-2　电流比较仪 1/1 自校线路

6.3　基于"Step-Up"的量值扩展方法

6.3.1　校验线路

采用比较法、加法和乘法等校准线路,可建立直流电流比较仪自校系统,完善直流电流比较仪的校准体系。

10 kA 直流电流比较仪作为一个具有量值溯源和传递功能的自校准测量系统,其技术体系由以下部分构成:

（1）10 kA 高稳定度直流电流源；

（2）5 A～10 kA 直流电流比较仪；

（3）直流电流比较仪校准方法与线路；

（4）直流电流比较仪自校系统数据处理方法与不确定度分析。

当被检电流比较仪的电流比率 n_X 与标准电流比较仪的电流比率 n_0 相等（$n_{XN} = n_{0N}$）时，则可以采用图 6-3 所示的电流比较仪比较法线路。

当 $n_{XN} = n_{0N} + 1$ 时，可采用电流比较仪加法线路，线路图如图 6-4 所示，比较仪 T_0 作为标准，比率为 n_{0N}。

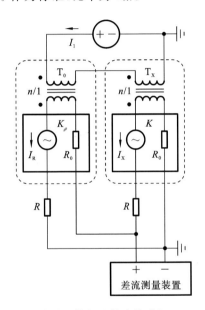

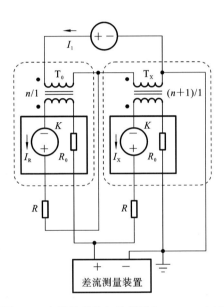

图 6-3　电流比较仪比较法线路（$n_{XN} = n_{0N}$）　　**图 6-4　电流比较仪加法线路**（$n_{XN} = n_{0N} + 1$）

当变比关系满足 $n_{01} n_{02} = n_X$ 时，采用图 6-5 所示的电流比较仪乘法线路。在乘法线路中，比较仪 T_{01} 和比较仪 T_{02} 的变比分别为 n_{01} 和 n_{02}，它们的误差分别为 ε_{01} 和 ε_{02}。T_X 为被校误差的被检比较仪。

作为自校源头的 1♯ 和 2♯ 标准器变比范围均为（5～50）A/5 A。系统从 5 A/5 A 量限开始自校，然后逐个扩展进行误差传递。由图 6-6 可见，对于 1♯ 和 2♯ 标准器的所有变比，我们都可以得到比较法和加法（5 A/5 A 自校）两个误差测量示值，我们对其进行修正后将其代入下一级变比进行误差传递，这样保证了在下一级的误差计算值中包含了两台标准器上一级变比误差的全部信息，其具体自校程序如图 6-6 所示。

作为比例扩展的三台标准器变比范围分别为（50～500）A/5 A（3♯）、（500～5000）A/5 A（4♯）、（5000～10000）A/5 A（5♯），其校准采用比较法及乘法线路，具体步骤如表 6-1 所示。

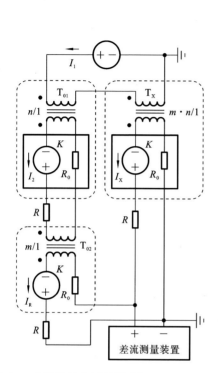

图 6-5 电流比较仪乘法线路($n_{XN} = n_{01N} \times n_{02N}$)

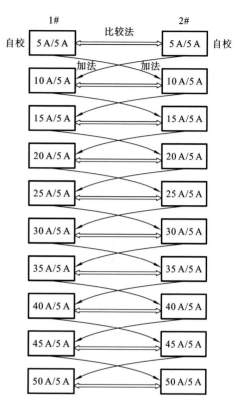

图 6-6 自校程序

表 6-1 量程扩展程序

被校变比	线路选择
50 A/5 A(3#)	比较法:50 A/5 A(2#)
100 A/5 A(3#)	乘法:50 A/5 A(1#)×10 A/5 A(2#)
250 A/5 A(3#)	乘法:50 A/5 A(1#)×25 A/5 A(2#)
500 A/5 A(3#)	乘法:50 A/5 A(1#)×50 A/5 A(2#)
500 A/5 A(4#)	比较法:500 A/5 A(3#)
1000 A/5 A(4#)	乘法:500 A/5 A(3#)×10 A/5 A(2#)
2500 A/5 A(4#)	乘法:500 A/5 A(3#)×25 A/5 A(2#)
5000 A/5 A(4#)	乘法:500 A/5 A(3#)×50 A/5 A(2#)
5000 A/5 A(5#)	比较法:5000 A/5 A(4#)
6000 A/5 A(5#)	乘法:1000 A/5 A(4#)×30 A/5 A(2#)
7500 A/5 A(5#)	乘法:2500 A/5 A(4#)×15 A/5 A(2#)
10000 A/5 A(5#)	乘法:5000 A/5 A(4#)×10 A/5 A(2#)

通过上面一系列的试验步骤,加上严格的数据统计,直流电流比例可以有效和准确地从 5 A/5 A 电流比例扩展到 10000 A/5 A 电流比例,形成一套不需要其他标准就可以完成量值传递的直流电流比例自校系统。

6.3.2　校验线路的验证

由加拿大国家研究委员会(NRC)的库斯特提出的自校、加法、比较法、乘法等一整套校验线路,虽然实现了交流电流比例标准的自校,但在(5~10000) A/5 A 直流比例标准自校系统中的使用尚属首次,对线路的可靠性和准确性需要有充分的验证,才能保证整个自校结果的准确与可靠。

自校线路是以一次电流为标准与二次电流进行比较的,其不需要标准,所以也不需要引入其他的参考标准,对具有 5 A/5 A 电流比例的比较仪进行了自校线路和比较线路试验,如表 6-2 所示,两种方法的校验结果的差值小于 5×10^{-8},其差值小于 1♯ 和 2♯ 标准器所标定的 0.00005 级的 1/10,依据《测量不确定度评定与表示》(JJF 1059.1—2012)中有关方法评估的规定,在评定 1♯ 和 2♯ 标准器准确度等级为 0.00005 级的前提下,自校线路测出的结果是非常可靠和准确的。

表 6-2　自校线路和比较线路试验对比(数据未经过统计修正)

方法	误差/(1×10^{-6})	
	1♯	2♯
自校	−0.003	−0.003
比较	+0.010	−0.033
差值	0.013	0.030

加法线路是自校系统校验过程中的重要环节,加法线路是否可靠会直接影响向后传递的准确度。将 1♯ 和 2♯ 标准器比较法测量结果的平均值与各台标准器的比较法测量结果的平均值相比较,最大差值不大于 4×10^{-8},其差值小于 1♯ 和 2♯ 标准器所标定的 0.00005 级的 1/10,依据《测量不确定度评定与表示》(JJF 1059.1—2012)中有关方法评估的规定,在评定 1♯ 和 2♯ 标准器准确度等级为 0.00005 级的前提下,加法线路测出的结果是非常可靠和准确的,如表 6-3 所示。

乘法线路是用两台标准器级联作标准,令被检比较仪与其比较。由于在被检比较仪的误差数值中,必须把两台标准器的误差值修正进去,可见被检比较仪的误差将逐步积累成一个较大的数值。所以对线路的稳定性及抗干扰水平比较严格,否则将影响测量的精确度。在相同电流变比上,我们使用乘法线路和比较线路,表 6-4 所示的为几个变比的数据,将其测量结果进行比较。

表 6-3　加法线路和比较线路试验对比（数据未经过统计修正）

1#	测试线路		误差/(1×10^{-6})	2#	测试线路		误差/(1×10^{-6})
10 A/5 A	加法	5 A/5 A	−0.010	10 A/5 A	加法	5 A/5 A	−0.003
	比较	10 A/5 A	0.010		比较	10 A/5 A	0.003
15 A/5 A	加法	10 A/5 A	0.000	15 A/5 A	加法	10 A/5 A	0.003
	比较	15 A/5 A	−0.010		比较	15 A/5 A	−0.027
20 A/5 A	加法	15 A/5 A	0.017	20 A/5 A	加法	15 A/5 A	−0.010
	比较	20 A/5 A	0.040		比较	20 A/5 A	−0.023
25 A/5 A	加法	20 A/5 A	0.003	25 A/5 A	加法	20 A/5 A	−0.007
	比较	25 A/5 A	0.003		比较	25 A/5 A	−0.020
30 A/5 A	加法	25 A/5 A	0.010	30 A/5 A	加法	25 A/5 A	0.000
	比较	30 A/5 A	0.010		比较	30 A/5 A	0.003
35 A/5 A	加法	30 A/5 A	0.013	35 A/5 A	加法	30 A/5 A	−0.003
	比较	35 A/5 A	−0.003		比较	35 A/5 A	−0.007
40 A/5 A	加法	35 A/5 A	0.003	40 A/5 A	加法	35 A/5 A	−0.010
	比较	40 A/5 A	0.017		比较	40 A/5 A	0.007
45 A/5 A	加法	40 A/5 A	−0.017	45 A/5 A	加法	40 A/5 A	0.013
	比较	45 A/5 A	−0.010		比较	45 A/5 A	0.000
50 A/5 A	加法	45 A/5 A	−0.003	50 A/5 A	加法	45 A/5 A	0.007
	比较	50 A/5 A	0.020		比较	50 A/5 A	0.010

表 6-4　乘法线路和比较线路试验对比（数据未经过统计修正）

变比	测试线路		误差/(1×10^{-6})	差值/(1×10^{-6})	本台标准标称的准确度等级
50 A/5 A(3#)	乘法	25 A/5 A(1#)×10 A/5 A(2#)	+0.04	0.02	0.0001
	比较	50 A/5 A(1#)	+0.02		
500 A/5 A(4#)	乘法	50 A/5 A(1#)×50 A/5 A(2#)	+0.01	0.09	0.0001
	比较	500 A/5 A(3#)	−0.08		
5000 A/5 A(5#)	乘法	500 A/5 A(3#)×50 A/5 A(2#)	+0.10	0.08	0.0002
	比较	5000 A/5 A(4#)	+0.18		

从数据上来看,乘法线路的测量结果与比较线路测量出的结果,在各台的同一个电流比上的差值均小于各台标准所标称的准确度等级的 1/10,依据《测量不确定度评定与表示》(JJF 1059.1—2012)中等级有关方法评估的规定,在我们评定各台标准器一定的准确度等级的前提下,乘法线路得出的结果是非常可靠和准确的,这也使电流比例标准自校系统向大电流比例扩展提供了科学依据。

6.3.3　外磁场影响的试验

作为直流大电流比例标准的直流电流比较仪,特别是穿心式的直流大电流比较仪其额定电流大、精度高(如额定电流大于 5000 A,精度高于 1×10^{-5}),由于缺乏高稳定度的直流大电流源或精度更高的标准器,过去一直采用等安匝的方法进行校准。具体方法为:比较仪的一次绕组与二次绕组具有相同的匝数,在一次绕组中通过二次额定电流 $I_1 = I_{20}$,使用差值法测出一次、二次电流的差值 $\varepsilon = I_2 - I_{20}$,得到比较仪的测量误差。

实际使用等安匝试验进行校准时,一般使用比较仪二次绕组的一部分作为一次绕组,如对于 10000 A/5 A 的比较仪,其二次绕组有 2000 匝,则可以选择其中 1000 匝作为一次绕组,另一组 1000 匝作为二次绕组进行 5000 A/5 A 变比的等安匝校准。当需要对更大的变比(如 10000 A/5 A)进行校准时,则需要在比较仪上绕制附加的 2000 匝作为一次绕组。

单独使用等安匝试验确定的误差与被检仪器在大电流下的真实运行情况是有一定差异的,进行等安匝试验时一次绕组为多匝密绕,将实际使用比较仪作为标准器进行量传和检定工作时,比较仪的一次为穿心一匝。从原理上看,由若干根小电流导线组成的大电流与实际运行时单根大电流母线在比较仪铁心中所形成的磁场分布是不一样的,这种分布的差异与比较仪磁屏蔽的设计及绕组的绕制方式有关,反映在误差上就是前面提到的比较仪的磁性误差,我们用以下的磁性误差试验加以说明。

图 6-7 中,我们在比较仪的穿心孔内通入大小相同、方向相反的电流 I_1,观察反

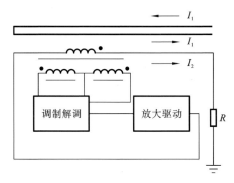

图 6-7　磁性误差试验

馈电流 I_2 的输出。理想情况下,由于一次总的合成磁势为零,若比较仪铁心内磁场分布均匀,则 I_2 输出应为零。表 6-5 所示的为不同 I_1 对应的 I_2 输出值,由表中数据可见,随着 I_1 的变化,I_2 呈现不规律的输出值,这说明由于磁场分布不均匀,正、反向通入比较仪穿心孔的电流 I_1 不能等效为零电流。我们定义磁性误差为此试验中 I_2 输出值与 I_2 额定值的比值,若以额定电流即 $I_2 = 5$ A 计算相对误差,则磁性误差最大值为 0.11×10^{-6}。

表 6-5 磁性误差试验数据

I_1/A	0	500	1000	1500	2000
$I_2/\mu\text{A}$	0	0.45	0.54	0.35	0.43

结合前面对直流比较仪的误差分析,我们可以看到,等安匝试验忽略了磁场分布的因素,反映的是比较仪的系统静差;而磁性误差试验反映的是比较仪的磁性误差。我们使用等安匝法校准比较仪时,将两者进行叠加,取其绝对值之和作为被检比较仪的误差。

应当指出,使用上述叠加方法得到的误差与比较仪的真实误差可能存在一定差异。首先,磁性误差的方向无法确定,实际中它与系统静差可能叠加也可能抵消,我们取两者绝对值之和的评价方法可能使综合误差偏大;其次,从以上的磁性误差试验结果来看,由于导线摆放位置与电流大小的不同,试验呈现不规律的示值,它无法准确地反映比较仪在不同变比、不同使用情况下的磁性误差,我们只能取其最大值,这同样可能造成整体的误差评价偏大。使用偏大的磁性误差测量值指导的比较仪,会造成使用过多的磁屏蔽而使设备体积增大及材料浪费。

通过上面的分析,可以清楚地说明,以往采用等安匝的校准方法得出的测量结果,很难真实地反映被校比例标准的真实误差,建立国家计量标准是一件非常严肃的工作,它和科学研究有不同的要求。对计量标准的误差控制,不仅在制作原理上,在测试方法上尤其要严格要求与精细,以达到最准确的测量结果和最小的测量结果不确定度。

外磁场的影响对误差的测试将是不可忽视的重要因素,它将直接影响误差测试的稳定性。我们研制的电流比较仪由于在制造工艺上充分考虑了磁场与电场的干扰影响,选择了屏蔽效果最好的材料,并采取了先进的措施,对主铁心进行了独特的保护,使得外场对比较仪误差的影响变得极其微小,对外磁场的影响,我们做了如下的试验,即人为地设置一个外场安匝。这个外磁场的安匝为实际运行的安匝的 1～2 倍,观察其对误差的影响。

从表 6-6 数据可以看出,1♯～5♯直流比较仪在有无外加磁场的情况下的两种测量结果的差值,最大的差值均不大于所标称准确度等级的 1/15,可见其影响对本套直流比例标准是非常小的,进一步验证了测量结果的可靠性。

表6-6 外磁场影响试验

变比	普通测试结果 /(1×10⁻⁶)	外加磁场测试结果 /(1×10⁻⁶)	差值 /(1×10⁻⁶)	本台标准标称的 准确度等级
5 A/5 A(1♯)	+0.021	+0.023	0.002	0.00005
50 A/5 A(2♯)	+0.019	+0.016	0.003	0.00005
500 A/5 A(3♯)	−0.13	−0.18	0.05	0.0001
5000 A/5 A(4♯)	−0.10	−0.16	0.06	0.0001
5000 A/5 A(5♯)	−0.23	−0.27	0.04	0.0002

通过以上对校验线路的反复研究与多种方式验证,在一个科学可行的前提下,我们将库斯特提出的自校、加法、比较法、乘法线路应用到直流电流比较仪自校系统中,成功地实现了直流电流比例量值的传递。

第 7 章　冲击电流计量技术

冲击电流测量装置广泛应用于电力系统、工业生产、试验检测及科学研究中，雷击输电线路、建筑等物体时所产生的极高电压，在导致绝缘闪络或击穿的同时，还附带有强大的冲击电流，将产生非常高的地电位抬升，严重危害设备和人身安全。气象监测中为模拟雷击天气，需要对雷电特征参量进行准确测量。在国防领域，脉冲功率技术中应用的高幅值电流也需要进行准确测量，以上技术领域的发展对冲击电流的准确测量提出了迫切的需求。冲击电流的测量准确度直接影响电气设备的状态监测及安全稳定运行、准确获取冲击电流传感器的测量特性参数，提升冲击电流计量技术对电力系统安全稳定、气象监测的准确可靠、国防军工的技术进步具有重要意义。

冲击电流波形与工频及直流电流波形的不同之处在于，冲击电流为单次瞬态电流波形，脉宽一般为微秒级，电流幅值通常更高，需要采用频率响应特性优良的冲击电流测量装置将冲击大电流转换为可供示波器或采集卡直接测量的冲击电压后，并对所录入的波形进行峰值及时间参数的计算分析。在冲击电流测量系统中，冲击电流转换装置、传输系统及数字采集系统和分析软件组成了冲击电流测量系统，测量系统中各部分的测量性能将影响冲击电流参量的整体测量性能。

冲击电流转换装置依据其测量原理不同具有多种类型。目前常用的冲击电流转换装置主要包括分流器、冲击电流线圈及基于磁光效应的电流传感器。不断增加冲击电流测量装置的测量带宽、优化电流测量装置的阶跃波响应特性、提高其测量幅值并优化其抗干扰能力是冲击电流测量技术不断发展的目标。

7.1　冲击电流关键参量

冲击电流的准确测量主要是对冲击电流波形中关键参量的准确测量，冲击电流依据其波形特征，可以分为指数型冲击电流及矩形冲击电流，其波形参数主要包括峰值特征参数及时间特征参数，为对其特征参数进行准确表征，一般结合图示的方式进行定义说明。

指数型冲击电流为在很短时间(波前时间)内电流从零上升至峰值，之后近似按指数形式或者以强阻尼的正弦曲线下降至零。波形参数定义如图 7-1 所示。图 7-1 中，T_1 为冲击电流的波前时间，T_2 为冲击电流的半峰值时间。

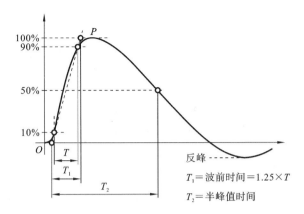

图 7-1　典型指数型雷电冲击电流波形

给定的指数型雷电冲击电流波形,一般需要对该波形量取三个数据,分别为冲击电流峰值 I_{max}、波前时间 T_1 和半峰值时间 T_2,作为冲击电流的表征参数。冲击电流峰值 I_{max} 即为冲击电流波形图中的电流最大值(见图 7-1 中点 P 所对应的电流值),该点附近的电流幅值变化最小,一般可以直接读取其幅值。典型雷电冲击电流波形的波前时间 T_1 和半峰值时间 T_2 的参数定义如下。

视在原点 O 为指数型雷电冲击电流波形中相对于 10% 电流峰值点超前 $0.1T_1$ 的时刻,对于采用线性时间刻度的波形,视在原点为时间轴与波前部分通过 10% 电流峰值点和 90% 峰值点所画直线的交点。

波前时间 T_1 为指数型冲击电流的视在参数,定义为峰值的 10% 和 90% 之间时间间隔 T 的 1.25 倍。

半峰值时间 T_2 为指数型雷电冲击电流的视在参数,定义为视在原点 O 到冲击电流下降至峰值一半时刻之间的时间间隔,如果波尾出现振荡,T_2 为由视在原点 O 到雷电冲击电流下降至峰值一半的第一个瞬间和最后一个瞬间的时间间隔的平均值。

图 7-2 所示的为一个矩形雷电冲击电流波形。

图 7-2 所示的矩形雷电冲击电流波形,一般需要对该波形量取三个数据,分别为冲击电流峰值 I_{max}、持续时间 T_d 和总持续时间 T_t,作为雷电冲击电流的表征参数。雷电冲击电流峰值 I_{max} 即为雷电冲击电流波形中的电流最大值(见图 7-2 中点 P 所在的电流值),一般可以直接读取其幅值,其测量不做赘述,持续时间 T_d 为矩形雷电冲击电流波形中电流值为 $0.9I_{max}$ 的点 D 和点 C 所对应的波形时间差,而总持续时间 T_t 为矩形雷电冲击电流波形中电流值为 $0.1I_{max}$ 的点 B 和点 A 所对应的波形时间差。

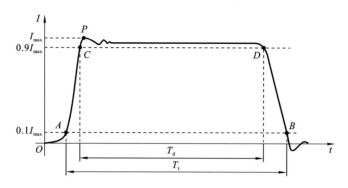

图 7-2 矩形雷电冲击电流波形

7.2 冲击电流转换装置

冲击电流测量系统一般包括冲击电流转换装置、传输电缆或光纤、衰减器及数字记录仪。进行冲击大电流测量时,冲击电流转换装置对被校电流进行测量或感应后,转换为可供示波器或采集卡直接记录的冲击二次信号,并对所记录的信号展开波形参数进行分析。根据测量原理的不同冲击电流转换装置主要分为三类:基于直接测量方法的分流器、基于感应测量原理的电流线圈及磁光效应传感器。

三类不同的冲击电流转换装置基于不同的测量原理、具有不同的参数特性及不同的适用范围,应根据实际需要选择适当的冲击电流转换装置进行冲击电流测量。

7.2.1 分流器

分流器是最早用于冲击电流测量的电流转换装置,其测量原理简单、频率范围宽,得到了广泛的应用。分流器的测量原理基于欧姆定理,被校电流流过分流器,测量电阻上的电压信号 $U=RI$,该电压信号 U 除以分流器的电阻 R,即可获得被校电流参数 I,测量原理简单,且具有较高的测量准确度。为了保证其优良的测量特性,分流器主要用于测量纳秒至毫秒级持续时间的高幅值电流脉冲,为了降低分流器自身的发热效应,一般分流器的电阻设计为微欧姆或毫欧姆级。

理想的分流器为纯电阻结构,但实际测量冲击电流时,由于电流信号频率较高,回路中会存在寄生电感和寄生电阻,其等效电路如图 7-3 所示,其中 R 为分流器标称电阻,L_s 为寄生电感,R_s 为由趋肤效应引起的寄生电阻。

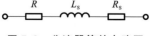

图 7-3 分流器等效电路图

当忽略趋肤效应引入的 R_S 时,分流器的上限截止频率可用式(7-1)估算,即

$$f_\mathrm{c} = \frac{R}{2\pi L_\mathrm{S}} \tag{7-1}$$

通过减小分流器寄生电感 L_S,可有效提高其上限截止频率。寄生电感 L_S 主要由电流回路和电压测量回路之间的互感 M 确定,分流器采用同轴结构可以有效地降低耦合至电压测量回路的磁通,从而减小互感参数。提高冲击电流的测量特性,关键在于减小分流器自身的寄生电感及趋肤效应下的寄生电阻,可通过对分流器进行特殊结构设计以实现上述技术目标。

1. 分流器结构

为了保证分流器良好的频率响应特性,分流器大多采用同轴结构,电流一般从同轴结构的内筒流入,从同轴结构的外筒流出,由于电流方向相反,可减小其互感参数。根据同轴结构分流器中所采用的电阻结构的不同,又可以将其分为管式、鼠笼式同轴结构分流器。图 7-4 所示的为管式同轴结构分流器,1 为电流输入端,2 为管式电阻,3 为电流输出导体,4 为测量引出芯线,5 为电压输出端。管式电阻一般由合金或者在绝缘体上敷设石墨制成,考虑到集肤效应的影响,尽量减小电阻的厚度,电阻体壁厚通常为微米级,其壁厚同时影响分流器的测量电流带宽和测量幅值。管式电阻需要具有很低的温度系数和极强的温度恢复特性的材料,其结构具有低自感的特点,目前较为成熟的商业分流器 HILO-TEST 的 ISM 系列产品就是采用这种结构,如图 7-5 所示,测量电流幅值可达 100 kA,带宽可达 100 MHz。

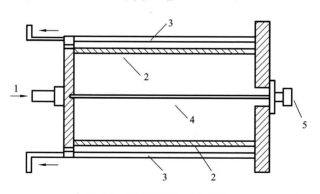

图 7-4　管式同轴结构分流器
1—电流输入端;2—管式电阻;3—电流输出导体;4—测量引出芯线;5—电压输出端

鼠笼式同轴结构分流器是一种应用于大电流测量及发热效应 $\int i^2 \mathrm{d}t$ 较高情况下的特殊结构,其电阻大多采用杆状结构或者带状结构,采用多路并联的方式提高分流器通流能力。如图 7-6 所示,1 为电流输出端,2 为电流输入端,3 为测量引出芯线。这种结构中多路并联导体之间会产生很高的互感,分流器响应时间一般为几十微秒,不

适宜测量上升时间为微秒级的标准雷电冲击电流波形,同时由于电感较大,其方波响应会有较大的过冲,需要在输出端匹配补偿电路抑制过冲。

图 7-5 HILO-TEST 的同轴结构分流器

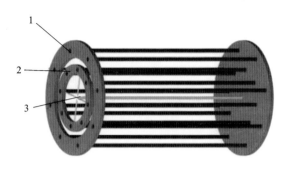

图 7-6 鼠笼式同轴结构分流器

1—电流输出端;2—电流输入端;3—测量引出芯线

除了同轴结构分流器,还有折带式结构和盘式结构分流器,图 7-7 所示的为折带式结构分流器,这种设计结构是为了尽量减小输入/输出引线和分流器形成的回路面积,可以将外磁场的影响降至最低。同时由于其紧凑的电阻结构,其自身电感也能被控制得很低,具有纳秒级的响应时间,可以测量陡上升沿的冲击电流波形。但受限于结构,其负载电流一般不高,同时由于缺少屏蔽,测量引出芯线会受到电磁干扰,会影响测量电流波形的准确度。

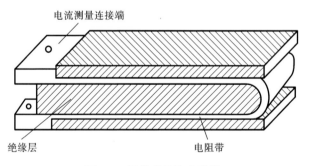

图 7-7 折带式结构分流器

盘式结构分流器如图 7-8 所示,1 为电流输入端,2 为碟形电阻,3 为绝缘片,4 为输出端。盘式结构分流器主要应用于高频电流测量,此时分流器本身的长度已经不能被忽略,因此需要采用这种紧凑结构的电阻和配套的无波反射的同轴输出结构。但是同样受限于集肤效应的影响,碟形电阻的厚度受到限制,因此盘式结构分流器的负荷电流一般不超过 10 kA。

综上所述,折带式结构分流器的残余电感较大,阶跃响应性能较差;盘式结构分流器阶跃响应特性好,但测量的额定电流较小。因此同轴结构分流器是最适合作为标准冲击大电流转换装置的分流器结构,如图 7-9 所示。从图 7-9 可以看出,分流器的输出电压为电阻两端的电压,电流从中间的电流输入铜杆流入,通过电阻至铜外壳。电阻的电流方向与铜外壳的电流方向相反,以减小分流器杂散电感。

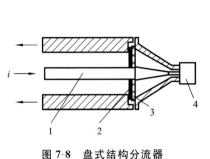

图 7-8　盘式结构分流器

1—电流输入端;2—碟形电阻;
3—绝缘片;4—输出端

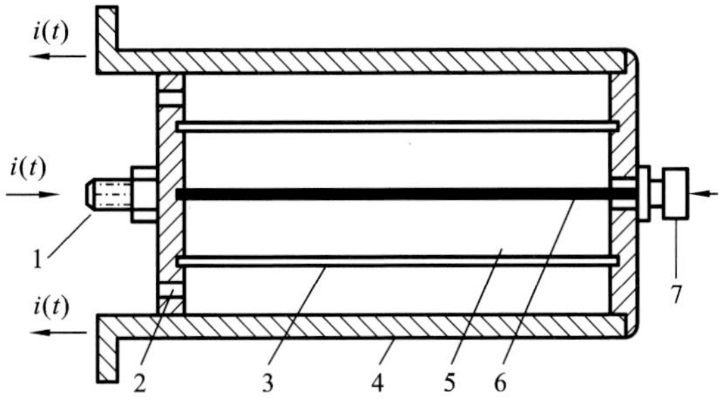

图 7-9　同轴结构分流器

1—电流输入铜杆;2—隔离绝缘片;3—电阻;4—铜外壳;
5—绝缘支撑筒;6—测量电压导线;7—输出电缆接头

根据电阻、金属材料的厚度确定分流器的直径和长度。同轴结构分流器的绝缘支撑筒一般采用聚四氟乙烯材料,该材料具有优良的化学稳定性、耐腐蚀性,在 $-196 \sim 260$ ℃ 范围内,都可以保持优良的力学特性;设计时绝缘支撑筒厚度一般大于 5 mm,保证结构牢固不易变形。同轴分流器的金属外壳采用黄铜材料,金属外壳与绝缘支撑筒使用铜螺杆紧密连接,以减小连接电阻,保证大电流流通。

2. 方波响应特性

为了考核分流器的频率响应特性,一般采用方波响应试验的方式评估,通过方波响应波形的上升时间、过冲值、稳定时间等参数综合评估其方波响应的特性。设计分流器时也以不断优化其方波响应特性作为设计目标。

除了降低分流器的电感,在设计时,为了优化其方波响应特性,通常采用补偿方法,来优化分流器测量信号引线的布置方式,以达到方波响应优化效果。图 7-10 所示的为带有补偿的同轴双管式分流器,同轴双管式分流器的内管为电阻管,外管为铜管,电压信号端子一端接于内管表面点 A,另一端接于内管的外表面点 B,从 A、B 两点引出电压测量引线。点 B 引出电压测量引线,在内管某处穿过内管的小孔而引出。在两管的夹层中,电压测量引线构成特别的补偿回路,用于改善分流器的响应特性。

图 7-11 所示的为多层薄壁同轴双管式分流器,使用电阻材料做成直径不同的电阻管筒,两管筒的管壁间不绝缘,不同管体间紧密套接,电压测量引线夹在薄壁之间,除薄壁连接点外,引线套以绝缘管加以绝缘,电压测量引线应选择合适的半径,选择最佳的补偿段长度时,可将分流器的响应时间常数由数百纳秒降至几纳秒。

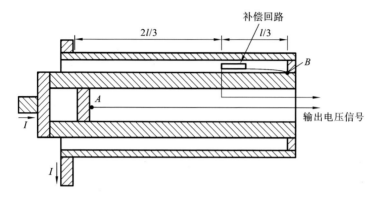

图 7-10　带有补偿的同轴双管式分流器

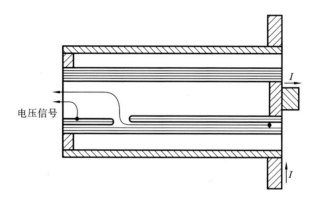

图 7-11　多层薄壁同轴双管式分流器

3. 分流器测量误差影响因素

理想的分流器具有优良的测量性能,实际开展冲击大电流测量时,受趋肤效应、发热等影响,会引起冲击电流的测量误差,以下将逐条展开分析。

1)趋肤效应的影响

管式同轴结构的分流器,可以最小限度减小分流器本体电感,但其测量带宽也并非没有上限。时变电流进入测量导体后,会产生一个磁场,该磁场在导体中形成涡流电流,涡流电流会叠加到原有的回路电流上,从而影响导体中原有的电流分布,使得导体电流分布不再均匀,由于趋肤效应,随着频率的增加,电流越来越多地转移到导体的外缘区域。此外,涡流将产生一个反向磁场,该磁场叠加在原始磁场上,从而使导体内部产生的磁场消失。在近似理想条件下,可以利用麦克斯韦方程或磁通量和感应定律确定导体内部相互耦合的电磁场。由于电流位移的原因,在高频下其电阻值[①]也会偏离其设计值,即使在通常的管式结构中,壁厚也不能完全满足高频率信号

---

　① 电阻值也称为电阻、阻值。

的电流测量,导线截面上的不均匀电流分布将引起其电阻值的增加。

在进行分流器设计时,应充分考虑趋肤效应对电阻值的影响,并选取合适的电阻材料厚度。由于冲击电流波形的上升时间最短为 1 μs,对应电流频率为 250 kHz,与兆赫兹级相比,其为相对低频率,通过合适的材料尺寸选取,可以避免趋肤效应引起电阻值的改变。

同轴结构分流器的电阻一般使用金属箔卷焊成圆筒形状,分流器的电阻表达式为

$$R=\frac{\rho l}{\pi(a+h)h} \tag{7-2}$$

式中:ρ——材料电阻率,单位为 $\Omega \cdot$ m;

　　l——电阻箔长度,单位为 m;

　　a——内直径,单位为 m;

　　h——电阻箔厚度,单位为 m。

大电流流经金属导体时,电流分流将趋近于导体外侧,且电流频率越高,趋肤效应就越明显,因此为了改善电阻的频率特性,需要计算电阻的渗透深度 δ,即

$$\delta=\sqrt{\frac{\rho}{\pi f \mu_r \mu_0}} \tag{7-3}$$

式中:δ——渗透深度;

　　μ_0——真空磁导率,$\mu_0=4\pi \times 10^{-7}$ H/m;

　　μ_r——相对磁导率;

　　ρ——材料电阻率;

　　f——被校电流频率。导体层厚度必须小于 $\delta/2$。

根据国标《高电压和大电流试验技术 第 4 部分:试验电流和测量系统的定义和要求》(GB/T 16927.4—2014)的规定,雷电冲击电流的上升时间最小为 1 μs,此时计算电流频率为 250 kHz,假设金属体电阻率为 0.5×10^{-6} $\Omega \cdot$ m,计算渗透深度为 0.712 mm,因此导体层厚度应小于 0.35 mm。为进一步减小趋肤效应的影响,实际选用的金属导体厚度小于 0.1 mm,可依据式(7-4)计算分流器的上升时间。

$$T=\frac{\mu_r \mu_0 h^2}{6\rho} \tag{7-4}$$

当冲击大电流通过同轴结构分流器时,分流器的内筒与外筒相互排斥,分流器外筒向外膨胀,内部电阻圆筒向里挤压。如果电阻圆筒太薄则会被挤压变形或者损坏,这个电磁力引起的理论压强 P 为

$$P=\frac{2.13(a+2b)}{a(a+b)^2}I_m^2 \times 10^{-2}(\text{Pa}) \tag{7-5}$$

式中:a、b——电阻圆筒内、外直径,单位为 cm。

为了使电阻圆筒不因电磁力作用而被损坏,应尽量使被校冲击电流在圆筒上产

生的电磁力小于其所能承受的最大内压力,否则应在内筒里再衬一个中心装有芯线杆的聚四氟乙烯绝缘筒作为支撑,这样即使电阻圆筒受到较大的内压力也不会变形和受损。

2) 电阻发热的影响

当冲击大电流通过分流器电阻时,在短时间内,分流器内通过的热量较高,电阻的热效应也是一个不可忽略的因素。由于冲击大电流持续时间很短,来不及散热,可认为大电流产生的全部热量都被电阻材料吸收。电阻材料吸热后,温度升高,过高的温升会在电阻材料中引起较大的热应力,甚至会使电阻圆筒和绝缘介质烧坏。电阻体的允许温升 Q 一般小于 100 ℃,分流器电阻的温升及电阻的变化值由式(7-6)确定。在冲击电流试验中,由于冲击电流发生器产生的波形为单次电流波形,分流器测量单次冲击电流波形后,需要待冲击电流发生器再次充放电完成才能测量第二次波形。一般考虑到充放电所需的时间,试验时间间隔设置为 3 min,在这 3 min 内,分流器本体也可进行充分的散热,其实际温升可通过热电偶配合测温仪实测获得。

$$\Delta\vartheta=\frac{W}{mc}=\frac{I_m^2 R\tau}{cV\gamma}, \quad \Delta R=\Delta\vartheta R\alpha \tag{7-6}$$

式中:$\Delta\vartheta$——温升,单位为 K;

W——分流器中消耗的能量,单位为 J;

m——电阻材料的质量,单位为 kg;

c——电阻材料的比热容,单位为 J/(kg·K);

R——分流器的电阻,单位为 Ω;

ΔR——分流器电阻的变化量,单位为 Ω;

α——温度系数,单位为 K^{-1};

γ——密度,单位为 g/cm^3;

τ——通流时间长度,单位为 s;

V——电阻丝的体积,单位为 cm^3。

康铜、锰铜的比热容为 410 J/(kg·K),密度为 8.9 g/cm^3。

在进行冲击分流的阻值设计时,应综合评估其发热效应及输出信号的灵敏度。在冲击大电流试验时,随着试验电流峰值的增加,可适当考虑拉长两次试验之间的时间间隔,保证冲击分流器内部电阻的充分散热。

3) 杂散参数对带宽的影响

当一个理想阶跃电流 I_0 流入管式同轴结构分流器时,初始时刻电流在导体表面无限薄层中流动。在同一瞬间,导体外会产生磁场。当电流分布在导体的整个截面上时,外部磁场穿透导体内部。根据麦克斯韦方程计算磁场 H 在导体中随时间变化的传播(假设 $d \ll r$)及响应时间 T 分别为

$$H(x,t) = H_0\left[\frac{x}{a} + \frac{2}{\pi}\sum_{v=1}^{\infty}\frac{(-1)^v}{v}\sin\left(\pi v\frac{x}{d}\right)e^{-v^2 t/T}\right] \tag{7-7}$$

式中：t——时间；

$\quad$ x——径向穿透厚度；

$\quad$ a——电阻体外直径，单位为 m。

$$T=\frac{\mu d^2}{\pi^2 \rho}\quad \mu=\mu_0\mu_r \tag{7-8}$$

式中：μ_0——真空磁导率；

$\quad$ μ_r——相对磁导率；

$\quad$ ρ——材料电阻率，单位为 $\Omega\cdot m$；

$\quad$ d——电阻厚度，单位为 m。

利用感应定律，计算通过内表面近轴线的电压降为

$$e_M(t)=I_0 R_0\left[1+2\sum_{v=1}^{\infty}(-1)^v\gamma e^{-v^2 t/T}\right] \tag{7-9}$$

这些方程描述了管式同轴结构分流器的阶跃响应，其波形如图 7-12 所示。

上述方程对应于图 7-13 所示的等效电路，n 个电阻元件 R_0 的并联为分流器的直流电阻 R，n 个电感串联为分流器的内部杂散电感。管式同轴结构分流器在电流阶跃上升沿也没有感应峰值，$t=0$ 时，式（7-9）中 $\left[1+2\sum_{v=1}^{\infty}(-1)^v\gamma e^{-v^2 t/T}\right]$ 部分为 0，此时电压降为 0。

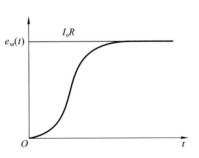

图 7-12　管式同轴结构分流器
的阶跃响应波形

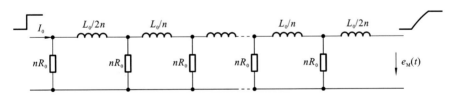

图 7-13　管式同轴结构分流器的等效电路图

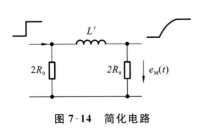

图 7-14　简化电路

在实际使用时，图 7-13 的电路非常复杂，可简化为图 7-14。管式同轴结构分流器的上升部分从准指数形式替换为真正的指数上升，图 7-14 中的等效电感 L' 可以计算为

$$L'=0.43L_0 \tag{7-10}$$

$$L_0=\frac{\mu dl}{2\pi r} \tag{7-11}$$

分流器的部分响应时间为

$$T_\alpha = \frac{0.237L_0}{R_0} = \frac{0.237\mu d^2}{\rho} \tag{7-12}$$

上升时间为

$$T_1 = \frac{0.167L_0}{R_0} = \frac{0.167\mu d^2}{\rho} \tag{7-13}$$

带宽为

$$B = \frac{1.46R_0}{L_0} = \frac{1.46\rho}{\mu d^2} \tag{7-14}$$

4）回路布置方式

图 7-15 所示的为使用冲击分流器进行电流测量的电路连接,采用分流器测量冲击电流时,应将放电回路中的接地点连接至分流器的外壳,同时分流器的外壳与传输电缆的输入端的屏蔽层相连。为了避免电磁干扰对测量仪器的影响,应将测量仪器放置于屏蔽机箱中,同时屏蔽机箱外壳应接地;为了避免供电回路对测量仪器的影响,通常采用隔离变压器配合滤波器给测量仪器供电。

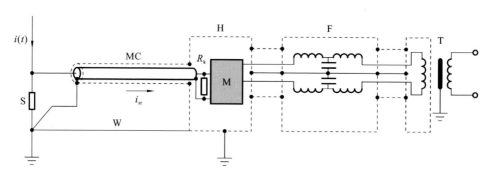

图 7-15　分流器测量电路原理图

S—分流器;R_k—匹配电阻;MC—测量电缆;H—屏蔽机箱;

M—测量仪器;F—滤波器;T—隔离变压器;W—接地线

分流器具有方波响应特性好、频率范围宽的优点,其缺点主要在于:① 分流器需要串联在冲击电流回路中,安装不方便;② 发热及趋肤效应可能会引起分流器电阻值变化;③ 抗干扰措施要求比较高;④ 测量电流较大时,分流器中存在较大的电场力,可能会影响分流器内部结构的稳定,其准确度及制造方面均有较高的难度。因此在数百千安以上电流范围的冲击电流测量时,通常不再采用分流器,而是采用电流线圈或磁光传感器进行测量。

7.2.2　电流线圈

电流测量线圈是基于电磁感应原理和全电流定理测量冲击电流的,通过对冲击电流产生的瞬态磁场进行测量,并通过感应磁场与被校电场的微分关系进行逆向计算的一种测量装置。电流线圈不与冲击电流回路发生任何电气连接及物理接触,通过感应冲击电流产生的磁场生成冲击电流的微分信号,再通过积分环节将微分信号还原成冲击电流信号,其比例系数由线圈本身的结构及积分环节的特性决定。图 7-16 所示的为电流线圈测量冲击电流时的电路原理图,被校电流导体从电流线圈的中心穿过,其感应测量信号通过双屏蔽电缆 MC 传输至测量仪器 M,测量仪器放置于屏蔽机箱内,屏蔽机箱的外壳接地,通过隔离变压器和滤波器给测量仪器供电,避免了供电侧对测量仪器引入的干扰。

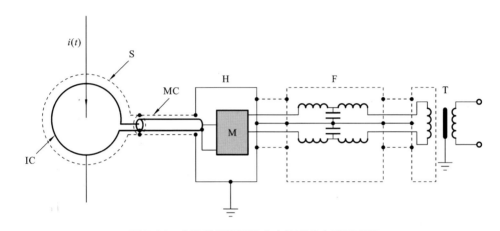

图 7-16　电流线圈测量冲击电流时的电路原理图

$i(t)$—冲击电流;IC—罗氏线圈;S—屏蔽盒;MC—双屏蔽电缆;

H—屏蔽机箱外壳;M—数据采集单元;F—滤波器;T—隔离变压器

（1）基于电磁测量法测量冲击电流的优点：

① 电磁测量法与冲击电流测量回路没有电气连接,冲击电流的地电位抬升不会对测量造成影响;

② 安装方便,适用于现场冲击电流测量。

（2）基于电磁测量法测量冲击电流的缺点：

① 由于存在能量转换的过程,电磁测量系统的上升时间较慢,方波响应差;

② 电磁测量法所需要搭配积分器的使用,可能会引入更多干扰。

电流线圈根据其是否带铁心可分为罗氏线圈和带磁心电流线圈。

1. 罗氏线圈

1）测量原理

该电流测量方法最早于 19 世纪初被 Rogowski 发现:围绕在导体周围线圈的端电压可用来监测该导体电流产生的磁场强度,后来这种电流测量线圈也称为罗氏线圈。罗氏线圈为基于电磁感应原理测量电流信号的通用传感器,是目前应用最广泛的冲击电流测量传感器,主要包括线圈及积分回路。罗氏线圈是一种将绕线均匀地缠绕在绝缘骨架上而制作成的测量线圈,绝缘骨架可以用圆形截面或矩形截面的圆环状绝缘材料制作。绕线从一端开始均匀地缠绕在骨架上,当绕至终端时将绕线反向回绕至首端形成一匝位于每匝线圈中心的回绕线。在图 7-17 所示的罗氏线圈绕线结构示意图中,虚线即为罗氏线圈的回绕线匝。绕线的终端跨接一个采样电阻或匹配积分回路,即可用于测量电流。

　　罗氏线圈的结构参数直接决定了其电磁参数,进而影响线圈的动态性能。根据被校电流的具体要求可以选择磁导率大的材料充当绕线骨架,用于增大感应信号的强度。由于空心罗氏线圈不存在磁心罗氏线圈所具有的磁饱和问题,因此其能测量的电流幅值无理论上限。罗氏线圈的结构示意图如图 7-18 所示,a 为线圈内半径,b为线圈外半径,h 为线圈高度。取截面积微元 dS,则穿过该截面积微元的磁通为

$$d\Phi = B_\gamma dS = \frac{\mu_0 i}{2\pi y} dxdy \tag{7-15}$$

则单匝线圈所交链的磁通为

$$\Phi = \iint_S \frac{\mu_0 i}{2\pi y} dxdy = \frac{\mu_0 i}{2\pi} \int_{-\frac{h}{2}}^{\frac{h}{2}} \int_a^b \frac{1}{y} dxdy = \frac{\mu_0 hi}{2\pi} \ln \frac{b}{a} \tag{7-16}$$

故罗氏线圈感应电动势为

$$e(t) = -N \frac{d\Phi}{dt} = -\frac{N\mu_r h}{2\pi} \ln \frac{b}{a} \gamma \frac{di}{dt} dxdy \tag{7-17}$$

式中:μ_0——真空磁导率,$\mu_0 = 4\pi \times 10^{-7}$ H/m;

　　　N——线圈匝数。

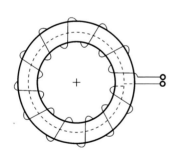

图 7-17　罗氏线圈绕线结构示意图

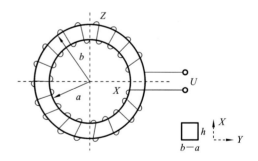

图 7-18　罗氏线圈的结构示意图

　　线圈自感和杂散电容的计算见式(7-18)~式(7-21),其中真空介电常数 $\varepsilon_0 = 8.85 \times 10^{-12}$ F/m,ε_r 为相对介电常数,d 为导线直径,电阻率为 ρ。

$$M = \frac{\mu_0 Nh \ln\left(\frac{b}{a}\right)}{2\pi} \tag{7-18}$$

$$L_c = \frac{\mu_0 N^2 h \ln\left(\frac{b}{a}\right)}{2\pi} \tag{7-19}$$

$$R_c = \rho\, \frac{1}{S} = \frac{8\rho(c+h)N}{\pi d^2} \tag{7-20}$$

$$C_c = \frac{2\pi^2 N(b-a)}{\ln(b/a)}\varepsilon_0\varepsilon_r \tag{7-21}$$

图 7-19 所示的为用集中参数表示的罗氏线圈等效电路图,其中 L_c 为罗氏线圈的自感,R_c 为罗氏线圈的内阻,C_c 为罗氏线圈的等效端口电容,R_S 为外接在罗氏线圈两端的采样电阻,i_1 为被校电流,i_2 为线圈内部流过的电流。

若忽略端口等效电容的影响,则罗氏线圈的等效电路关系可由式(7-22)表示。

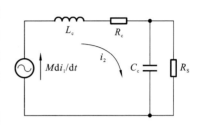

图 7-19　罗氏线圈等效电路图

$$M\frac{\mathrm{d}i_1}{\mathrm{d}t} = i_2(R_c + R_S) + L_c\frac{\mathrm{d}i_2}{\mathrm{d}t} \tag{7-22}$$

若 $i_2 \cdot (R_c + R_S) \ll L_c \mathrm{d}i_2/\mathrm{d}t$,可忽略电阻上的电压,此时罗氏线圈工作在自积分状态,式(7-23)可简化为 $i_1 \approx L_0 i_2/M = n i_2$,称其为 LR 自积分型罗氏线圈。若 $i_2 \cdot (R_c + R_S) \gg L_c \mathrm{d}i_2/\mathrm{d}t$,可忽略电感上的电压,则式(7-23)可简化为 $i_1 \approx (R_0 + R_S)\int i_2 \mathrm{d}t/M$,此时在电阻 R_S 采集到的信号为被校电流的微分信号,需要外加一级积分回路还原 i_1。此时罗氏线圈工作在微分状态,需要外接积分回路,因此称其为外积分型罗氏线圈。不含铁心的罗氏线圈的自感值往往很小。罗氏线圈满足自积分的条件措施如下。

(1)增大罗氏线圈的自感。罗氏线圈的自感受匝数及内半径、外半径的影响,因此增大自感值将使罗氏线圈的自感和杂散电容响应增大,同时降低了罗氏线圈的高频截止频率。

(2)减小采样电阻。采样电阻越小,采样电阻接线端的杂散电容及杂散电感对电路的影响加强,对罗氏线圈测量信号的干扰也将越强。

图 7-20 所示的为罗氏线圈外接无源 RC 积分回路的等效电路图,R、C 分别为积分电阻与积分电容。

根据复频域运算法可以推导出图 7-20 所示电路的传递函数,其中积分电容上的电压为 $U(s)$,一次电流为 $I(s)$。

$$G(s) = \frac{U(s)}{I(s)} = -\frac{MR_S s}{L_c C_c R_S s^2 + (C_c R_c R_S + L_c)s + R_c + R_S} \cdot \frac{1}{CR_S + 1} \tag{7-23}$$

当传递函数取最佳阻尼比 $w_n = \sqrt{(R_a + R_S)/(L_c C_c R_S)}$ 时,阶跃响应下积分电容

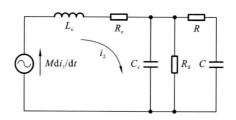

图 7-20 外接无源 RC 积分回路的等效电路图

上的电压表达式如式(7-24)所示;令上升时间为 10% 峰值至 90% 峰值时间间隔,则罗氏线圈的上升时间如式(7-25)所示。

$$U_c(t) = \frac{MR_S}{RC(R_S + R_c)}\left[e^{-\frac{t}{RC}} - \sqrt{2}e^{-\frac{\omega_n t}{\sqrt{2}}}\sin\left(\frac{\omega_n t}{\sqrt{2}} + \frac{\pi}{4}\right)\right] \tag{7-24}$$

$$t_r \approx 2.66\sqrt{L_c C_c} \tag{7-25}$$

由系统的传递函数及幅频特性中幅值下降 3 dB 的标准确定系统的截止频率,系统低频截止频率 f_L、高频截止频率 f_H 的计算公式为

$$f_L = \frac{1}{2\pi RC}, \quad f_H = \frac{1}{2\pi}\sqrt{\frac{R_c + R_S}{L_c C_c R_S}} \tag{7-26}$$

根据截止频率的表达式可知,系统的低频截止频率取决于积分回路的参数,而高频截止频率取决于线圈的参数(如自感和端口电容等)及对采样电阻的选择。

线圈高频截止频率与线圈尺寸的关系图如图 7-21 所示。基于加工工艺的考虑设置骨架高度 h 为 26 mm,从图 7-21 可以看出,线圈内半径越大,截止频率越低,当内半径为 60 mm 时,截止频率约为 850 kHz。b/a 比例系数越大,匝数越多,截止频率越低。当线圈内半径为 60 mm,b/a 约为 1.5,线圈高度为 2.6 mm,匝数小于 90 匝时,高频截止频率大于 1 MHz,满足雷击电流的测量要求。

为了提升罗氏线圈的测量灵敏度,并降低其下限截止频率,目前成熟的罗氏线圈商业产品(见图 7-22)通常是配合有源积分回路使用的,不断优化有源积分回路的供电模式、抗干扰性能,并提升线圈的测量范围及测量灵敏度,为目前罗氏线圈发展的方向。

2) 测量准确度影响因素

罗氏线圈是通过感应被校电流产生的磁场来间接地反映被校电流的幅值与波形的,因此罗氏线圈的测量结果是否准确需要从两方面来评价:一是电流波形的重合度,即在测量同一个电流时,将罗氏线圈的输出波形与标准测量仪器的输出波形进行对比,由此确定波形参数的重合度(主要是指时间参数的一致性);二是罗氏线圈的刻度因数及线性度,可以根据罗氏线圈测量系统的具体参数配置求解其测量时的电流/电压转换系数,进而得到所测量波形的峰值。

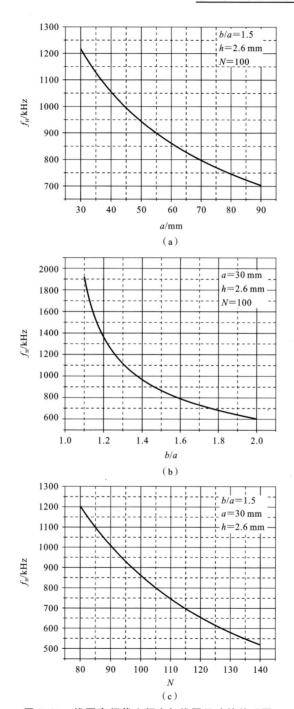

图 7-21 线圈高频截止频率与线圈尺寸的关系图

(a) 高频截止频率与线圈内半径关系;(b) 高频截止频率与线圈内、外半径关系;(c) 高频截止频率与线圈匝数关系

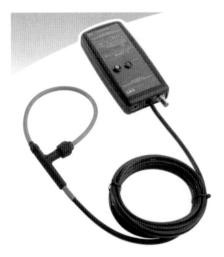

图 7-22　罗氏线圈的商业产品

只要能够准确计算出或者通过其他方式得到罗氏线圈与被校导体之间的耦合参数，就可以不对罗氏线圈的形状、绕线密度等因素做出要求。因此为了设计与使用的方便，对罗氏线圈的制作与使用做出了以下规定。

（1）绕线密度一致。罗氏线圈的绕制方式分为密绕和稀绕两种绕制方式，无论是密绕还是稀绕都要保证绕线密度一致，绕线密度不同将会影响罗氏线圈的测量准确度。

（2）罗氏线圈骨架截面积 S 处处相等，即保证每匝线圈相对于载流导体的位置相同，进而保证每匝绕线所交链的磁通量相等。

（3）选取合适的骨架，保证绕线不会由于其他因素而发生形变，进而影响罗氏线圈与载流导体之间的感应系数。

① 偏心误差分析。

罗氏线圈在测量时要保证被校载流导体穿过罗氏线圈的中心并且垂直于罗氏线圈所在平面；当载流导体偏离了罗氏线圈中心时，两者之间的耦合参数不再是常数值 M，这将导致输出信号与真实值之间存在误差，称此误差为偏心位置误差。

对于均匀密绕型罗氏线圈，可以视其为匝数足够多的理想罗氏线圈，则可将安培环路定理中的公式离散化；所测量的电流波形上升时间均为微秒级，故在此忽略了位移电流的影响。假设罗氏线圈匝数为 n，当载流导体位于中心位置且垂直于线圈平面时，取罗氏线圈中心为原点、等效半径为 r 的闭合圆周曲线包络 n 匝绕线；在此闭合圆周曲线上的点的磁场强度方向与该点的切向方向一致，因此磁场强度 H 沿该闭合圆周曲线的线积分可以离散化为

$$H_1 l_1 + H_2 l_2 + \cdots + H_n l_n = l \sum_{i=1}^{n} H_i = i(t) \tag{7-27}$$

式中：n——绕线匝数；

l——闭合圆周 n 等分的弧长；

H_i——第 i 份圆弧处的磁场强度；

$i(t)$——被校电流。

将式（7-27）左右两边分别对时间 t 求导，则有

$$l \sum_{i=1}^{n} \frac{\mathrm{d}H_i}{\mathrm{d}t} = \frac{\mathrm{d}i(t)}{\mathrm{d}t} \tag{7-28}$$

当载流导体垂直穿过罗氏线圈中心时，罗氏线圈两端的输出电压为式（7-29）。

式(7-29)中，e_1 为第一匝绕线所感应的电动势，并且每匝绕线所感应的电动势相同。

$$e = e_1 + e_2 + \cdots + e_n = \frac{\mathrm{d}\Phi_1}{\mathrm{d}t} + \frac{\mathrm{d}\Phi_2}{\mathrm{d}t} + \cdots + \frac{\mathrm{d}\Phi_n}{\mathrm{d}t}$$

$$= \mu s \sum_{i=1}^{n} \frac{\mathrm{d}H_i}{\mathrm{d}t} = \frac{\mu s}{l} \frac{\mathrm{d}i(t)}{\mathrm{d}t} \tag{7-29}$$

当载流导体垂直于罗氏线圈平面但偏离罗氏线圈中心时，闭合圆周上的点的磁场强度方向与圆周切向方向存在一个角度 θ，因此此时式(7-28)需要改写为式(7-30)，相应地，磁感应强度 B 的方向与线圈截面存在夹角 $(\pi/2 - \theta)$，计算每匝线圈的磁通时需要考虑磁感应强度 B 在垂直于线圈截面方向上的分量即可，故此时罗氏线圈的输出电动势为式(7-31)。由于载流导体偏离了罗氏线圈的中心位置，因此每匝绕线所感应的电动势不再相等，其数值的大小跟载流导体的位置相关。

$$l \sum_{i=1}^{n} \frac{\mathrm{d}H_i}{\mathrm{d}t} \cos\theta_i = \frac{\mathrm{d}i(t)}{\mathrm{d}t} \tag{7-30}$$

$$e = e_1 + e_2 + \cdots + e_n = \frac{\mathrm{d}\Phi_1}{\mathrm{d}t} + \frac{\mathrm{d}\Phi_2}{\mathrm{d}t} + \cdots + \frac{\mathrm{d}\Phi_n}{\mathrm{d}t}$$

$$= \mu s \sum_{i=1}^{n} \frac{\mathrm{d}H_i}{\mathrm{d}t} \cos\theta_i = \frac{\mu s}{l} \frac{\mathrm{d}i(t)}{\mathrm{d}t} \tag{7-31}$$

当载流导体流过相同电流时，电流随时间的变化趋势保持恒定；对比式(7-28)和式(7-30)，可以得知当载流导体垂直于罗氏线圈所在平面时，无论载流导体是否穿过线圈中心，罗氏线圈的输出结果都是相同的。此结论成立的前提是罗氏线圈的绕线均匀分布绕制，并且骨架截面积处处相等。

② 绕线不均匀的影响。

绕线密度不一致则意味着存在几匝绕线，其所在平面并不经过罗氏线圈的中心，如图 7-23 所示。绕线 1 的位置是密绕时绕线所呈现出的绕线与罗氏线圈的相对位置，绕线 2 的位置则是稀绕时绕线所呈现出的位置。根据前文所述，绕线 2 所感应的电动势为

$$e_2 = \frac{\mathrm{d}\Phi_2}{\mathrm{d}t} = \mu s \frac{\mathrm{d}H_2}{\mathrm{d}t} \cos\theta_2 \tag{7-32}$$

根据实际绕制的罗氏线圈可知，θ 的取值范围为 $0 \leqslant \theta < \pi/2$，故 $0 < \cos\theta_2 \leqslant 1$；故绕线 2 的感应电动势小于正常情况下的感应电动势。

当罗氏线圈中存在多匝和绕线 2 类似的绕线时，理论计算的线圈输出值要明显大于线圈实测得到的结果。并且当载流导体偏离罗氏线圈的中心时，由此引起的差距将会更大。因此，保

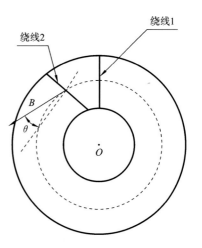

图 7-23　绕线不均匀示意图

证绕线密度的一致性可以改善罗氏线圈在多种应用环境下的测量精度。

③ 积分回路。

罗氏线圈工作在外积分模式时,需要采用外接积分回路或者外部积分的方式来恢复原始信号。积分方式分为两类:一是数字积分,二是模拟积分。数字积分的方式需要采用高速采集卡采集罗氏线圈的输出信号,再使用数字积分器还原原始信号。数字积分要获得很好的积分效果,对采集卡的要求高,因此使用复杂。

图 7-24 所示的为常用的 RC 积分电路与罗氏线圈等效电路,图 7-25 所示的为有源差动积分电路。有源差动积分电路可以有效地拓展罗氏线圈的测量频带。在图 7-25 所示的有源差动积分电路中,R 为积分电阻,C 为积分电容。在线圈本体及传输电缆上总会存在共模干扰信号,采用差动积分电路可以有效地去除共模干扰信号。输入/输出之间的关系为式(7-33),积分电阻可采用精密电阻来保证幅值增益的稳定性与准确度。

$$V_o = \frac{1}{RC}\int_0^t V_i \mathrm{d}t \tag{7-33}$$

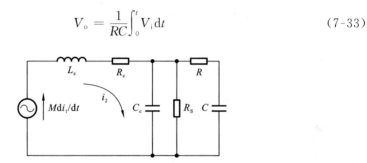

图 7-24　RC 积分电路与罗氏线圈等效电路

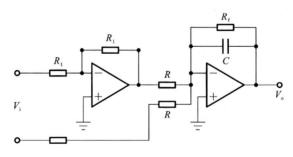

图 7-25　有源差动积分电路

图 7-25 所示的有源差动积分电路属于反向输入式积分电路。当所测量脉冲电流的 $\mathrm{d}i/\mathrm{d}t$ 很大时,会在测量电流信号的起始端存在一个反向凸起现象。由于运放的响应时间是有限的,而罗氏线圈的微分信号会从输入端经过积分电容直接耦合到输出端,以形成一个反向凸起。因此当采用运放的同相输入端作为罗氏线圈信号输入端时,由于输入信号与输出信号不存在直接的电容耦合,进而可以避免这种反向凸

起现象。

积分参数决定了所选用的积分器能否完整无误地还原原始信号。有源积分器具有与无源积分器相同的选取规律,本书以无源积分器为例阐述积分参数的选取原则。

罗氏线圈在外积分状态下,其输出信号为测量电流信号的微分信号。由于线圈分布参数的影响,两者之间的相位差并不是标准的 $90°$。积分器的本质是作为相位补偿装置接在线圈的后面的。因此在理想情况下,积分器的功能是将最终的输出信号与测量电流信号间的相位差补偿到 $0°$。式(7-34)所示的为在正弦稳态下罗氏线圈输出与输入之间的关系式。

$$G(\mathrm{j}\omega) = \frac{U(\mathrm{j}\omega)}{I(\mathrm{j}\omega)} = \frac{M_\mathrm{d} R_\mathrm{S} \mathrm{j}\omega}{-L_\mathrm{c} C_\mathrm{c} R_\mathrm{S} \omega^2 + (C_\mathrm{c} R_\mathrm{c} R_\mathrm{S} + L_\mathrm{c})\mathrm{j}\omega + R_\mathrm{c} + R_\mathrm{S}} \qquad (7\text{-}34)$$

此时,罗氏线圈本身所带来的相位差 θ_1 为式(7-35)。对简单无源 RC 积分器而言,其所提供的补偿相位 θ_2 为式(7-36)。

$$\theta_1 = \frac{\pi}{2} - \arctan\frac{(L_\mathrm{c} + C_\mathrm{c} R_\mathrm{S} R_\mathrm{c})\omega}{R_\mathrm{c} + R_\mathrm{S} - L_\mathrm{c} C_\mathrm{c} R_\mathrm{S}\omega^2} \qquad (7\text{-}35)$$

$$\theta_2 = -\arctan\frac{\omega C R}{1 - \omega^2 C^2 R^2} \qquad (7\text{-}36)$$

θ_1 和 θ_2 需要满足的条件为式(7-37)。由于 $-\pi/2 \leqslant \arctan\varphi \leqslant \pi/2$,故式(7-37)可以化简为式(7-38)。

$$\begin{aligned}\theta_1 + \theta_2 &= \frac{\pi}{2} - \arctan\frac{(L_\mathrm{c} + C_\mathrm{c} R_\mathrm{S} R_\mathrm{c})\omega}{R_\mathrm{c} + R_\mathrm{S} - L_\mathrm{c} C_\mathrm{c} R_\mathrm{S}\omega^2} - \arctan\frac{\omega C R}{1 - \omega^2 C^2 R^2} \\ &= 2k\pi, \quad k = 0, 1, 2, \cdots\end{aligned} \qquad (7\text{-}37)$$

$$\arctan\frac{(L_\mathrm{c} + C_\mathrm{c} R_\mathrm{S} R_\mathrm{c})\omega}{R_\mathrm{c} + R_\mathrm{S} - L_\mathrm{c} C_\mathrm{c} R_\mathrm{S}\omega^2} + \arctan\frac{\omega C R}{1 - \omega^2 C^2 R^2} = \frac{\pi}{2} \qquad (7\text{-}38)$$

当被校电流为周期性电流时,取 ω 为被校电流的角频率,则根据式(7-38)可以确定积分器的时间常数 $\tau = RC$;对于非周期电流信号,可以取其等效角频率来计算积分器的时间常数。需要指出,根据此方法求得的时间常数是完全补偿下的时间常数,对于具体的测量系统,可以在该时间常数周围浮动,综合考虑信号的强度要求来选取积分参数。

④ 测量线圈屏蔽。

罗氏线圈测量冲击电流时,是被校电流的磁通在线圈内感应的电动势所引起的。为了保证测量的准确度,测量线圈应只感应被校电流磁场,而不能感应外界干扰磁场。因此为了正确反映被校电流波形,应只让其磁通通过线圈,而不让其他外来磁通经过线圈。因此测量线圈需要设计良好的屏蔽外壳,同时在铁屏蔽盒内侧开有一条缝隙,该缝隙既可以保证被校电流导体产生的磁通顺利进入感应线圈,同时又可以避免在屏蔽盒的截面环路中形成感应电流。

2. 带磁心电流线圈

1）测量原理

带磁心电流线圈的测量原理与空心罗氏线圈基本相同，其区别在于感应测量线圈绕制骨架为铁心材料，由于铁心材料的引入，线圈互感参数增大，线圈的灵敏度系数增大，在测量同一冲击电流波形时，同等绕制尺寸及同等绕制匝数条件下，磁心冲击电流线圈的感应输出电压远高于空心罗氏线圈。由于带磁心线圈的互感参数增大，可以工作在自积分状态，不需要外接积分回路，也不需要引入有源电路，其测量信号经过电缆传输后，信噪比更大，抗干扰能力相对于罗氏线圈更强。

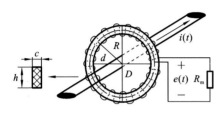

图 7-26　铁心线圈传感器原理图

铁心线圈传感器原理图如图 7-26 所示。铁心线圈传感器由若干匝导线均匀对称地绕制在一定形状和尺寸的铁磁材料上制成，一次导体垂直穿过铁心骨架中心，当导体中流过变化的电流时，导体周围产生变化的磁场，由电磁感应原理可知磁心线圈输出端产生感应电压。

R_m 为积分电阻，$i(t)$ 为被校电流，$e(t)$ 为感应电压，R 为线圈等效半径，D 为线圈外直径，d 为线圈内直径，h 为线圈截面高度，c 为线圈截面厚度。假设穿过铁心线圈的载流导体为单匝，且被校电流为 $i(t)$，根据安培环路定理，有

$$\oint H \mathrm{d}l = i(t) \tag{7-39}$$

设 R 远大于载流导体半径，可认为铁心截面内磁场强度处处相等，磁场强度为

$$H = \frac{i(t)}{2\pi R} \tag{7-40}$$

因磁感应强度 B 与磁场强度 H 的关系为 $B = \mu_0 \mu_r H$，则磁感应强度 B 可写为

$$B = \frac{\mu_0 \mu_r i(t)}{2\pi R} \tag{7-41}$$

式中：B——磁感应强度，单位为 T；

　　　μ_0——真空磁导率，$\mu_0 = 4\pi \times 10^{-7}$ H/m；

　　　μ_r——铁心的相对磁导率。

由法拉第电磁感应定律得，铁心线圈产生的感应电动势为

$$e(t) = -\frac{\mathrm{d}\psi}{\mathrm{d}t} = -\frac{\mu_0 \mu_r NS}{2\pi R}\frac{\mathrm{d}i(t)}{\mathrm{d}t} \tag{7-42}$$

式中：$\psi = N\Phi = NBS = \dfrac{\mu_0 \mu_r NS}{2\pi R} i(t)$——总磁链；

　　　N——铁心线圈所绕线匝的总匝数；

　　　Φ——每匝小线匝所交链的磁通；

S——铁心线圈的截面积。

令 $M = \mu_0\mu_r NS/(2\pi R) = \mu_0\mu_r nS$ 为铁心线圈与载流导体间的互感，$n = N/(2\pi R)$ 为铁心线圈单位长度的匝数，即线匝密度。该互感 M 是在理想条件下推导出的理论值。若不考虑铁心线圈的分布电容，则铁心线圈的自感 $L \approx NM$。

上述为传感器处于理想状态下的推导结果。实际上，其磁心线圈中还存在激励电流 I_0，以及对应的激励绕组 L_f、R_f。由于内部损耗及负荷二次功率极小，在准确度要求不高时可忽略激励电流 I_0，以简化分析。

图 7-27 所示的为电流传感器等效电路图。

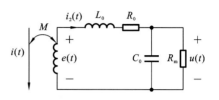

图 7-27　电流传感器等效电路图

与空心罗氏线圈的等效电路图类似，因此可以得到系统的零初始条件下的传递函数，即

$$G(s) = \frac{u(s)}{i(s)} = -\frac{Ms}{L_0 C_0 s^2 + \left(\dfrac{L_0}{R_m} + R_0 C_0\right)s + \left(\dfrac{R_0}{R_m} + 1\right)} \qquad (7\text{-}43)$$

满足自积分的条件为

$$\begin{cases} \dfrac{1}{\omega C} \gg R_m \\[2mm] L_0\, \dfrac{\mathrm{d}i_2(t)}{\mathrm{d}t} \gg (R_0 + R_m)\, i_2(t) \end{cases} \qquad (7\text{-}44)$$

由于带磁心冲击电流线圈等效回路参数大多均可满足自积分条件，磁心线圈一般不用外接积分回路，仅需在线圈输出端并接积分电阻 R_m，即可完成自积分，其回路结构更加简单，由于所引入的器件较少，更容易保证测量线圈的参数稳定性。磁心传感器的灵敏度与积分电阻 R_m 及绕制匝数有关。

带磁心冲击电流线圈由于引入了铁心，需要考虑非线性带来的影响，以保证传感器的工作性能。铁心材料参数会受频率、磁场强度 H 等因素影响。

传感器选用的铁心是剩磁与矫顽力较小的铁心，其相对磁导率 $\mu_r = B/H$。在理想条件下，可以近似为一条直线。当 $\mu_r H < B_m$ 时，μ_r 为常数；当 $\mu_r H > B_m$ 时，铁心发生饱和，如图 7-28 所示。因为铁心的磁导率是空气磁导率的几千倍，而线圈的自感又正比于 μ，故带铁心线圈的电感是相同尺寸空心线圈的几千倍，这使得自积分条件更容易得到满足，下限频率降低。但若被校电流产生的磁场强度过大，使铁心工作在饱和区域，则 μ 将会大幅下降，自积分条件可能不再得到满足，波形就会发生畸变。

对饱和磁感应强度为 B_s 的铁心而言，允许的最大励磁电流 I_{maxB} 与铁心骨架尺寸有关，即

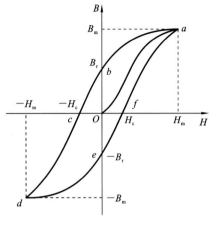

图 7-28　典型 B-H 曲线

$$I_{\text{maxB}} = \frac{2\pi B_{\text{m}}(D-d)}{\mu}\ln\frac{D}{d} \quad (7\text{-}45)$$

式中：μ——绝对磁导率。

根据一次电流 $i(t)$ 计算得出的最大励磁电流为

$$I_{\text{maxI}} = \frac{2(R_0 + R_{\text{m}})I_{\text{m}}}{\omega L} \quad (7\text{-}46)$$

式中：I_{m}——二次电流峰值，为使铁心在测量中不饱和，必须满足 $I_{\text{maxB}} > I_{\text{maxI}}$。

选取线圈铁心骨架材料时还要充分考虑一次电流 $i(t)$ 的工作频率，必须选取合适的铁心材料，以免铁心频率响应不够。

根据式（7-45）可知，铁心高度 h 在一定的条件下，铁心外直径 D 与内直径 d 的比值越大，即铁心截面积越大，线圈越不容易饱和，这要求从结构参数上进行优化设计；对于铁心种类，铁心磁导率越小，饱和磁感应强度越大，越不容易饱和，对此应选择合适的铁心材料。对于线圈参数，线圈内阻越小，积分电阻越小，自感越大，越不容易饱和。

可将铁心磁导率视为关于频率 f 的函数 $\mu_{\text{r}}(f)$，则传感器的互感、自感可分别表示为

$$M(f) = \frac{N\mu_0\mu_{\text{r}}(f)h}{2\pi}\ln\frac{D}{d} \quad (7\text{-}47)$$

$$L_0(f) = \frac{N^2\mu_0\mu_{\text{r}}(f)h}{2\pi}\ln\frac{D}{d} \quad (7\text{-}48)$$

在其他参数固定的条件下，传感器的互感与自感也可以视为关于频率 f 的函数 $M(f)$、$L_0(f)$，则传感器单个绕组的传递函数可表示为

$$G(s) = \frac{u(s)}{i(s)} = -\frac{M(f)s}{L_0(f)C_0s^2 + \left(\dfrac{L_0(f)}{R_{\text{m}}} + R_0C_0\right)s + \left(\dfrac{R_0}{R_{\text{m}}} + 1\right)} \quad (7\text{-}49)$$

由此可知铁心磁导率实部的变化只影响线圈的互感与自感，而互感与自感的变化对传感器的输出灵敏度无影响，对线圈上限截止频率也无影响，只影响线圈下限频率。经过分析可得，磁导率、导线内阻的变化对多绕组铁心线圈传感器的测量性能基本无影响。但需要注意一次电流的幅值对铁心可能造成的饱和。

磁心罗氏线圈较广泛应用于标准指数波冲击电流的测量，对于高幅值矩形冲击电流波形的测量研究仍在开展中。

通常在增大测量电流幅值及脉宽后，所设计磁心线圈的尺寸就要相应增大，以避免测量过程中出现磁饱和。当磁心式冲击电流线圈用于测量长脉宽冲击电流时，应

避免因铁心饱和造成电流测量误差,要合理设计磁心线圈的尺寸及线圈的匝数。

为了提升磁心罗氏线圈的上限截止频率,除了合理选取铁心材料及尺寸,还可以对线圈绕组进行优化设计,传统的磁心罗氏线圈为单绕组形式,当采用多绕组串联形式时,也可以在一定程度上拓展其上限截止频率。

2)测量准确度影响因素

磁心罗氏线圈在进行冲击电流测量时,同样会受到导体偏心、绕线不均匀等因素的影响,其最主要的影响因素还在于磁心饱和所造成的测量误差,相对于空心电流线圈,其上限截止频率更低,在进行冲击大电流测量时,应充分计算被校电流在磁心中产生的磁场大小及对应的时间宽度,基于磁心的自身特性,设计合适的内直径、外直径及截面积,保证其工作在线性磁场范围内。

7.2.3　磁光效应传感器

分流器和电流线圈测量冲击电流时,测量回路和主放电回路之间都存在直接或间接电耦合,利用磁光效应,就可以避免传感器和放电回路间的耦合。

磁光效应测量电流原理图如图 7-29 所示,激光器 L 发出的光束,经过偏振片 P_1 成为偏振光,然后进入介质 S,介质 S 处在磁场作用之下,产生磁场的电流为被校电流,当偏振光经过介质从另一端出来时,偏振光旋转了一个角度 θ,旋转角的大小和磁场的强弱呈正比,也就是和被校电流的大小呈正比,然后光线再经过解偏振器 P_2,在没有磁场作用,即 $\theta = 0$ 时,光线不能通过 P_2,在有磁场时,偏振光转动 θ,光线可以通过 P_2,而且 θ 越大,通过的光线越强,从 P_2 输出的光线由光电倍增管 M 测量。这种方法的基本原理是:电流产生磁场,使偏振光旋转 θ,再经过 P_2,输出的光线强度随 θ 变化,这样,最后输出的光就和电流联系起来了。

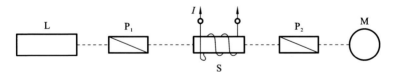

图 7-29　磁光效应测量电流原理图

偏振光在磁场作用下的介质中,旋转角 θ 和磁场的关系为

$$\theta = KlH \tag{7-50}$$

式中:l——介质的长度;

H——与光路平行的磁场分量;

K——费尔德常数,它是与材料性质有关的常数。

光电探测器的光强表达式为

$$I_T = I_0 + \frac{1}{2}I_1\left[1 - \cos(2\theta)\right] \tag{7-51}$$

式中：I_0——偏振器交叉时通过的光强。

$I_0 + I_1$ 为达到光电倍增管中的最大光强。在实际测量中应区别磁场的正、反方向，因为 $\pm\theta$ 的 $\cos(2\theta)$ 值都一样，为了区别磁场的正、反方向，在解偏振器 P_2 的位置时，使它在没有磁场的情况下仍有一定的输出，当施加某一定方向的磁场时，θ 增大，光线输出增强；加反向磁场，使 θ 减小，光线输出减弱，当磁场很强时，$\theta > 90°$，I_T 又将减小，而磁场减小也会使 I_T 下降，所以要区分这两种情况，这在使用磁光效应测量电流时应加以注意。但是一般说来，冲击电流的数值基本是已知的，只要使它的磁场不要超过 $90°$ 的 θ，就可以避免以上问题。为了使得磁光效应传感器具有良好的响应特性，要选择弛豫时间很短的材料，且选择响应速度较快的光电倍增管和示波器。采用磁光效应传感器测量冲击电流时，可以完全避免高压绝缘、强电磁力、发热效应等问题，其具有广泛的应用场景。

7.3 冲击电流二次测量系统

冲击电流转换装置将冲击大电流转换为可供数字记录仪采集的冲击电压后，该冲击电压信号通过同轴电缆或光纤传输至二次测量分析系统，进行波形参数分析，二次测量分析系统包括冲击衰减器、数字采集装置及冲击电流计算分析软件。数字采集装置一般为成熟的商业产品。冲击衰减器和冲击分析计算软件一般需要用户自行研制，或购买通用测量衰减器，但需要验证其测量性能。

7.3.1 冲 击 衰 减 器

冲击衰减器，又称为冲击二次分压器，能够对冲击电流传感器的输出信号进行二次衰减，使被校冲击电流信号峰值减小到采集设备量程范围内。冲击衰减器的频率特性、线性度参数将直接影响冲击电流信号测量的准确度。

冲击衰减器类似于冲击分压器，其形式主要有三种，分别为电阻式、阻容串联式及阻容混联式。本节将基于传递函数理论对三种不同结构衰减器的原理进行研究。

1. 电阻衰减器

图 7-30 所示的为电阻衰减器的简化结构图，电阻衰减器结构简单，仅由高、低压臂电阻 R_1 和 R_2 组成。理想电阻衰减器传递函数为纯比例环节，按照控制理论，纯比例环节能够无迟延、无惯性、按比例系数复现输入信号。

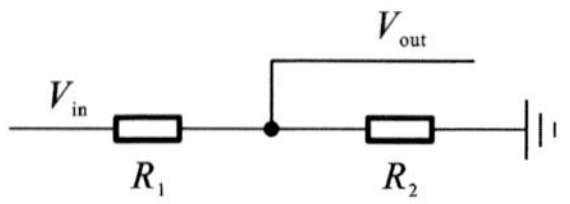

图 7-30 电阻衰减器的简化结构图

理想电阻衰减器的传递函数为

$$G(s) = \frac{R_2}{R_1 + R_2} \qquad (7\text{-}52)$$

式(7-52)表明，理想电阻衰减器的衰减比仅由 R_1

与 R_2 确定。然而,实际的电阻元件通常掺杂有微量的电容,这会在一定程度上畸变输入信号;同时,实际电路中存在较大杂散电容,这会加剧畸变输入信号,增大系统的测量误差。低频下,杂散电容阻抗较小,对衰减器的性能影响可以被忽略,传递函数仍然可以用式(7-52)表达;但是高频下,杂散电容阻抗的影响已经不能被忽略了,传递函数不再为单纯的比例环节,衰减器产生容抗分支,同时其容抗值不是恒定的而是与被校电压中各谐波频率呈比例,这必然会使测量波形产生畸变,幅值测量也不准确。

电阻衰减器因其结构简单,分压比较稳定,但仅依靠电阻分压时,衰减器的高、低压臂与屏蔽外壳间存在杂散电容,此时高、低压臂的电容比例与电阻比例可能不一致,衰减器不能拥有平坦的方波响应特性,其结构还需要进一步优化。

2. 阻容串联衰减器

图 7-31 所示的为阻容串联衰减器的简化结构图。阻容串联衰减器的高、低压臂由电阻和电容串联组成。阻容串联衰减器的电路对地同样会有杂散电容存在,但是由于其主电路具有阻容性,杂散电容折算到主电路的电容时,其影响将是恒定的,不随被校电压的波形、幅值改变而改变,那么衰减器的衰减比就固定不变,被校波形也不会发生畸变。

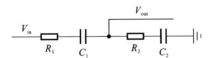

图 7-31　阻容串联衰减器的简化结构图

由于衰减器的元件都是无源的,根据电路理论的分压定律,图 7-31 所示的阻容串联衰减器的传递函数为

$$G(s) = \frac{R_2 + \dfrac{1}{sC_2}}{\left(R_1 + \dfrac{1}{sC_1}\right) + \left(R_2 + \dfrac{1}{sC_2}\right)} = \frac{C_1 C_2 R_2 s + C_1}{C_1 C_2 (R_1 + R_2) s + (C_1 + C_2)} \tag{7-53}$$

将分母中的拉普拉斯算子 s 的系数归一化为

$$G(s) = \frac{C_1 C_2 R_2 s + C_1}{C_1 C_2 (R_1 + R_2) s + (C_1 + C_2)} = \frac{R_2}{R_1 + R_2} \frac{s + \dfrac{1}{C_2 R_2}}{s + \left(\dfrac{C_1 + C_2}{C_1 C_2}\right)\left(\dfrac{1}{R_1 + R_2}\right)} \tag{7-54}$$

最终,阻容串联衰减器的传递函数可以写为

$$G(s) = \frac{R_2}{R_1 + R_2} \frac{s + \dfrac{1}{C_2 R_2}}{s + \dfrac{1}{C_2 R_2}\left(\dfrac{C_1 + C_2}{C_1}\right)\left(\dfrac{R_2}{R_1 + R_2}\right)} \tag{7-55}$$

根据式(7-55),如果高、低压臂电阻电容参数满足

$$\left(\frac{C_1+C_2}{C_1}\right)\left(\frac{R_2}{R_1+R_2}\right)=1 \qquad (7\text{-}56)$$

即

$$R_1C_1=R_2C_2 \quad \text{或} \quad \frac{R_1}{R_2}=\frac{C_2}{C_1} \qquad (7\text{-}57)$$

那么,阻容串联衰减器的传递函数可以化简为

$$G(s)=\frac{R_2}{R_1+R_2} \qquad (7\text{-}58)$$

同时根据式(7-57),可以得到

$$G(s)=\frac{R_2}{R_1+R_2}=\frac{C_1}{C_1+C_2} \qquad (7\text{-}59)$$

因此,理想条件下,当高、低压臂时间常数相等,即 $R_1C_1=R_2C_2$ 时,阻容串联衰减器的传递函数为纯比例环节,能够按比例放大或缩小输入信号幅值的同时不产生波形畸变。根据实际工程应用经验,高、低压臂时间常数应小于被校冲击电压波前时间的 1/10,IEC 标准规定雷电冲击电流波头最短时间为 1 μs,则要求

$$R_1C_1=R_2C_2\leqslant100 \text{ ns} \qquad (7\text{-}60)$$

非理想条件下,杂散电容被折算到主电路电容时,$R_1C_1\neq R_2C_2$,由式(7-59)可知,此时衰减比由 $R_1/(R_1+R_2)$ 的比值确定,但衰减器测量冲击电压的时间参数会受到 $[(C_1+C_2)/C_1][R_1/(R_1+R_2)]$ 的影响。

阻容串联衰减器衰减比稳定性不受杂散电容影响,雷电和操作冲击电压都有良好的动态响应,使高、低压臂时间常数相等,衰减器将呈现纯比例特性,但在测量雷电冲击电压时要求衰减器的时间常数小于 100 ns,这时衰减器的输入阻抗必然小于 1 MΩ,不满足冲击电流的测量要求,冲击衰减器的结构还需要在此基础上做进一步优化。

3. 阻容混联衰减器

图 7-32 所示的为阻容混联衰减器的简化结构图。类似于通用分压器的结构,阻容混联衰减器在阻容串联衰减器的基础上,高、低压臂再分别并联一个分压电阻。并联分压电阻后,可以使衰减器的输入阻抗达到 1 MΩ。

阻容混联衰减器的结构比阻容串联衰减器的结构多了一条支路,串联支路和并联支路同时存在,其传递函数表达式更为复杂。同样根据分压定律,并进行一定程度的化简,则阻容混联衰减器的传递函数可以写为

$$G(s)=\frac{R_{21}T_2\tau_2s^2+R_{21}(T_1+\tau_2)s+R_{21}}{(R_{11}T_2\tau_1+R_{21}T_1\tau_2)s^2+[R_{11}(T_2+\tau_1)+R_{21}(T_1+\tau_2)]s+(R_{11}+R_{21})}$$

$$(7\text{-}61)$$

式中:

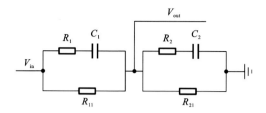

图 7-32　阻容混联衰减器的简化结构图

$$\begin{cases} T_1 = R_1 C_1 + R_{11} C_1 \\ T_2 = R_2 C_2 + R_{21} C_2 \\ \tau_1 = R_1 C_1 \\ \tau_2 = R_2 C_2 \end{cases} \tag{7-62}$$

$T = T_1 = T_2, \tau = \tau_1 = \tau_2$ 且没有杂散参数影响时，即

$$\frac{R_1}{R_2} = \frac{C_2}{C_1} = \frac{R_{11}}{R_{21}} \tag{7-63}$$

此时传递函数化为

$$G(s) = \frac{R_{21}}{R_{11} + R_{21}} \tag{7-64}$$

根据式(7-63)可得

$$G(s) = \frac{R_{21}}{R_{11} + R_{21}} = \frac{C_1}{C_1 + C_2} = \frac{R_2}{R_1 + R_2} \tag{7-65}$$

　　理想条件下，与阻容串联衰减器的结论类似，当高、低压臂元件对应呈比例关系，即 $R_1/R_2 = C_2/C_1 = R_{11}/R_{21}$ 时，阻容混联衰减器的传递函数如式(7-65)所示，为纯比例环节。

　　非理想条件下，当回路中有杂散电容存在时，为了得出更具一般性的传递函数表达式，需要分析衰减器实际参数，并对式(7-61)进行一定的近似化简。衰减器作为冲击测量记录仪的一部分，其输入阻抗一般为高阻状态，R_{11} 通常为 1 MΩ 左右，同时式(7-60)要求高、低压臂时间常数小于 84 ns，此时 R_1 一般仅为数千欧，因此 $R_{11} \gg R_1$，同理 $R_{21} \gg R_2$。当 $R_{11} \gg R_1$，$R_{21} \gg R_2$ 时，式(7-62)中 $T + \tau \approx T$，$T_1 + \tau_2 \approx T_1 \approx R_{11} C_1$，$T_2 + \tau_1 \approx T_2 \approx R_{21} C_2$。$T_1$、$T_2$ 一般为微秒级，τ_1、τ_2 为纳秒级，则 $T\tau \ll T + \tau$，式(7-61)中 s^2 项前系数远小于 s 项前系数，s^2 项可以忽略不计。最终传递函数可以化简为

$$G(s) \approx \frac{R_{21}(T_1 + \tau_2)s + R_{21}}{[R_{11}(T_2 + \tau_1) + R_{21}(T_1 + \tau_2)]s + (R_{11} + R_{21})}$$

$$\approx \frac{R_{21} T_1 s + R_{21}}{(R_{11} T_2 + R_{21} T_1)s + (R_{11} + R_{21})}$$

$$\approx \frac{R_{21}R_{11}C_1 s + R_{21}}{(R_{11}R_{21}C_2 + R_{21}R_{11}C_1)s + (R_{11}+R_{21})}$$

$$= \frac{C_1}{C_1+C_2} \frac{s + \dfrac{1}{R_{11}C_1}}{s + \dfrac{1}{R_{11}C_1}\left(\dfrac{R_{11}+R_{21}}{R_{21}}\dfrac{C_1}{C_1+C_2}\right)} \tag{7-66}$$

将式(7-66)分母中拉普拉斯算子 s 的系数归一化为

$$G(s) = \frac{C_1}{C_1+C_2} \frac{s + \dfrac{1}{R_{11}C_1}}{s + \dfrac{1}{R_{11}C_1}\left(\dfrac{R_{11}+R_{21}}{R_{21}}\dfrac{C_1}{C_1+C_2}\right)} \tag{7-67}$$

经过上述理论分析和等式化简,得到了与阻容串联衰减器形式类似的传递函数表达式。式(7-67)表明当 $[(R_{11}+R_{21})/R_{21}][C_1/(C_1+C_2)]=1$ 时,高输入阻抗阻容混联衰减器的传递函数仍然为比例环节,衰减比与电阻值无关,仅由回路中电容值决定,此时 C_1、C_2 表示杂散电容折算到高、低压臂后的回路电容。在实际工程应用中,只要衰减器的结构固定,杂散电容就不会改变,那么衰减器的衰减比就是稳定的,但由于杂散电容不可以通过实际测量得到,因此衰减比具体值无法通过理论计算知晓,也就无法通过理论计算满足 $[(R_{11}+R_{21})/R_{21}][C_1/(C_1+C_2)]=1$ 的要求。

与电阻衰减器不同,阻容衰减器的衰减比、稳定性不受杂散电容影响,同时通过改变主电路电容可以抵消杂散电容对整个测量系统动态响应特性的影响,工程上一般通过调节衰减器的方波响应来间接反映这种抵消效果。

衰减器回路器件的特性参数将影响其响应特性、稳定性及线性度等,进行衰减器器件挑选时,应对电阻、电容的耐压、线性度、长/短期稳定性参数进行试验,挑选性能最优的器件,以保证冲击衰减器的整体性能。

7.3.2　冲击数字记录仪

在冲击数字记录仪相关的 IEC 及国家标准中,对冲击数字记录仪的采样率、垂直分辨率、上升时间等参数均提出了相关要求。IEC 标准还采用了静态非线性、动态非线性、时基非线性、上升时间等参量对冲击数字记录仪的参数特性进行表征,并给出了各项参数的测试方法。采样率、垂直分辨率及带宽为用户较为熟悉的技术参数,在特性校核试验中,一般对数字采集器的非线性、上升时间、刻度因数稳定性进行校核。

冲击数字记录仪一般采用高速采集卡或示波器,其采样率及垂直分辨率均能满足冲击电流信号处理的要求,通过 A/D 转换将冲击电流转换装置输入的电压测量信号转换为数字信号,并导入配套冲击电流测量软件以实现电流峰值及时间参数的计算。

冲击电流的波形特征参数,需要按照相关 IEC 标准及国家标准规定的参数定义进行分析计算。

指数型冲击电流波形,其特征参量为电流峰值、波前时间 T_1 及半峰值时间 T_2,如图 7-1 所示。矩形冲击电流波形,其特征参量为冲击电流峰值、波形持续时间和波形总持续时间,如图 7-2 所示。

为准确获取波形参数,冲击测量软件录入冲击电流波形后,应首先对信号波形进行滤波,滤除明显的噪声信号;其次确定波形的电流起始点,进而获得冲击电流峰值;最后确定时间参数计算关键点,进而计算时间参数。

为了验证冲击数字记录仪的测量准确度,目前常用标准冲击电压发生器对其峰值参数及时间参数进行校核,目前国际上普遍采用 1 kV 冲击电压校准器对冲击数字记录仪进行校核,为了同时适用于冲击电压及冲击电流测量,冲击电压校准器的波形参数一般为雷电压波形参数,主要包括 0.84/60 μs、1.56/60 μs,该波头和半峰值时间参数基本可以覆盖冲击电流的波形参数,因此也可以用于校验冲击电流测量的数字记录仪。

7.4 冲击电流试验中的接地及屏蔽

冲击电流信号通过传输电缆传输至采集卡端部时,易受空间电磁干扰的影响,此时应采用合适的传输方式,尽量减小电磁干扰所引起的测量误差。

如图 7-33 所示,冲击电流试验时,应在放电回路中设置单点接地,当所采用的冲击电流转换装置为分流器时,放电回路的接地点应连接至分流器的外壳。

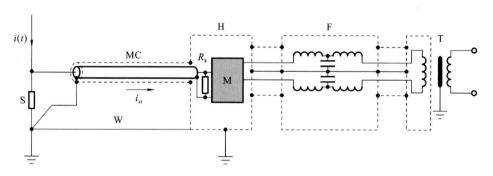

图 7-33 冲击大电流试验回路

S—分流器;R_k—匹配电阻;MC—测量电缆;H—屏蔽机箱;

M—测量仪器;F—滤波器;T—隔离变压器;W—接地线

当冲击电流测量装置的传输系统采用同轴电缆时,可采用双层屏蔽电缆或者在屏蔽电缆外壁增加金属屏蔽层,以屏蔽空间的电磁场干扰。电缆首端双层屏蔽直接接地,电缆末端外层屏蔽连接测量仪器(数字示波器、数字记录仪)外侧的屏蔽箱,测量仪器的供电电源需要通过隔离变压器或者滤波器供电,或者直接使用不间断电源(UPS)。

　　为避免同轴电缆传输测量信号时受到空间耦合电磁干扰的影响,较好的办法是:在电流转换装置前端进行数字化,即将电流传感器所测量信号通过较短的传输电缆传输至数字记录仪,数字记录仪采集并保存数据后,再通过光纤或无线传输方式将信号传输至后端计算机软件中以进行波形参数的计算。

第8章　冲击电流计量标准溯源方法

为了保证冲击电流量值的准确度及统一性,应将冲击电流量值进行有效传递,为保证量值传递过程中的准确度,对于所传递的标准量值,应同时对所传递的标准量值进行准确的量值溯源,保证所传递的量值与在传递和溯源过程中获取冲击电流的参数量值一致。在冲击电流量值传递及量值溯源的过程中,如何优化冲击电流传递及溯源技术方案,减小冲击电流量值的测量不确定度,是目前冲击电流测量研究工作者努力的方向。

本章首先介绍了冲击电流量值的传递技术,冲击电流的标准量值通过校准的方式传递给工作冲击电流传感器,而冲击电流标准测量装置的量值又需要溯源到国家计量基准参量,因此接着介绍了冲击电流的量值溯源技术,包括主流的三种量值溯源方法,冲击电流量值的溯源及传递构成了冲击电流传感器量值的全过程链条,保证了冲击电流量值的准确可靠。

8.1　冲击电流的量值传递技术

冲击电流量值传递是通过对工作冲击电流测量标准器在标准实验室或现场开展校准工作而实现的,测量性能优良的冲击分流器、罗氏线圈均可作为量值传递过程中的标准器,其自身量值可溯源至高一级测量标准或测量基准,并通过量值比对的方式,传递给下一级测量标准器,最终传递给工作计量器具。

冲击电流成套试验装置一般体积较大,波形参数复杂多样,设备难以移动,且现场校准的试验结果与试验装置实际运行工况更加符合,校准结果更加具有指导意义,因此冲击电流校准试验多基于现场开展,在现场进行冲击电流校准试验时,应严格遵守现场试验方案,保证校准试验结果的准确度。

依据冲击电流测量装置校准规范,对冲击电流测量装置进行现场校准时,校准参量主要包括:① 基本误差——刻度因数误差、时间参数误差;② 线性度——在冲击电流测量装置测量范围内的最大值和最小值范围内等分 5 个电流点进行试验;③ 长期稳定性——计算被检冲击电流测量装置刻度因数在两个周期内校验试验中的变化;④ 阶跃波响应试验——利用方波电流源对被检装置进行阶跃波响应试验。

进行冲击电流现场校准时,排除环境电磁干扰对测量结果的影响尤为重要,现场校准环境一般较为复杂,供电电源的稳定性、接地电阻的大小、实验室电磁屏蔽效果等因素均会对测量结果造成影响。

8.1.1 校准设备的选用

进行现场校准时,需要根据被检装置的布置位置、校准波形参数选择合适的校准设备,常用的冲击电流测量转换装置包括如下几种。

1. 转换装置

进行现场校准时,根据对测量结果的准确度要求、安装方便快捷等因素综合选取合适的标准测量转换装置,常用的校准装置包括分流器及罗氏线圈两种。

1) 分流器

可选用双股对折式分流器、管式同轴结构分流器或盘式结构分流器等,能承受被校冲击电流作用下的力效应与热效应,分流器通常适用于测量幅值 100 kA 及以下的冲击电流。但使用分流器作为校准试验装置时需要断开原有冲击电流形成的回路,安装较为复杂,且现场校准安装空间受限,接入分流器时仍会不同程度改变原冲击电流形成回路的电气参数,因此现场校准时一般较少采用分流器,除非采用其他类型的传感器无法满足实际测量要求,如测量 $1/20~\mu s$ 或更短上升时间的冲击电流波形或上升时间为纳秒级的阶跃电流波形时,要求电流传感器具有较好的响应速度,此时优先选用分流器进行测量。

同轴结构分流器是最常选用的分流器,其特点是回路电感小,上升时间短,若要测量上升时间极短的冲击电流波形,应选用盘式结构分流器。若现场环境条件较为恶劣,温度变化及湿度波动较大,分流器的电阻值将会明显受环境条件的影响,此时不建议采用分流器作为现场校准标准器;若现场校准试验对象为对外开展冲击电流量值传递工作的传递标准器,则为了保证现场校准的准确度,应优先选取冲击分流器作为校准标准器;若现场校准的试验对象仅为性能试验监测设备,此时应优先选择罗氏线圈作为计量标准器具。

2) 罗氏线圈

罗氏线圈利用被校电流产生的磁场在线圈内感应的电压来测量电流,其本质为电流互感器,可用来测量幅值为零至数百千安的冲击电流。可选用空心罗氏线圈或带铁心罗氏线圈,被校冲击电流的峰值不应超过罗氏线圈的额定值。对于带铁心罗氏线圈,被校冲击电流的安秒积(测量电流对时间的积分值)应小于其额定安秒积。

采用罗氏线圈进行现场校准时,需要注意以下几点。

(1) 罗氏线圈的安装位置:被校电流回路导体穿过罗氏线圈的中心,为避免偏心对测量结果的影响,应保证被校导体与罗氏线圈中心线保持重合。

(2) 罗氏线圈的绝缘保证:为保证罗氏线圈的屏蔽性能,其外壳多采用金属外壳,在安装时,应特别注意其外壳不能与邻近带电体接触,以保证其绝缘性能及测量准确度。

(3) 有源积分式罗氏线圈:由于现场校准时电磁环境较为复杂,若所采用的罗氏线圈积分回路为有源积分,电源供给方式应优先选取电池供电,避免供电回路给积分回路带来干扰,影响测量的准确度。

(4) 响应特性:应充分评估被校电流波形的电流幅值及波形参数,保证所选罗氏线圈的频带宽度满足测量要求。

2. 二次衰减器

二次衰减器用来衰减转换装置的输出信号,以满足测量仪器的输入要求,二次衰减器可采用电阻分压式或电容分压式结构(在本书 7.3.1 节中已做详细介绍),并与测量电缆进行阻抗匹配。二次衰减器一般内置或外置于二次采集装置中,若二次衰减器外置,为避免电磁干扰,应特别保证其两端的连接紧固性,以保证测量结果的准确度。

3. 测量仪器

一般采用数字示波器或数字采集仪,其性能指标应满足《高电压冲击测量仪器和软件　第 1 部分:对仪器的要求》(GB/T 16896.1—2005)的要求。进行现场校准时,为了保证测量仪器免受电磁干扰的影响,应将测量仪器置于金属屏蔽盒中,并采用隔离电源或 UPS 进行供电。

4. 测量电缆

测量电缆应采用高频同轴屏蔽电缆,其波阻抗通常为 50 Ω 或 75 Ω。测量电缆的长度尽可能短,以减小被校波形在测量电缆中的衰减。测量电缆应有阻抗匹配,使用分流器作为转换装置时,宜采用两端匹配;使用罗氏线圈作为转换装置时,宜采用末端匹配。

8.1.2　测量设备的连接与布置

1. 转换装置布置

分流器与试验对象串联在冲击电流产生回路中,且分流器低压侧应可靠接地。使用罗氏线圈测量时,罗氏线圈可位于试验对象的高压侧或低压侧,宜安装于试验对象低压侧,被校冲击电流流过的导体应位于线圈中心。

2. 接地

测量系统接地宜采用宽铜、铝金属带或薄板,以减小回路阻抗。

分流器串联在电流回路中,低压侧应接地;测量仪器不直接接地,测量仪器外面的屏蔽箱直接接地。

具有外屏蔽壳的罗氏线圈在电缆末端(测量仪器处)接地。

8.1.3　抗干扰措施

现场校准环境较为复杂,采取良好的抗干扰措施尤为重要,为了保证测量准确度,在现场校准实施时,应做到以下几点:

（1）测量电缆：使用双屏蔽电缆或者在电缆外侧套接金属管或屏蔽层,电缆外层屏蔽或金属管两端接地,电缆的内层屏蔽在分流器侧接地;测量仪器放置在金属屏蔽箱中,屏蔽箱直接接地,同轴电缆的外层屏蔽与屏蔽箱直接相连。

（2）接地布置：从分流器到测量仪器敷设宽度较大的金属板或金属带作为接地连线,电缆应沿此接地线紧靠地面敷设;若有可能,电缆可直接敷设在该接地金属板或金属带之下。

（3）电源供电：测量仪器宜采用单独的隔离变压器或不间断电源(UPS)供电,屏蔽箱或测量仪器的电源入口处串联低通滤波器,以抑制高频干扰。

（4）光纤：宜采用光缆传输被校电压信号,以减小传输过程中的电磁干扰。

8.1.4 试验方法

1. 刻度因数

冲击电流测量系统的刻度因数可通过以下两种试验方法测试。

（1）与标准测量系统比对,比对方法参见《高电压和大电流试验技术　第4部分:试验电流和测量系统的定义和要求》(GB/T 16927.4—2014)。

（2）由测量系统组件的刻度因数确定测量系统的刻度因数。

测量系统的刻度因数应为转换装置、传输系统、测量仪器的刻度因数的乘积。测量系统组件的刻度因数可通过以下方法之一进行确定。

① 同步测量其输入/输出量。

② 与标准组件比对。

③ 基于阻抗测量值的计算。

④ 阶跃响应试验。

2. 线性度

测量系统的线性度可通过以下两种试验方法测试。

（1）与标准测量系统或线性度已校准的认可的测量系统比对。

（2）与固定位置的刚性的罗氏线圈比对。

注意:在采用分流器测量冲击电流时,电阻元件的温升将引起刻度因数的变化。应根据电阻元件的温度系数曲线评估温升效应对线性度的影响。

3. 动态特性

测量系统的动态特性可通过以下两种试验方法测试。

（1）与标准测量系统比对。改变被校波形,在标称时间范围内测量刻度因数的变化。被校电流波形半峰值时间(若为矩形冲击电流,则为总持续时间)应近似等于测量系统要求被认可的最长时间。

（2）动态特性由测量系统的阶跃波响应与需认可的归一化标称波形的卷积确定。通过卷积,估算测量系统在测量不同波形时的误差,并根据误差评估其测量不确定度。

4. 干扰试验

测量系统的干扰试验应根据转化装置的原理,选择对应的试验方法。

1)分流器

干扰试验的试验条件应与正常试验的试验条件相同,测量电缆的接地连接保持不变,分流器安装在电流回路中承载电流,测量电缆在分流器侧短路,如图 8-1 所示。

2)罗氏线圈

测量电缆的连接方式(包括接地)与正常测量时一致。线圈垂直接近载流导体,如图 8-2 所示。罗氏线圈与干扰电流路径的轴线距离由罗氏线圈的布置位置所决定。若布置位置邻近接地端,该轴线距离应约等于罗氏线圈直径的 1/2;若布置于高电位,则应按需扩大该轴线距离。

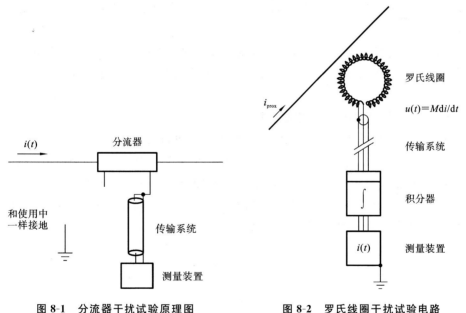

图 8-1 分流器干扰试验原理图   图 8-2 罗氏线圈干扰试验电路

8.1.5 测量不确定度的评定

进行现场校准的试验方法与实验室的基本相同,现场校准与实验室校准最大的区别在于环境条件的区别,主要包括温湿度变化范围及电磁干扰量(相对于实验室内更大)。进行现场校准试验测量结果的不确定评定时,应充分考虑现场环境条件对测量结果的影响。在现场校准时工况复杂,进行冲击电流校准试验时,若邻近试验场地还在进行其他试验,此时应考虑邻近带电体对冲击电流测量回路的影响。若现场校准环境温湿度波动较大,应及时记录校准过程中的温湿度变化情况,合理评估温湿度变化对校准标准器及被校试验对象的测量影响量。

以上各项因素均应作为冲击电流测量结果不确定度的评定分量,同时还应考虑标准器自身引入的线性度、试验对象线性度、短时稳定性及长期稳定性引入的测量不确定分量。综上所述,冲击电流现场校准的测量不确定度评定模型如式(8-1)所示,被检罗氏线圈(X)与标准装置(N)进行比对校准,校准刻度因数 F_X 的模型等式及其扩展标准不确定度为

$$F_X = F_{Xcal} + \Delta F_{X.rep} + \Delta F_N + \Delta F_{X.n} + \Delta F_{X.s} + \Delta F_{X.1} + \Delta F_{X.2} + \Delta F_{X.3} \qquad (8-1)$$

式中:F_{Xcal}——比对法测量的刻度因数结果;

$\Delta F_{X.rep}$——重复性引入的影响量;

ΔF_N——标准装置自身测量不确定度引入的影响量;

$\Delta F_{X.n}$——被检试验装置线性度引入的影响量;

$\Delta F_{X.s}$——被检试验装置短时稳定性引入的影响量;

$\Delta F_{X.1}$——被检试验装置长期稳定性引入的影响量;

$\Delta F_{X.2}$——环境温湿度变化引入的影响量;

$\Delta F_{X.3}$——现场校准时电磁干扰引入的影响量。

8.1.6 现场校准实施

以一套现场试验用 100 kA、波形参数为 $8/20~\mu s$ 被检冲击电流测量装置及测量试验对象阀片残余电压的校准试验为例,简要描述现场校准的试验实施步骤。

图 8-3 所示的为现场冲击电流测量装置中使用分流器测量冲击电流的现场接线图。分流器与试验对象串联在电流回路中,分流器的低压端和试验对象的低压侧都接地。分流器输出端的同轴电缆采用两端匹配(或前端匹配)的形式,测量仪器记录分流器的输出电压信号。试验对象上的残余电压使用冲击电压分压器测量。为了避

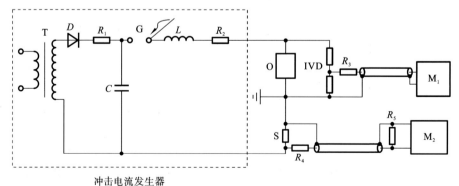

冲击电流发生器

图 8-3 使用分流器测量冲击电流的现场接线图

免测量回路干扰,宜采用两台测量仪器分别对分流器和冲击分压器进行测量。

图 8-4 所示的为现场冲击电流试验装置中使用罗氏线圈测量冲击电流的现场接线图。罗氏线圈接入电流回路,尽量保证通流导体在线圈中心穿过。由于罗氏线圈并不接地,因此罗氏线圈和残压分压器的输出信号可使用同一台测量仪器测量。

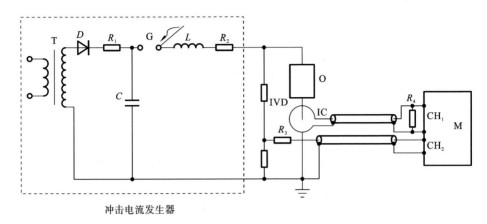

图 8-4　使用罗氏线圈测量冲击电流的现场接线图

1. 校准前的准备

1) 试验场地及条件确认

(1) 监控现场试验环境,进行校准试验时尽量避免邻近环境存在强电磁干扰,现场试验环境的温湿度应能满足标准规程的要求。

(2) 冲击电流发生器要有专用接地装置,且在该接地点可靠接地。

(3) 冲击电流发生器应具有过流跳闸保护装置与紧急跳闸开关。

(4) 实验室应有安全防护栏,"高压危险"警示牌,并采用警示灯等必要的安全保护措施。实验室应备有防火、防盗等防范设施。

2) 被检设备外观检查

检查冲击电流转换装置外观是否完好,接线端钮是否齐全,铭牌标志是否正确,仪器上应有仪器名称、额定工作电压、型号、出厂编号、出厂刻度因数、制造厂、出厂日期等,并记录被检设备的基本信息。

明确校准试验项目:在 50 kA 及 100 kA 两个电流点下对试验对象电流传感器进行校准,获得该电流点下试验对象传感器电流峰值及时间参数、误差参数。

3) 校准设备安装

(1) 标准器选取:在实验室内经过特性试验的 Pearson 4418 被选为标准计量器具,Pearson 4418 传感器的频带宽度及热容量积分参数均满足被校波形参数的要求,并配合采用双屏蔽电缆进行测量。

(2) 标准器的安装位置:观察现场冲击电流发生器的装置本体,选取安装 Pear-

son 4418 线圈较为充裕的位置,断开原连接导体后,穿心接入 Pearson 4418 线圈,保证导体位置尽量与 Pearson 4418 线圈的中心轴线重合,保证 Pearson 4418 线圈与冲击电流发生器回路中任何部件均无电气连接,并连接原回路导体;将残压分压器并联在试验对象两端,分压器输出端与同轴电缆(加匹配器)相连,然后与测量仪器相连。

(3)接地导体:选用宽度为 20 cm 的接地铜带作为接地导体,同时将测量电缆沿此接地线紧靠地面敷设。

(4)测量仪器:被检测量装置与标准测量装置测量电缆进入各自配套的二次测量仪器,二次测量仪器选用隔离变压器或 UPS 进行供电,测量仪器外壳不接地。

2. 校准试验步骤

(1)将试验区域用围栏围住,防止试验时有人误闯,危及生命,并打开实验室警示灯,关闭试验厅大门。记录现场校准时的环境温湿度变化,若校准过程中环境温湿度变化较大,则应增加温湿度记录次数。

(2)接通冲击电流发生器中变压器和控制系统的电源,打开控制软件,检查警铃、加压、接地等操作正常。

(3)确定测量电流后,在测量软件中填写测量参数,如测量电流幅值、刻度因数、衰减器分压比、触发参数等;如直接使用数字示波器测量,可直接在示波器上设置测量和触发参数。选择发生器控制系统参数,如充电电压、充电时间、重复次数等。

(4)首先输出较小电流,检查分流器输出电流波形,如果时间参数不能满足标准要求,应调节冲击电流发生器的电阻或电感的大小,使得输出波形符合 IEC 标准。当时间参数满足要求时,计算被校电流幅值及电流幅值与充电电压的比例关系,从而确定正式测量时冲击电流发生器的充电电压。如果波形峰值附近存在较大的振荡,其可能性有两种:电缆两端接触不良,只需检查电缆接头,重插即可;排除接触不良,仍存在较大振荡,可能是干扰引起的,可根据《冲击电流测量实施细则》中的推荐方法增强抗干扰措施;采用冲击电流发生器分别在 50 kA 点及 100 kA 点上产生冲击电流波形,均对每个电流点正、负极性进行试验,单个电流波形重复测量 10 次,分别记录标准测量装置波形参数(峰值及时间参数)及被检试验对象测量参数(电流峰值及时间参数)。

(5)在测量冲击电流的同时可测量试验对象上的残余电压,事先可能仅知道试验对象上残余电压的大概幅值,可将测量仪器的量程设置偏大一些,后期根据测量波形进行调整。

3. 校准试验

数据处理如下。

(1)利用所记录数据,计算被检试验对象在各电流点的电流峰值测量误差及时间参数,并依据标准器的参数信息,校准所用测量仪器及现场环境条件等,评估此次校准试验的测量不确定度。

（2）采用标准冲击分压器记录避雷器阀片上的残余电压，并与试验对象分压器所测参数进行对比，获得试验对象分压器的测量误差。

8.2　冲击电流的量值溯源

8.2.1　冲击电流量值溯源思路

我国目前尚未建立冲击电流国家计量标准，世界上目前也没有国家公开明确的冲击电流溯源体系，冲击电流的比对溯源仅能给出测量结果的不确定度，无法进行理论溯源传递。

图 8-5 所示的为冲击电流标准测量系统的原理图，从图中可以看出，被校信号依次通过冲击电流转换装置和数字记录仪。由于数字记录仪的响应时间非常短，其响应特性对冲击电流测量引入的测量误差可以被忽略，因此测量系统的动态特性可使用分流器的响应特性代替，即

$$g(t) = 1 + 2\sum_{k=1}^{\infty} (-1)^k \exp\left(-\frac{k^2\pi^2}{\mu_0 \sigma d^2}t\right) \tag{8-2}$$

式中：μ_0——真空磁导率；

　　　σ——冲击分流器电阻材料电导率；

　　　d——冲击分流器电阻材料厚度。

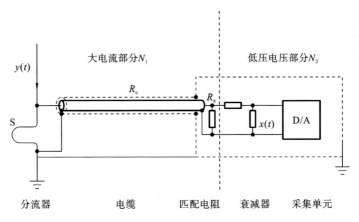

图 8-5　冲击电流标准测量系统的原理图

因此计算测量误差 ε 见式（8-3），从公式可以看出，测量误差与被校电流波形及传递函数倒数的卷积呈正比。卷积的特性揭示了冲击电流测量系统的高频响应特性引起的测量误差在时间轴持续积累的规律。

$$\varepsilon = \frac{1}{N_1 N_2} \int_0^t y(\tau) \left[g'(t - \tau) - 1 \right] \mathrm{d}\tau + \Delta\varepsilon \qquad (8-3)$$

式中：N_1——冲击电流转换装置的刻度因数；

N_2——数字记录仪的刻度因数；

$\Delta\varepsilon$——其他导致测量系统测量误差的影响因素（见表 8-1），包括分流器的刻度因数、线性度、短期稳定性、长期稳定性、动态特性、邻近回路电流影响等；数字记录仪的刻度因数测量误差来源包括标准波源的准确性、数字记录仪多次测量的重复性、线性度、垂直分辨率及软件的计算误差。

表 8-1　冲击电流测量系统电流峰值影响因素

刻度因数		影响因素
分流器	刻度因数（电阻值）	重复性
		标准器
		标准波源的不确定度
	线性度	采用试验的方法求得 根据温升计算等
	长期稳定性	长时间刻度因数的稳定性
	短期稳定性	热稳定性
	邻近回路电流影响	布置位置
	动态特性	根据阶跃波试验结果，满足 IEC 标准的 前提下，进行卷积积分计算
数字记录仪	冲击刻度因数	标准波源
		重复性
		线性度
	数字记录仪	垂直分辨率（与重复性有关）
	软件	软件计算误差

冲击电流测量系统的时间参数包括波前时间和半峰值时间，由于波前时间较短，转换装置的高频特性对波前时间的影响更大，因此波前时间测量不确定度较大，电流转换装置影响时间参数测量的主要因素为高频响应特性，特别是部分响应时间和过冲。二次测量装置的时间参数可通过标准波源进行校核，标准波源的时间参数可溯源至电阻、电容元器件的国家标准。此外数字记录仪的上升时间、时基非线性也对测量结果产生影响，可通过示波器校准仪进行校准。冲击电流测量系统的时间参数影响因素如表 8-2 所示。

表 8-2　冲击电流测量系统的时间参数影响因素

分流器	分流器动态特性
数字记录仪	重复性
	标准波源
	分辨率
	时基非线性
软件	软件计算误差

由于被校信号是依次通过冲击电流转换装置和二次测量装置,每次信号的转换是独立过程,因此冲击电流的量值溯源过程,是将电流转换装置和二次测量装置分别进行峰值和时间参数的量值溯源。

当冲击电流转换装置为分流器时,其刻度因数标定可能的方法主要包括以下几个方面:

(1) 直接测量分流器电阻值;

(2) 使用稳态电流源,采用电压电流比法计算分流器电阻值;

(3) 测量整套装置的冲击刻度因数。

以上都是在小电流下确定分流器的刻度因数的,对于不同电流峰值下刻度因数的变化,即线性度的测量方法包括以下几个方面:

(1) 计算温升对分流器电阻值的影响,从而评价分流器的线性度;

(2) 基于能量等效的原理测量温升对电阻值的影响;

(3) 在分流器额定电流范围内(20%～100%)进行线性度试验,如与刚性罗氏线圈进行比较,并将线性度试验结果作为不确定度评定的分量。

由于稳态电流源的电流一般为 10～20 A 且难以提高,设计标准的冲击电流源,就可以进一步提高标定电流值及分流器的输出电压,这是冲击电流量值的溯源思路之一。采用稳态电流源 FLUKE 5520A 对分流器进行刻度因数标定,由于 FLUKE 5520A 的内部阻抗为数千欧,分流器的接入对稳态电流源回路几乎等效于短路负载,使用高精度交流数字多用表测量分流器的输出电压,这也是冲击电流量值的溯源思路之二。卷积法是基于测量系统的阶跃响应从其输入冲击波形来计算其输出冲击波形的,输出波形和输入波形冲击参数之间的误差可用于评定测量特定波形时测量系统的性能,因此卷积法是冲击电流量值的溯源思路之三。

分流器相当于电感值极低的电阻,同轴结构没有附加任何受被校电流值影响的外接元器件,因此理论上分流器受电流幅值的影响是由分流器电阻材料自身发热引起的,因此《高电压和大电流试验技术　第 4 部分:试验电流和测量系统的定义和要求》(GB/T 16927.4—2014)推荐的温升计算方法就是计算分流器的温度变化,测量电阻材料的温度系数之后计算电阻值的变化,这是一种线性度的替代评价方法。

8.2.2 冲击电流量值溯源框图

冲击电流量值溯源框图如图 8-6 所示,采用两种方案实现冲击电流测量装置的峰值和时间参数量值溯源,其中图 8-6(a)所示的为基于冲击刻度因数的量值溯源方法,通过溯源载体——高精度冲击电流标准波源(输出波形 4/10 μs、8/20 μs,峰值不确定度 1.6×10^{-3},时间参数不确定度 2.4×10^{-3})实现冲击电流测量系统的量值溯源。整套测量系统的冲击刻度因数及其稳定性使用冲击电流标准波源进行校准,冲击电流标准波源输出电流的波形时间参数与标准雷电冲击电流的一致,其时间参数和电流峰值可基于充电电压和回路电阻、电容和电感进行计算,冲击电流标准波源的充电电压可通过数字多用表溯源至直流电压国家标准,冲击电流标准波源的回路元件参数通过 RLC 阻抗分析仪溯源至电阻、电容、电感国家标准。由于冲击电流标准波源输出的波形时间参数与实际测量的冲击电流波形一致,在确认分流器动态特性足够好(上升时间<5 ns)的情况下,无须额外评定动态特性对峰值和时间参数的影响。由于小电流下数字记录仪的输出电压值与实际大电流下的差别较大,因此数字记录仪的冲击刻度因数和时间参数需要进行单独校准,溯源方法与图 8-6(b)一致。

图 8-6(b)所示的为基于稳态刻度因数的冲击电流量值溯源方法。冲击电流测量系统包括冲击分流器和数字记录仪,冲击分流器的刻度因数为其电阻值的倒数。冲击分流器的稳态电阻值通过电压、电流法溯源至稳态电流源 FLUKE5520A 或者直流标准电阻,其测量不确定度为 7×10^{-4},稳态电流源的量值可直接溯源至国家直流、工频电流标准。冲击分流器的动态特性采用上升沿小于 3 ns 的电流方波源进行标定,并基于卷积积分的方法计算动态特性对峰值和时间参数的影响。电流方波源自身的时间参数可溯源至示波器校准仪的时间标准,幅值通过数字多用表溯源至直流电压国家标准。数字记录仪的时基非线性及上升时间通过示波器校准仪溯源至国家标准量值,数字记录仪的刻度因数和时间参数采用高精度冲击电压标准波源(输出波形 4/10 μs、8/20 μs,峰值不确定度 1×10^{-3},时间参数不确定度 1.2×10^{-3})进行标定后,间接溯源至直流电压及电容、电阻国家标准。冲击电流计算分析软件使用《高电压和大电流试验测量用仪器和软件 第 2 部分:对冲击电压和冲击电流试验用软件的要求》(GB/T 16896.2—2016)进行验证并评定其测量不确定度分量。在大电流下进行线性度试验、邻近回路电流影响、环境温度影响和短时稳定性试验,最后根据试验结果合理评估各影响量引入的测量不确定度。

冲击电流测量装置的量值溯源还可采用以下方法:采用冲击电流标准波源标定冲击分流器的刻度因数,在小电流下获得冲击电流测量系统的冲击峰值刻度因数及时间参数误差,在大电流下进行线性度试验,以获得冲击电流测量系统在全量程范围内的刻度因数量值。对于分流器型冲击电流传感器,其量值还可以溯源至直流电阻,

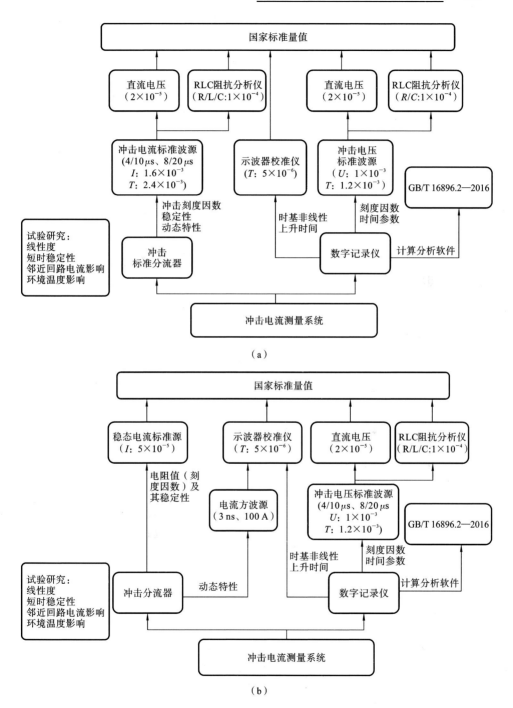

图 8-6　冲击电流量值溯源框图

（a）基于冲击刻度因数的量值溯源方法；（b）基于稳态刻度因数的冲击电流量值溯源方法

并进行方波响应以获得其频率响应特性,通过准确测量其电阻量值以获得准确的冲击电流量值参数。

在冲击电流量值溯源过程中,研制特性参数稳定、准确度较高的溯源标准设备,是量值溯源的关键环节。

8.2.3 冲击电流标准波源

冲击电流标准波源用于产生标准时间参数及准确电流峰值的冲击电流波形,冲击电流传感器测量冲击电流标准波形,输出测量电流参数值,将传感器实测值与标准波源输出参数值进行比较,获得冲击电流传感器的刻度因数参数及时间参数误差。

冲击电流测量与冲击电压测量一样,都是使用数字记录仪测量经过冲击转换装置后的脉冲电压波。2002 年,荷兰 Helsinki 大学(HUT)的 Hällström 研制了峰值为 50 mV～320 V 的高阻抗冲击电压标准冲击波源,其中雷电全波(0.84/60 μs)测量不确定度为:峰值参数 0.05%,时间参数 0.5%;30～1000 V 低阻抗冲击电压标准冲击波源,其测量不确定度为:峰值参数 0.1%,波前时间 1%,半峰值时间 0.5%。2000 年,澳大利亚计量院(NML)研制出了最大输出峰值为 1000 V,峰值不确定度为 0.1%,时间参数不确定度为 1% 的冲击电压标准波源。2001 年,NML 与德国 PTB 和加拿大国家研究委员会(NRC)进行标准冲击波源比对,比对结果显示峰值偏差为(−0.5%,0.5%),波前时间偏差为(−2.0%,2.0%),半峰值时间的偏差为(−1.0%,1.0%)。2004 年,NRC 与 HUT 的标准冲击波源进行了比对,结果证明标准冲击波源的准确度远高于数字记录仪的测量不确定度,峰值绝对偏差约为 1 mV/V,波前时间的偏差为 1%。2007 年,这几个研究机构又进行了一次比对,峰值和时间参数吻合。

不同类型的冲击电流转换装置具有不同的负载特性,因此冲击电流标准波源需要有较好的负载适应能力,能够保证负载变化时其输出参量仍然能保证一致性。因此通常将冲击电流标准波源设计为程控模式,可以设置并改变标准波源输出电流波形的极性、被检冲击电流传感器的类型、冲击分流器的电阻等参数,以适应负载参数的变化。

图 8-7 所示的为电流标准波源的原理图,从图中可以看出,高稳定性直流电源对充电电容充电,充电电压使用数字多用表测量;充电完成之后,控制软件将触发信号输入 MOSFET 开关,电容对回路电感和电阻进行放电;分流器的电阻非常小,因此分流器的接入并不会影响回路波形参数。电感包括回路杂散电感和回路电感,回路杂散电感包括元件杂散电感和引线杂散电感;电阻包括回路杂散电阻和回路电阻,回路杂散电阻包括元件杂散电阻和回路杂散电阻。S 为分流器,分流器的电阻值一般小于 10 mΩ,分流器的输出电压采用同轴电缆进行数据传输。CRO 为数字示波器或者数据采集单元,测量回路电流波形。图 8-8 所示的为电流标准波源的等效电路,回路同样为二阶电路零输出响应。

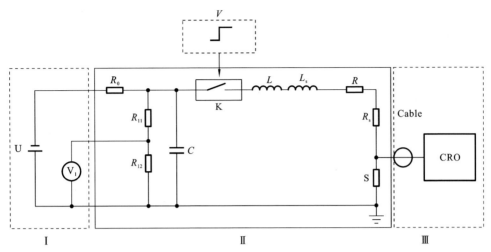

图 8-7　电流标准波源的原理图

U—高稳定性直流电源；V_1—数字多用表；R_0—充电电阻；R_{11}、R_{11}—电压衰减器电阻；

C—主电容（充电电容）；K—MOSFET 开关；L_s—回路杂散电感；L—回路电感；R_s—回路杂散电感；

R—回路电阻；S—分流器；Cable—电缆；Ⅰ—充电模块；Ⅱ—脉冲形成回路；Ⅲ—负载

根据安培环路定理，有

$$u_C = u_R + u_L \qquad (8\text{-}4)$$

$$i = -C\frac{du_C}{dt}, \quad u_R = -RC\frac{du_C}{dt} \quad (8\text{-}5)$$

$$u_L = L\frac{di}{dt} = -LC\frac{d^2 u_C}{dt^2} \qquad (8\text{-}6)$$

$$LC\frac{d^2 u_C}{dt^2} + RC\frac{du_C}{dt} + u_C = 0 \quad (8\text{-}7)$$

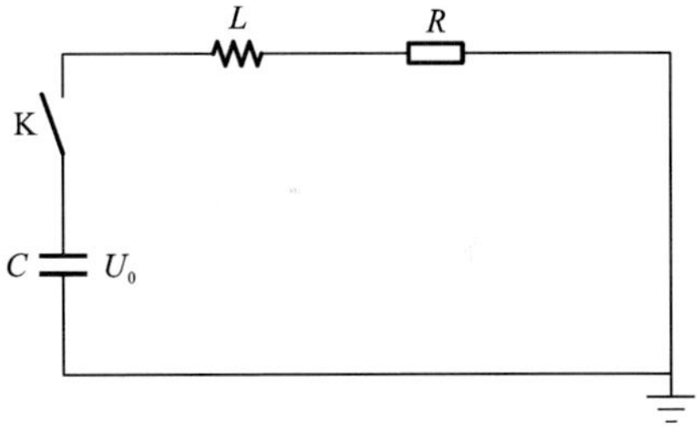

设 $u_C = Ae^{pt}$，有

$$LCp^2 + RCp + 1 = 0 \qquad (8\text{-}8)$$

$$u_C = A_1 e^{p_1 t} + A_2 e^{p_2 t} \qquad (8\text{-}9)$$

图 8-8　电流标准波源的等效电路

计算特征根

$$p_1 = -\frac{R}{2L} + \sqrt{\left(\frac{R}{2L}\right)^2 - \frac{1}{LC}} \qquad (8\text{-}10)$$

$$p_2 = -\frac{R}{2L} - \sqrt{\left(\frac{R}{2L}\right)^2 - \frac{1}{LC}} \qquad (8\text{-}11)$$

振荡放电条件为

$$R < 2\sqrt{\frac{L}{C}} \qquad (8\text{-}12)$$

设

$$\delta=\frac{R}{2L}, \quad \omega^2=\frac{1}{LC}-\left(\frac{R}{2L}\right)^2, \quad \sqrt{\left(\frac{R}{2L}\right)^2-\frac{1}{LC}}=\sqrt{-\omega^2}=j\omega$$

$$p_1=-\delta+j\omega, \quad p_2=-\delta-j\omega \tag{8-13}$$

又 $\omega_0=\sqrt{\delta^2+\omega^2}$，$\beta=\arctan\omega/\delta$，$\delta=\omega_0\cos\beta$，$\omega=\omega_0\sin\beta$，根据

$$e^{j\beta}=\cos\beta+j\sin\beta, \quad e^{-j\beta}=\cos\beta-j\sin\beta \tag{8-14}$$

$$p_1=-\omega_0 e^{-j\beta}, \quad p_2=-\omega_0 e^{j\beta} \tag{8-15}$$

计算电容电压为

$$u_C=\frac{U_0}{p_2-p_1}(p_2 e^{p_1 t}-p_1 e^{p_2 t})=\frac{U_0\omega_0}{\omega}e^{-\delta t}\sin(\omega t+\beta) \tag{8-16}$$

回路电流为

$$i=\frac{U_0}{\omega L}e^{-\delta t}\sin(\omega t) \tag{8-17}$$

回路电流的一阶导数为

$$i'=\frac{U_0}{\omega L}[-\delta e^{-\delta t}\sin(\omega t)+\omega e^{-\delta t}\cos(\omega t)] \tag{8-18}$$

回路电流的二阶导数为

$$i''=\frac{U_0}{\omega L}[\delta^2 e^{-\delta t}\sin(\omega t)-\delta\omega e^{-\delta t}\cos(\omega t)-\delta\omega e^{-\delta t}\cos(\omega t)-\omega^2 e^{-\delta t}\sin(\omega t)] \tag{8-19}$$

采用牛顿迭代法计算一阶导数的零点，即

$$t_{i+1}=t_i-\frac{i'(t_i)}{i''(t_i)} \tag{8-20}$$

用迭代法计算峰值时间 t_p，将 t_p 代入式（8-17），可得峰值电压 i_0。同时也可以采用另一种方法计算峰值时间 $\omega t=\beta$，当 $t=\beta/\omega$ 时，电流 i 达到极大值。

要确定时间参数 T_1、T_2，需要先确定峰值电流的 10%、50%、90% 点，即令 $i_0(t_{10})=0.1i_0$、$i_0(t_{50})=0.5i_0$、$i_0(t_{90})=0.9i_0$，利用牛顿迭代法，选取合适的初始值，即可从式（8-20）求得 t_{10}、t_{50}、t_{90}。因此对雷电冲击电流波形而言，波形参数为

$$U_P=U_0, \quad T_1=1.25(t_{90}-t_{10}), \quad T_2=t_{50} \tag{8-21}$$

选定特定组合的电阻、电容和电感，即可产生特定参数的波形。

8.2.4 分流器电阻溯源法

冲击分流器测量频带较宽，其频带可覆盖直流至兆赫兹级，理论上在该频率范围内，任意频率电流下其电阻值应该相同，考虑趋肤效应的影响，评估由趋肤效应引起的电阻值测量不确定度。

分流器的直流电阻测量有两种方法：一种是电阻电桥测量；另一种是对冲击分流器施加直流电流，测量冲击分流器两端的直流电压，通过电压电流值计算获取分流器直流

电阻参数。所施加的直流电流一般采用准确度较高的电流标准波源测量,分流器输出电压则采用高准确度数字多用表测量,直流电流标准波源及数字多用表均应送检至国家计量检定部门校准,获得其准确度参数,用于后续电阻测量值的不确定度评定。

图 8-9 所示的为使用标准电流源 FLUKE 5520A 校准器测量冲击分流器的电阻值,校准器可产生 50 Hz～1 kHz 的交流电流,幅值为 5～20 A;使用 Agilent 34401A 数字多用表测量分流器的输出电压。测量时环境温度为 20 ℃,相对湿度为 60%。测量时分流器的输出电缆的长度为 15 m,波阻抗为 50 Ω 的双屏蔽射频电缆,电缆的输出端连接 50 Ω 的匹配电阻。校准器的内阻为千欧姆级,因此输出引线的电阻对测量结果可忽略不计。图 8-10 所示的为冲击电流频谱图。

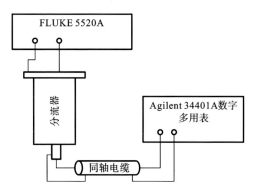

图 8-9　分流器电阻测量接线原理图

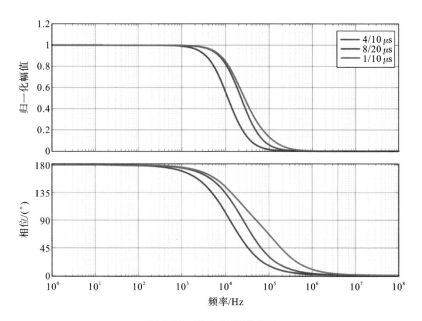

图 8-10　冲击电流频谱图

8.2.5 卷积积分计算分析

根据卷积积分的计算原理,对于一个测量系统,已知其输入波形及其冲激响应波形,将两者进行卷积积分,即可获得该测量系统在该输入波形下的输出波形,将输出波形与输入波形进行比对,即可获得该测量系统的峰值及时间参数测量误差,这种方法可以作为冲击电流测量传感器量值溯源的一种替代方法。

具体计算方法为:如果一个冲击测量系统的输入冲击波形和单位归一化的阶跃响应分别为$V_{in}(t)$和$g(t)$,则输出电压$V_{out}(t)$可用如下的卷积积分表示:

$$V_{out}(t) = \int_0^t V'_{in}(\tau) g(t - \tau) d\tau \tag{8-22}$$

式中:t——时间;

$V'_{in}(t)$——输入冲击波形$V_{in}(t)$的一阶导数。

如果$g(t)$和$V_{in}(t)$以相同的采样间隔被采样,并且$g(t)$和$V_{in}(t)$的采样点数也相同,此时连续卷积积分可转换为离散卷积总和的形式,即

$$V_{out}(i) = \sum_{k=0}^{i} V'_{in}(k) \cdot g(i-k) \cdot \Delta t, \quad i = 0, \cdots, n-1 \tag{8-23}$$

式中:$V_{out}(i)$——离散输出电压数列;

$V'_{in}(i)$——输入数组的一阶导数;

$g(i)$——单位阶跃响应数列;

n——输入数列采样点数;

Δt——数列和阶跃响应数列的采样间隔。

式(8-23)描述的离散卷积积分和通常应用于以数字冲击波形来辅助计算的计算机,具体用于估算冲击测量系统的输出和输入冲击参数的误差,本书给出计算的主要步骤,这些步骤如下。

(1) 获取输入冲击波形数据$V_{in}(i)$,$i=0$,$\cdots$,$n-1$,并计算其冲击参数。

(2) 输入冲击波形数据对应的采样率应与单位阶跃响应波形数据对应的采样率相同,且采样点数等于单位阶跃响应的采样点数(见步骤(3)),输入波形应为平滑波形,其噪声最高频率已减小至远低于奈奎斯特频率(冲击数据的采样频率的一半)。平滑的输入波形数据和它的冲击参数可用下列方法之一获得:

① 由冲击的解析表达式(如双指数函数)产生。该波形的冲击参数既可以由解析表达式获得,也可以由被校冲击测量系统的冲击计算软件求得。

② 已由一精密低通数字滤波器或用一分段三次样条拟合算法进行平滑后得到的实际记录波形。波形的冲击参数可由被校冲击测量系统的冲击计算软件求得。

(3) 通过数值计算的方法获得输入冲击波形数据$V_{in}(i)$的一阶导数$V'_{in}(i)$,$i=0$,$\cdots$,$n-1$。

（4）获得单位阶跃响应数据 $g(i)$，$i=0,\cdots,m-1$，$m=n+j$，j 是所记录的阶跃响应原点 O_1 之前的数据点数。

① 把所测阶跃响应进行归一化后求得单位阶跃响应。为了进行卷积，可把数个阶跃响应记录取平均值以获得低噪声的单位阶跃响应，如果式（8-23）用于卷积计算且冲击波形数据 $V_{in}(i)$ 已经平滑，则单位阶跃响应数据 $g(i)$ 的平滑便不太关键了。

② 把阶跃开始前记录的阶跃响应数据 $s(i)$ 的采样值取平均值以获得阶跃响应的零电平 l_0。

③ 把某一时间范围内记录的阶跃响应数据 $s(i)$ 的采样值取平均值以获得阶跃响应的基准水平 l_R。该时间范围是从测量系统需测的最短波前时间至确定转换装置刻度因数所取频率的等效时间。

④ 用式（8-24）把阶跃响应数据 $s(i)$ 归一化为临时单位阶跃响应数据 $g_0(i)$。

$$g_0(i)=\frac{s(i)-l_0}{l_R-l_0} \tag{8-24}$$

⑤ 求阶跃开始前数据 $g_0(i)$ 的采样值的标准偏差来求得零电平处噪声幅度。再返回从头搜索 $g_0(i)$，找出大于 3 倍的标准偏差 d_0 的采样值。把这个采样值的时间标定为 $g_0(i)$ 的原点 O_1，并把采样值的下标标定为 j。

⑥ 除去原点前 $g_0(i)$ 的采样值，由此构建从原点开始的单位阶跃相应 $g(i)$，即

$$g(i-j)=g_0(i),\quad i=j,\cdots,m+j-1 \tag{8-25}$$

临时的单位阶跃响应 $g_0(i)$ 的记录有（$m+j$）个点。除去原点 O_1 之前的 j 个点后，单位阶跃响应 $g(i-j)$ 有 $n=m$ 个点。

（5）求输出数据及其冲击参数。

① 在时域或频域用式（8-23）计算获取的输出冲击波形数据 $V_{out}(i)$。

② 用冲击测量系统的冲击计算软件计算 $V_{out}(i)$ 的冲击参数。

③ 将 $V_{out}(i)$ 和 $V_{in}(i)$ 的冲击参数之差作为 $V_{out}(i)$ 的误差。

这种方法的缺陷在于，冲击电流测量系统只能在小电流下进行方波响应试验，方波电流源的电流一般不超过 1 kA，在有限的电流内获取的方波电流响应特性，不能完全替代冲击电流传感器大电流下的响应特性，若被校电流测量系统的线性度较好，则小电流下其响应特性与大电流下的一致；若线性度较差，则不能采用这种计算方法获得被校系统的校准误差。

8.2.6　冲击电流线性度测量

冲击电流测量装置的线性度为其最重要的技术参数之一，直接关系到测量装置的测量水平，在冲击电流量值溯源和现场校准时都需要确定测量装置的线性度。IEC 62475—2010 推荐使用温升评估和近似线性的空心罗氏线圈测量冲击电流测量装置的线性度。瞬态磁场传感器为近年来新兴的一种电流测量装置，它不直接与电

流回路接触,所测量信号就地数字化后基于光纤传输数据,具有更好的抗干扰能力,可使用其在现场校准冲击电流测量装置的线性度。

1. 罗氏线圈

罗氏线圈具有响应频带宽、测量范围大、无磁滞和饱和现象、与被校回路无直接电气连接、抗干扰能力强、易于微机化和网络化、体积小、重量轻的特点。目前在冲击电流测量系统中得到广泛应用。J. Robert 等人研究罗氏线圈,电流互感器和分流器测量冲击电流波形的比较及优缺点。Ibrahim 研制了用于测量冲击电流波形的自积分式罗氏线圈,峰值测量误差为(−2％,2％)。华中科技大学的李维波根据罗氏线圈测量不同电流波形的传感理论和方法,研制了分别测量工频大电流和神光Ⅲ强激光能源模块的输出脉冲电流(上升时间为 10 μs)的罗氏线圈。孔庆源等人研制了可测量7 kA、8/20 μs 的标准雷电流波形的自积分式罗氏线圈,与分流器的测量误差小于1％。浙江大学的王东举通过研究表明,自积分式罗氏线圈频带范围为 10～400 kHz,呈现理想的比例特性,可准确还原冲击电流波形。西安交通大学的陈景亮通过指数型和方波电流波形的频谱分析,研制了两种不同的罗氏线圈并将其分别用于测量 8/20 μs 和 2 ms 方波电流信号,测量峰值和时间参数与分流器的测量结果相符。目前罗氏线圈的研究方向主要为改进其特性,使其具有测量冲击电流波形的能力。这些研究仅证明罗氏线圈可以测量冲击电流信号,与分流器的测量结果相符,但没有对罗氏线圈的线性度特性进行深入研究。

采用罗氏线圈对被检测量装置(以分流器为例)的线性度的接线示意图如图 8-11 所示。被检分流器和罗氏线圈串联在电流回路中,分流器的金属外壳直接接地,分流器和罗氏线圈通过同轴电缆进入数字记录仪。设置不同的充电电压,输出电流峰值为在被检测量装置额定电流范围内均匀选取 5 个试验电流点,若被检分流器额定电流为 100 kA,则选取试验电流点为 20 kA、40 kA、60 kA、80 kA、100 kA,单个电流点

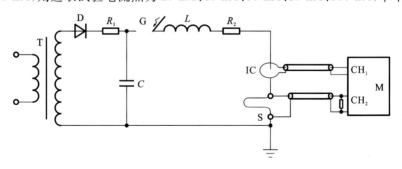

图 8-11　校准原理图 1

T—变压器;D—硅堆;C—电容器;G—放电间隙;

L—回路电感;R_2—回路电阻;IC—罗氏线圈;S—分流器;M—数字记录仪

重复试验 5 次,比对分流器和罗氏线圈的输出电流的误差,通过计算不同电流下误差的变化,可以计算被检分流器的线性度。

2. 磁场传感器

瞬态磁场传感系统的研究工作是从 20 世纪 60 年代中期开始的。美国 EPRI 在开展有关变电站瞬态磁场的第一阶段工作中,便使用了 EG&G 公司开发的瞬态磁场传感系统,其磁场探头为多间隙环(multigap loop,MGL),测量信号由一台微波发射机经 100 英尺(1 英尺＝30.48 厘米)的介质波导传输至屏蔽测量车。由于这些探头与地面上的微波发射机是经同轴电缆连接的,因此无法避免电场邻近效应,且不能测量高电位区域的瞬态磁场。20 世纪 80 年代,光纤技术的迅速发展解决了测量信号在强电磁环境下的传输问题。美国 EPRI 在开展有关电站瞬态磁场的第二阶段工作中,光纤传输系统取代了微波传输系统。法国 Thomson-csf 公司也研制了用于测量 NEMP 瞬态磁场的光纤瞬态磁场传感器,其中磁场传感器的测量范围为 $0.6\sim31.6$ A/m,频带范围为 15 Hz～40 MHz。德国斯图尔特大学的 K. Feser 教授领导的研究组研制了瞬态磁场传感器,其频带范围为 30 Hz～300 MHz,测量范围为 $0.8\sim1500$ A/m。华北电力大学的张卫东研制了一套瞬态磁场传感器,频带宽度为 40 Hz～100 MHz,测量范围为 $1\sim700$ A/m,电磁屏蔽效能大于 60 dB。目前对瞬态磁场传感器的研究仅限于可以测量冲击电流信号,测量误差非常大,通过光发射机和接收机将测量信号传输至示波器,没有对其测量水平和特性参数进行评估。

采用与罗氏线圈或磁场传感器比对获得冲击电流测量传感器线性度的试验接线图如图 8-12 所示,试验步骤如下。

(1) 将磁场传感器固定在离通流导体一定距离的位置上,首先使用标准分流器标定磁场传感器在此固定位置处的电流转换比例系数。

(2) 被检分流器与磁场传感器比对的接线图如图 8-12 所示,被检分流器串联在电流回路中,分流器的金属外壳直接接地。磁场传感器固定在与(1)相同的位置上,

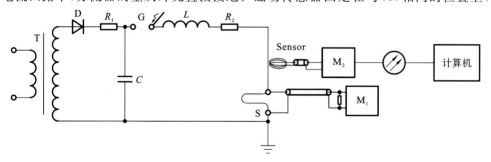

图 8-12　校准原理图 2

T—变压器;D—硅堆;C—电容器;G—放电间隙;

L—回路电感;R_2—回路电阻;Sensor—磁场传感器;S—分流器;M$_1$、M$_2$—数字记录仪

分流器和磁场传感器的测量信号通过各自配套同轴电缆进入数字记录仪。设置不同的充电电压,输出电流峰值为被检分流器额定电流范围内的 5 个电流点、单个电流点重复试验 5 次,比对分流器和磁场传感器的输出电流的误差。通过计算不同电流下误差的变化,可以计算被检分流器的线性度。

3. 分流器温升评估法

当冲击大电流流过分流器时,由于其持续时间很短,来不及散热,可认为冲击大电流产生的全部热量都被电阻材料吸收。电阻材料吸热后,温度升高。温度太高会在电阻材料中引起较大的热应力,甚至使电阻圆筒和绝缘介质烧坏。一般允许温升 Q 小于 100 ℃,温升及电阻值变化分别为

$$\Delta\vartheta=\frac{W}{mc}=\frac{I_{\mathrm{m}}^2 R\tau}{CV\gamma} \tag{8-26}$$

式中:$\Delta\vartheta$——温升,单位为 K;

    W——分流器中消耗的能量,单位为 J;

    m——电阻材料的质量,单位为 kg;

    I_{m}——电流峰值;

    c——电阻材料的比热容,单位为 J/(kg·K);

    R——分流器的电阻,单位为 Ω;

    γ——电阻材料的密度,单位为 g/cm³;

    V——电阻材料的体积,单位为 cm³;

    τ——电流通过分流器的时间,单位为 s。

$$\Delta R=\Delta\vartheta R\alpha \tag{8-27}$$

式中:ΔR——分流器电阻的变化量,单位为 Ω;

    α——电阻材料温度系数,单位为 K^{-1}。

根据制造厂或试验获得的电阻材料温度系数、密度、比热容、电阻外直径、内直径及长度,在不同电流下,经过计算分流器的温升后,可以计算在不同电流下分流器的电阻值变化,进而计算分流器的线性度参数。

比较三种方法校准分流器线性度的方法的试验方案和校准结果,总结不同测量方法的测量水平和适用范围如下。

(1) 温升评估法,优点是无须进行大电流试验即可评价分流器的线性度;缺点是需要知道分流器的具体参数,包括材料、温度系数、结构等,其中一项参数不能确定,就不具备计算条件。

(2) 与刚性罗氏线圈比较,需要穿心安装,试验现场安装方便,PCB 罗氏线圈输出电压为差分信号,抗干扰能力强,刻度因数固定,自身线性度优于 0.2%,在现场不仅可以作为冲击测量装置线性度的校准标准器,还可以用于校准时间参数。缺点是必须接入回路,偏心安装影响测量水平。

（3）与磁场传感器比较,优点是对安装条件的要求最低,无须接入回路,放置在空间磁场即可,不仅可以校准线性度,还可以校准时间参数;不受额定电流的限制,自身线性度优于 0.25%。缺点是现场根据布置位置需要实时校准比例系数,测量时周围不能有影响测量结果的干扰磁场。

第9章　大电流最高计量水平

9.1　工频大电流比例基准

为解决我国大电流量值溯源的问题,1977年国家标准计量局下达091号工作文件,筹建工频大电流比例基准,由国家高电压计量站统筹负责,天津互感器厂协作研制完成,其填补了我国工频大电流比例基准空白,并于1985年通过了由国家标准计量局和水利部组织召开的鉴定会验收。工频大电流比例基准由基准本体、测差仪器及辅助设备组成,其中基准本体由7台高精度补偿式电流比较仪组成,如图9-1所示。图中鼠笼型结构为序号81007的基准组合体(含基准线包、升流器及一次回路全铜导体),直径为1.5 m、高为1.9 m,全重约为4 t。

图 9-1　全套工频电流比例基准装置

整套基准装置共7台86个变比,每一台的测量范围和准确度(或最大允许误差)都不尽相同,7台一起共覆盖的测量范围为(5～60000) A/5 A,整套基准准确度等级为0.00002～0.0001级,即最大误差为1×10^{-6},各标准器主要技术参数(比例量值用比值误差ε_f和相位误差ε_δ表示)如表9-1所示。

表 9-1　国家工频电流比例基准主要技术参数

制造序号	测量范围	允许误差
81001	（5～30）A/5 A	$-2\times10^{-7}\leqslant\varepsilon_{\mathrm{f}}\leqslant2\times10^{-7}$，$-2\times10^{-7}\ \mathrm{rad}\leqslant\varepsilon_{\delta}\leqslant2\times10^{-7}\ \mathrm{rad}$
81002	（5～30）A/5 A	$-2\times10^{-7}\leqslant\varepsilon_{\mathrm{f}}\leqslant2\times10^{-7}$，$-2\times10^{-7}\ \mathrm{rad}\leqslant\varepsilon_{\delta}\leqslant2\times10^{-7}\ \mathrm{rad}$
81003	（5～100）A/5 A	$-3\times10^{-7}\leqslant\varepsilon_{\mathrm{f}}\leqslant3\times10^{-7}$，$-3\times10^{-6}\ \mathrm{rad}\leqslant\varepsilon_{\delta}\leqslant3\times10^{-6}\ \mathrm{rad}$
81004	（5～200）A/5 A	$-4\times10^{-7}\leqslant\varepsilon_{\mathrm{f}}\leqslant4\times10^{-7}$，$-4\times10^{-7}\ \mathrm{rad}\leqslant\varepsilon_{\delta}\leqslant4\times10^{-7}\ \mathrm{rad}$
81005	（50～2000）A/5 A	$-4\times10^{-7}\leqslant\varepsilon_{\mathrm{f}}\leqslant4\times10^{-7}$，$-4\times10^{-7}\ \mathrm{rad}\leqslant\varepsilon_{\delta}\leqslant4\times10^{-7}\ \mathrm{rad}$
81006	（1500～10000）A/5 A	$-1\times10^{-6}\leqslant\varepsilon_{\mathrm{f}}\leqslant1\times10^{-6}$，$-1\times10^{-6}\ \mathrm{rad}\leqslant\varepsilon_{\delta}\leqslant1\times10^{-6}\ \mathrm{rad}$
81007	（10000～60000）A/5 A	$-1\times10^{-6}\leqslant\varepsilon_{\mathrm{f}}\leqslant1\times10^{-6}$，$-1\times10^{-6}\ \mathrm{rad}\leqslant\varepsilon_{\delta}\leqslant1\times10^{-6}\ \mathrm{rad}$

1985 年，我国与德国 PTB 进行了 50 kA/100 A，100 A/5 A 两个量程的比对，如图 9-2 所示，对于 50 kA/100 A 变比，两国所测数据之差不大于千万分之六；对于 100 A/5 A，两国所测数据之差不大于千万分之八。经双方确认，我们两国比对结果优于德国与其他欧美国家的比对结果，这表明中国的大电流比例测量技术达到了国际先进水平。

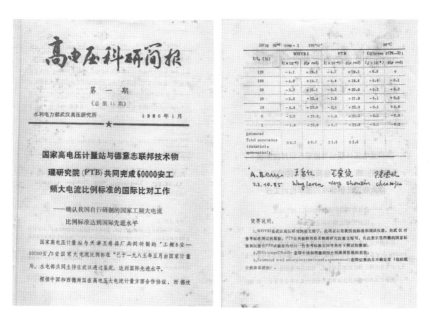

图 9-2　1985 年我国与 PTB 比对

2018 年，我国与德国 PTB 再次进行比对，规定双方实验室在频率为 50 Hz，负载为 5 V·A，功率因素为 1.0，额定电流为 5％、20％、50％、120％的条件下，分别对 5/5 A、10/5 A、100 A/5 A 三个变比按照各自实验室的测量程序进行测试(见图 9-3)。

我国测量方法采用比较法,试验线路如图 9-4 所示。该方法用于校准我国的电流互感器,该测量系统主要由电流比较仪和误差测量装置及被检电流互感器组成。互感器校验仪作为误差测量装置通过屏蔽线 K 输出误差电流 ΔI 进入电流比较仪的补偿绕组 W_B 中达到平衡。

图 9-3   2018 年我国与 PTB 的比对报告

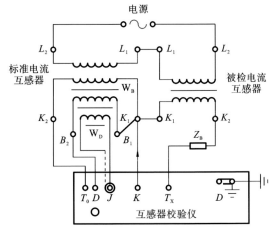

图 9-4   国家高电压计量站校准线路

德国 PTB 测量方法采用差分校准比例法,试验电路如图 9-5 所示。

表 9-2 所示的为双方测量结果的差值及 E_n 值,可以看出,我国和德国利用各自的标准装置和测试仪器及测量方法对同一台传递标准完成了测试。双方测得的误差数值非常一致。对于 5 A/5 A、10 A/5 A、100 A/5 A 三个变比,在负载 0.2 Ω、功率因数 1.0、电流百分比从 5%到 120% 的条件下各点测得的误差数值,比值差差异小于 1.3×10^{-6}、相位差差异小于 1.9 μrad,对比的 E_n 值不大于 0.65。结果表明两国在电流比例测量能力的水平上保持一致,比对结果令人满意。

基准的国际比对工作有助于我们实施计量国际化战略,走出国门,深度参与国际计量体系建设和国际规则制定,积极推动国际互认,提升我国的国际计量互认水平。

表 9-3 所示的为工频电流比例最佳测量能力的国际比较(不确定度),国外数据来自国际计量局网站上关键比对数据库(KCDB)。从表 9-3 可以看到,我国的工频电流比例基准不管是测量范围还是测量能力都位于世界前列。

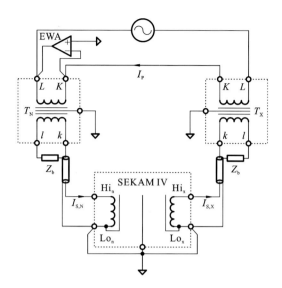

图 9-5　德国 PTB 校准线路

表 9-2　双方测量结果的差值及 E_n 值

变比	电流百分比/（%）	负载	比值差差异/(1×10^{-6})	相位差差异/μrad	比对合成不确定度 $U_c(\Delta\varepsilon_i)$	比对合成不确定度 $U_c(\Delta\delta_i)$	比值差 E_n 值	相位差 E_n 值
5 A/5 A	120	0.2 Ω	0.8	0.6	2.5	3.1	0.32	0.19
	100		1.1	0.5	2.5	3.1	0.44	0.16
	20		0.7	−0.9	2.5	3.1	0.28	−0.29
	5		0.2	−1.5	2.5	3.1	0.08	−0.48
10 A/5 A	120	0.2 Ω	0.6	−0.2	2.5	3.1	0.24	−0.08
	100		0.7	−0.4	2.5	3.1	0.28	−0.12
	20		0.6	−1.4	2.5	3.1	0.24	−0.46
	5		−0.1	−2.0	2.5	3.1	−0.04	−0.65
100 A/5 A	120	0.2 Ω	−0.2	−0.3	2.5	3.1	−0.08	−0.10
	100		1.3	0.0	2.5	3.1	0.52	0.00
	20		0.0	−1.1	2.5	3.1	−0.00	−0.35
	5		−0.5	−1.9	2.5	3.1	−0.20	−0.61

表 9-3　工频电流比例最佳测量能力的国际比较(不确定度)

机构名称	测量范围	比值误差	相位误差
美国国家标准与技术研究院(NIST)	0.25 A～18 kA	$1×10^{-5}$	$1×10^{-5}$ rad
加拿大国家研究委员会(NRC)	0～60 kA	$5×10^{-6}～1×10^{-5}$	$5×10^{-6}～1×10^{-5}$
德国联邦物理技术研究院(PTB)	0.05 A～100 kA	$2×10^{-6}～5×10^{-5}$	$2×10^{-6}～5×10^{-5}$
全俄度量衡研究所(VNIIMS)	0.5 A～50 kA	$5×10^{-6}～1.5×10^{-5}$	$5×10^{-6}～1.5×10^{-5}$
国家高电压计量站(NCHVM)	0～60 kA	$0.28×10^{-6}～1.4×10^{-6}$	$0.28×10^{-6}～1.4×10^{-6}$

9.2　直流大电流比较仪

　　2005 年,国家高电压计量站开始进行直流电流比较仪的研制工作,并在 2008 年成功建立了直流电流比较仪,如图 9-6 所示。装置采用磁调制直流电流比较仪原理的 5 台零磁通直流电流比较仪为标准器,量程范围覆盖 5 A～10 kA,扩展不确定度小于 $1×10^{-6}$。采用国际公认的比例标准比较法、加法和乘法等校准线路,建立了一套直流电流比较仪自校系统,完善了我国直流电流比较仪的校准体系。该标准于 2008 年 1 月通过了计量标准考核,获得国家质量监督检验检疫总局(现为国家市场

图 9-6　10 kA 直流电流比较仪

监督管理总局)的计量授权,成为社会公用计量标准。

5 A～10 kA 直流电流比较仪共包含标准器 5 台,技术参数如表 9-4 所示。

表 9-4　5 A～10 kA 直流电流比较仪参数表

名　称	测量范围	准确度等级
直流电流比较仪 1♯	(5～50) A/5 A	0.00005 级
直流电流比较仪 2♯	(5～50) A/5 A	0.00005 级
直流电流比较仪 3♯	(50～500) A/5 A	0.0001 级
直流电流比较仪 4♯	(500～5000) A/5 A	0.0001 级
直流电流比较仪 5♯	(5000～10000) A/5 A	0.0002 级

该系统配合专业直流大电流母排、等安匝扩展的方式(5 匝直流双回路,见图 9-7)将电流量程可扩展至 50 kA,扩展不确定度约为 2.4×10^{-6}。

图 9-7　直流大电流母排

9.3　冲击电流计量标准

9.3.1　国际发展现状

目前国际上各国计量院公布的校准能力中,具备冲击电流的峰值和时间参数校准能力的只有德国 PTB,其在 21 世纪初建立了 20 kA、8/20 μs 的冲击电流标准测量系统,刻度因数测量不确定度为 $8 \times 10^{-3}(k=2)$,时间参数测量不确定度为 2×10^{-2}

（$k=2$）。标准测量系统为 Pearson 公司的 20 kA 罗氏线圈 CM3025 及泰克示波器 DSA 602A，如图 9-8 所示。其溯源方法为在直流小电流下标定刻度因数，大电流下测量线性度。随着测量技术的不断发展，测量方法的不断改进，目前德国 PTB 正在研制具有高稳定度的分流器，提高标准器的电流等级，搭建高精度数字记录仪，编写冲击电流计算分析软件。

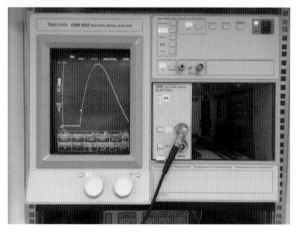

图 9-8　Pearson 公司的 20 kA 罗氏线圈 CM3025 及泰克示波器 DSA 602A

法国国家计量测试研究院 Daniela Istrate 等人研究使用 Pearson 线圈和空心罗氏线圈测量冲击电流信号，测量范围为 5～50 kA，评估峰值测量不确定度为 1.4×10^{-3}（$k=2$）。其溯源方法为在工频小电流下测量线圈的刻度因数，并在 5 A 电流下测量线圈的频率响应。

9.3.2　国内发展现状

武汉高压研究所曾于 2001 年建立了 20 kA、8/20 μs 的冲击电压测量系统，使用 20 kA 分流器和一台 120 MHz、8 bit 的数字记录仪，峰值测量不确定度为 5×10^{-3}（k

=2),时间参数测量不确定度为 $1×10^{-2}(k=2)$。研制上升时间小于10 ns 的电流方波源,测量标准分流器的直流电阻及直流电阻的温度系数,测量数字示波器的幅值/时间非线性,使用冲击电压峰值表进行复核。

随着冲击电流试验技术的不断发展,国内冲击电流测量装置的额定电流已高达 $100\sim200$ kA,国家高电压计量站又于 2010 年后持续展开冲击电流计量标准研究,研究工作主要包括研制额定电流为 100 kA 的标准电流测量的标准设备装置并展开量值溯源,由于分流器优良的稳定性和动态特性,使用标准冲击分流器作为标准电流转换装置,在溯源过程中需要得到分流器的动态电阻、动态特性、线性度、温度系数和频率响应等,另外还需要研究数字记录仪刻度因数和时间参数的溯源。所研制的 100 kA 标准冲击分流器实物图如图 9-9 所示,稳态电阻值为 1.196 mΩ 左右,并对分流器进行特性试验研究,电阻体温度系数约为 $-35×10^{-6}$/K,量程范围内线性度为 0.22%,峰值参数测量不确定度为 $2.7×10^{-3}(k=2)$。研制的用于冲击电流量值溯源的标准设备有:100 A 电流方波源、上升时间 2.8 ns、脉宽 1 μs 的标准设备,可用于冲击分流器和线圈等测量装置的动态特性对峰值和时间参数的标定;电流峰值为 200 A,时间参数分别为 4/10 μs 和 8/20 μs,峰值参数不确定度为 $1.6×10^{-3}(k=2)$,时间参数不确定度为 $2.4×$

图 9-9　100 kA 标准冲击分流器实物图

$10^{-3}(k=2)$,波形参数可溯源至直流电压国家标准和电阻、电容、电感国家标准量值的标准设备,用于对整套标准测量装置进行刻度因数标定;800 V、时间参数分别为 4/10 μs 和 8/20 μs 的冲击电压标准波源,用于对冲击电流测量系统中的数字记录仪进行冲击电流波形参数下的刻度因数标定。

为了保证冲击电流现场校准的顺利开展,研制了基于多层 PCB 结构的罗氏线圈,如图 9-10 所示。在100 kA 内,其线性度为 0.2%,4/10 μs 波形和 8/20 μs 波形下的上升时间误差分别为 -0.09%、0.44%,半峰值时间误差分别为 -0.23% 和 -0.29%,阶跃响应时间为83 ns;同时研制了高灵敏度的磁场传感器,配合使用就地数字化技术,完成光纤远距离传输数据。对研制磁场传感器的样机进行的 $10\sim100$ kA 冲击电流特性试验电流峰值误差在 4/10 μs 波形和 8/20 μs 波形下分别为 0.22% 和 -0.21%,上升时间误差分别为 -0.89% 和 -0.72%,半峰值时间误差分别为 -0.83% 和 -0.81%,线性度优于 0.25%,峰值测量不确定度为 0.64%$(k=2)$。实现了冲击电流测量装置的非接触式校准。多层 PCB 罗氏线圈及磁场传感器保证了不同方法,可应对多应用场景开展准确的冲击电流现场校准工作。

（a）   （b）

图 9-10　罗氏线圈实物图

（a）PCB 罗氏线圈；（b）屏蔽盒

参 考 文 献

［1］ Gunnar F，Hans E J，Alfredo Saab. Design and verification of a 24 kA calibration head for a DCCT test facility［J］. IEEE Transactions on Instrumentation and Measurement，1999，48(02)：346-350.

［2］ 岳国义，段晓波，耿建坡，等. 电气化铁路供电谐波对电能计量的影响研究［J］.电测与仪表，2009，46(08)：39-43.

［3］ Gabriel Eirea，Seth R Sanders. High precision load current sensing using on-line calibration of trace resistance［J］. IEEE Transactions on Power Electronics，2008，23(02)：907-914.

［4］ Marlin K. Measurement techniques of low-value high-current single-range current shunts from 15 Amps to 3000 Amps［J］. Journal of Measurement Science，2007，2(01)：44-49.

［5］ Braudaway D W. Behavior of resistors and shunts：with today's high-precision measurement capability and a century of materials experience，what can go wrong? ［J］. IEEE Transactions on Instrumentation and Measurement，1999，48(05)：889-893.

［6］ 费烨，王晓琪，吴士普，等.±1000 kV 特高压直流电流互感器集肤效应分析及结构优化［J］.高电压技术，2011，37(02)：361-368.

［7］ Praeg W F. Stress sensitivity of manganin resistor in high-current precision coaxial shunt［J］. IEEE Transactions on Instrumentation and Measurement，1966，15(04)：234-242.

［8］ 林福昌.高电压工程［M］.3 版.北京：中国电力出版社，2016.

［9］ 葛俊，童陆园，耿俊成，等.TSCS 暂态过程中晶闸管导通角特性的研究［J］.电网技术，2001，25(07)：18-22.

［10］ Malewski R. New device for current measurement in exploding wire circuits［J］. Review of Scientific Instruments，1968，39(01)：90-94.

［11］ Ryszard M，Chinh T N，Kurt F，et al. Elimination of the skin effect error in heavy-current shunts［J］. IEEE on Power Engineering Review，1981，PER-1(03)：39.

［12］ Schon K. High impulse voltage and current measurement technique［M］. Cham：Springer，1990.

[13] Castelli F. The flat strap sandwich shunt[J]. IEEE Transactions on Instrumentation and Measurement，1999，48(05)：894-898.

[14] 刘金亮，徐启福，李士忠，等.测量 ns 级脉冲大电流的折带式分流器[J].高电压技术，2006，32(05)：57-59.

[15] 余存仪，余德明，何津云.盘式分流器方波响应特性研究[J].西安交通大学学报，1991，25(06)：65-72.

[16] 方鸿发.冲击性强电流测量用低感分流器[J].高压电器，1982(05)：18-24.

[17] 揭秉信.大电流测量[M].北京：机械工业出版社，1987.

[18] Moore W J，Miljanic P N. The current comparator[M]. London：Institution of Engineering & Technology，1988.

[19] Williams F C，Noble S W. The fundamental limitations of the second harmonic type of magnetic modulator as applied to the amplification of small DC signals[J]. IEE-INST ELEC ENG，1950，97(58)：445-459.

[20] Kusters N L，Moore W J，Miljanic P N. A current comparator for the precision measurement of DC ratios[J]. IEEE Transactions on Communication and Electronics，1964，70：22-27.

[21] 郭来祥.磁调制器的理论与计算（二）[J].电测与仪表，1978(07)：22-28，46.

[22] 张绍哲.蓄电池供电的高稳定度平顶脉冲磁场关键技术研究[D].武汉：华中科技大学，2020.

[23] 李宝树.电磁测量技术[M].北京：中国电力出版社，2007.

[24] Fernqvist G，Jorgensen H，Saab A. Design and verification of a 24 kA calibration head for a DCCT test facility [LHC current control][J]. IEEE Transactions on Instrumentation and Measurement. 1999，48(02)：346-350.

[25] 王晓蔚.直流大电流传感器屏蔽问题的分析与研究[D].武汉：华中科技大学，2007.

[26] 李鹤，李前，章述汉，等.直流输电用零磁通直流电流互感器的研制[J].高电压技术，2012，38(11)：2981-2985.

[27] 曲正伟，胡小川.自平衡式交直流电流比较仪研究[J].电测与仪表，2015，52(03)：54-58.

[28] Suzuki Y，Yamasawa K，Hirayabayashi A. Analysis of a zero-flux type current sensor using a Hall element[J]. IEEE Translation Journal on Magnetics in Japan，1994，9(01)：165-170.

[29] 李鹤，Enrico Mohns，雷民，等.一种高准确度电子补偿式电流比较仪[J].电测与仪表，2017，54(19)：96-101.

[30] 潘洋，来磊，石雷兵，等.钳形电流表校准不确定度的分析评定[J].电测与仪表，

2009,46(08):76-80.

[31] Galliana F，Capra P P. Traceable technique to calibrate clamp meters in AC current from 100 to 1500 A[J]. IEEE Transactions on Instrumentation & Measurement，2012，61(09):2512-2518.

[32] 李鹤,李前,胡浩亮,等.变电站用电流互感器在线校准系统的研制[J].电测与仪表,2013,50(12):5-8,46.

[33] 毛安澜,王欢,王晓琪,等.直流偏磁对电流互感器性能影响的研究[J].电测与仪表，2013，50(10):69-72,101.

[34] 靳绍平,李敏,刘见,等.低压抗直流电流互感器及检测装置研究[J].电测与仪表,2016,53(13):59-64.

[35] 陈彬,李世松,卢欣,等.表征开口式电流互感器工作原理的解析模型[J].电测与仪表,2014,51(23):1-5.

[36] 熊魁,岳长喜,李登云,等.高磁导率比双铁芯电流互感器原理和误差性能研究[J].电测与仪表,2018,55(17):114-119.

[37] Beltran H È，Reig C À，Fuster V，et al. Modeling of magnetoresistive-based electrical current sensors:a technological approach[J]. IEEE Sensors Journal，2007，7(11),1532-1537.

[38] Candid R，Maria-dolores C B，Diego R M. Magnetic field sensors based on giant magnetoresistance (GMR) technology:applications in electrical current sensing[J]. Sensors，2009，9(10):7919-7942.

[39] Sanchez J，Ramirez D，Ravelo S I，et al. Electrical characterization of a magnetic tunnel junction current sensor for industrial applications[J]. IEEE Transactions on Magnetics，2012，48(11):2823-2826.

[40] Reig C，Ramirez D，Li H H，et al. Low-current sensing with specular spin valve structures[J]. IEE Proceedings-Circuits，Devices and Systems，2005，152(04):307-311.

[41] 李维波.基于 Rogowski 线圈的大电流测量传感理论研究与实践[D].武汉:华中科技大学,2005.

[42] 李鹤,李前,李登云,等.提高 Rogowski 线圈互换性的新方法[J].高电压技术,2009,35(12):3011-3015.

[43] Ramboz J D. Machinable Rogowski coil，design，and calibration[J]. IEEE Transactions on Instrumentation & Measurement，1996，45(02):511-515.

[44] 陶涛,赵治华,潘启军,等.一种抗强干扰型双面对称布线 PCB 罗氏线圈[J].电工技术学报,2011,26(09):130-137.

[45] Draxler K，Styblikova R. Magnetic shielding of Rogowski coils[J]. IEEE Transac-

tions on Instrumentation and Measurement，2018,67(05)：1207-1213.

[46] 王程远.PCB 空心线圈电子式电流互感器的理论建模及设计实现[D].武汉：华中科技大学,2008.

[47] Hemmati E，Shahrtash S M. Digital compensation of Rogowski coil's output voltage[J]. IEEE Transactions on Instrumentation and Measurement，2013，62(01)：71-82.

[48] 王春杰,汲胜昌,吕亮,等.一种用于测量脉冲大电流的新型盘形 Rogowski 线圈的研究[J].陕西电力,2010,38(12):1-5.

[49] 张德会.脉冲电流测量的研究[D].武汉：华中科技大学,2007.

[50] Metwally I A. Coaxial-cable wound Rogowski coils for measuring large-magnitude short-duration current pulses[J]. IEEE Transactions on Instrumentation and Measurement，2013，62(01)：119-128.

[51] Liu Y，Lin F C,Zhang Q,et al. Design and construction of a Rogowski coil for measuring wide pulsed current[J]. IEEE Sensors Journal，2011，11(01)：123-130.

[52] 张滨渭,王庆华,高晓波,等.带磁芯的罗柯夫斯基线圈及其应用[J].高压电器,1992,(05):25-29.

[53] 孔庆源,戴敏.冲击电流测量中 Rogowski 线圈的应用[J].高电压技术,2005,31(11):6-7.

[54] Gerasimov A. Wide-range inductive sensors of currents with nanosecond rise times for measuring parameters of high-current pulses (review)[J]，Instruments and Experimental Techniques，2002，45(02)：147-161.

[55] Ibrahim A Metwally. Self-integrating Rogowski coil for high-impulse current measurement[J]. IEEE transactions on instrumentation and measurement，2010，59(02)：353-360.

[56] 张瑜,刘金亮,白国强,等.快响应磁芯式 Rogowski 线圈[J].强激光与粒子束,2010,22(08):1954-1958.

[57] 孙伟,王影影,姚学玲,等.10/1000 μs 雷电流测量 Rogowski 线圈的研制[J].电磁避雷器,2020,(05):1-6,14.